U0173576

国家社科基金
GUOJIA SHEKE JIJIN HOUQI ZIZHU XIANGMU
后期资助项目

生态哲学基础理论研究

生态哲学的本体论、认识论、价值论和实践维度探讨

The Fundamentals of Ecological Philosophy
——Researching Ecological Philosophy from
Perspective of Ontology, Epistemology, Axiology and Practice

李世雁　著

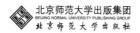

北京师范大学出版集团
BEIJING NORMAL UNIVERSITY PUBLISHING GROUP
北京师范大学出版社

图书在版编目（CIP）数据

　　生态哲学基础理论研究：生态哲学的本体论、认识论、价值论和实践维度探讨/李世雁著. —北京：北京师范大学出版社，2022.10
　　国家社科基金后期资助项目
　　ISBN 978-7-303-28182-4

　　Ⅰ.①生… 　Ⅱ.①李… 　Ⅲ.①生态学－哲学－研究
Ⅳ.①Q14-02

中国版本图书馆 CIP 数据核字（2022）第 188437 号

营 销 中 心 电 话　010-58805385
北 京 师 范 大 学 出 版 社
主题出版与重大项目策划部

SHENGTAIZHEXUE JICHU LILUNYANJIU: SHENGTAIZHEXUE
DE BENTILUN RENSHILUN JIAZHILUN HE SHIJIANWEIDU
TANTAO

出版发行：北京师范大学出版社　www.bnupg.com
　　　　　 北京市西城区新街口外大街 12-3 号
　　　　　 邮政编码：100088
印　　刷：北京盛通印刷股份有限公司
经　　销：全国新华书店
开　　本：787 mm×1092 mm　1/16
印　　张：20
字　　数：335 千字
版　　次：2022 年 10 月第 1 版
印　　次：2022 年 10 月第 1 次印刷
定　　价：86.00 元

策划编辑：祁传华　　　　　　 责任编辑：刘　溪
美术编辑：王齐云　　　　　　 装帧设计：王齐云
责任校对：张亚丽　　　　　　 责任印制：赵　龙

国家社科基金后期资助项目
出 版 说 明

后期资助项目是国家社科基金设立的一类重要项目，旨在鼓励广大社科研究者潜心治学，支持基础研究多出优秀成果。它是经过严格评审，从接近完成的科研成果中遴选立项的。为扩大后期资助项目的影响，更好地推动学术发展，促进成果转化，全国哲学社会科学工作办公室按照"统一设计、统一标识、统一版式、形成系列"的总体要求，组织出版国家社科基金后期资助项目成果。

全国哲学社会科学工作办公室

前　言

　　科学技术突飞猛进的发展给我们展现了一个大有希望的未来。人类改变了地球，地球也敲响了人类危机的警钟。党的十八大以来，生态文明理念日益深入人心。生态文明建设是关系中华民族永续发展的根本大计。人类经历了原始文明、农业文明、工业文明，生态文明是工业文明发展到一定阶段的产物，是实现人与自然和谐发展的新要求。生态兴则文明兴，生态衰则文明衰。生态文明的呼唤感召着每一个人的行动。对于人类行动的理性思考迫在眉睫。这种思考本质上就是要思索"人类应该如何生存"的基本问题。哲学是时代精神的精华，生态哲学就是哲学本身的时代发展，生态文明需要生态哲学重新探索人与自然的关系，需要生态哲学转向实践，探索人类如何行动、如何生存、如何改变世界的现实问题。这也回答了为什么要研究生态哲学这个问题。

　　生态哲学是当今时代精神的精华，是哲学本身的现时代发展，是马克思主义哲学的深入展开。生态哲学基础理论的研究是历史的必然。哲学最能代表人类思维的极致创造力，人类要认识世界、解释世界，还要与世界发生联系，以行动改变世界。改变世界的功能是马克思主义哲学比以往哲学的进步之处。马克思主义哲学不仅具有科学解释世界的功能，更重要的是它强调哲学改变世界的现实作用。认识世界、解释世界、探索人与自然的关系涉及哲学的本体论，也涉及认识论。人类如何行动、如何生存涉及方法论、伦理观，生态哲学是哲学转向行动。关注世界、关注思维、关注人的行动是哲学的进程。本体论、认识论、方法论及伦理观的研究属于哲学基础理论的研究。生态本体论、生态认识论、生态伦理观的研究构成了生态哲学基础理论的研究。这是哲学本身历史发展的必然。

　　由于工业文明产生的生态环境问题，20世纪70年代环境保护兴起，环境伦理学率先发展起来。环境伦理学把人的道德关怀扩展到生态环境，生态道德就是人的行为规范。生态哲学、环境哲学在环境伦理学领域里的率先发展，是哲学对人的行动的现实关注，即哲学转向行动。由于环境伦理学的不断发展，有些人常常把环境伦理学等同于生态哲学，认为生态哲学只是研究如何保护环境、保护自然的。随着环境伦理学的不断发展，人们开始把人类的历史放在自然的历史中来研究，把人类社会放在自然生态系统中来研究，还借助复杂性科学研究复杂性生态哲学，借助生态学科学研究生态学哲学，等等。这些各具特色的研究打开了生态哲学研究的广阔天地。生态文明对新时代的哲学呼唤，使得生态文明不仅需要生态伦理学，也需要生态美学，需要生态文明建设的科学依据，需要生态哲学。哲学是时代精神的精华，今天的时代精神的精华展现为生态哲学。生态哲学基础理论的研究是生态哲学本身的发展提出来的，也是哲学本身的发展提出来的，当然也顺应了时代发展的必需。

本书的最大特点是从"基础理论"层面探讨生态哲学。生态哲学基础理论的研究不仅涉及生态哲学体系，也涉及对生态哲学的看法。把生态哲学看成是哲学本身的发展是本研究的另一特点。哲学是世界观和方法论，包括本体论、认识论、方法论和伦理学。生态哲学基础理论的研究首先就是关于世界观的生态本体论的研究。本研究在自然科学基础上，以关系原则、过程原则、有机原则（有机整体原则）这生态哲学三大原则去丰富生态本体论的内涵，并支撑整个生态哲学的理论大厦。在关注世界、关注思维、关注人的行动的哲学历史进程中，探索思维中的生态哲学思想，分析每一时代的哲学主题，剖析生态哲学三大原则的历史与逻辑过程，这属于本研究的认识论维度的探讨。在生态伦理学的研究中，本书挖掘了生态哲学三大原则在价值论、伦理观中的体现。

既然生态哲学、环境哲学就是哲学本身的发展，那么生态哲学基础理论就应该有本体论、认识论和方法论。由此，本书的逻辑构成如下：第一篇为"生态本体论"，第二篇为"思维整体中的生态哲学思想"（认识论），第三篇为"生态（环境）伦理学"（方法论），第四篇为"现实与实践篇——生态哲学基础理论在现实中的应用探索"。第一篇、第二篇、第三篇属于生态哲学基础理论的研究，第四篇运用生态哲学基础理论分析解决现实问题，以及研究生态哲学基础理论本身所涉及的现实。

李世雁
2022 年 1 月

目　　录

第三篇　生态（环境）伦理学

第四篇　现实与实践篇
——生态哲学基础理论在现实中的应用探索

绪　论

　　什么是生态哲学？什么是环境哲学？环境哲学或生态哲学为什么又叫环境伦理学或生态伦理学？要解答这些问题，我们首先要从今天技术的进步开始，技术的进步带来了社会的发展，可是同时伴随而来的还有威胁人类的生存与发展的社会问题、道德危机、环境问题、生态危机等。技术的进步需要我们明确，"自然是生命之母，人与自然是生命共同体，人类必须敬畏自然、尊重自然、顺应自然、保护自然"①。正是技术的飞速发展才呼唤出生态文明建设的迫切需要。社会道德危机与生态环境危机的背后遮蔽着同一实质根源，直接关系到我们应该如何生存的迫切现实。所有的问题、危机都可以归结为如何生存这一最根本的问题。如何生存？这是今天的现实所提出的问题，也是现实赋予我们的使命。生态哲学就是承载着今天生态文明建设的时代使命，探索人类生存之路的哲学，是关于我们应该如何做、如何行动的哲学。正是在技术进步、环境危机、道德滑坡的背景下，哲学转变为行动的哲学，生态哲学、环境哲学就是行动的哲学。生态哲学、环境哲学给哲学赋予了新的使命。

一、今天的技术进步给人的影响，都是积极的吗？

　　首先我们要面对一个问题：你能找出证据说明技术进步吗？这个问题好像容易回答。在技术突飞猛进的今天，乐观主义者给我们展现了一个大有希望的未来。飞机的飞行速度将大大提高，在不久的将来用两小时就可以绕地球飞行半圈；重工业将被迁移到太空中去，这样地球就可以免受环境污染的破坏；基因工程和器官移植技术突飞猛进的发展将会使人类的寿命超过百岁……预测还告诉我们很多行业具体的未来，比如，不久的将来普遍实现农业生产方法自动化（如使用机器人）；人工制造的肉、蔬菜、面包和其他食品进入日常消费等。② 还有更多地球工程方案

---

　　① 中共中央宣传部：《习近平新时代中国特色社会主义思想学习纲要》，北京，学习出版社、人民出版社，2019，第167页。
　　② 〔美〕马文·塞特龙、欧文·戴维斯：《大有希望的明天——未来20年科技将怎样改变我们的生活》，郭武文、项飞、姚珺等译，北京，中信出版社，2000，第291页。

被提出，地球工程被一些科学家视为拯救人类的最后手段。[①] 工业 4.0 正在开启以智能制造为主导的第四次工业革命，将物与物用信息技术连接成物联信息系统的物联网，其目的是把供应、制造、销售甚至应用都以数据化、智慧化的信息系统武装起来，由此能够提供高效、便捷、针对用户特征的服务或产品。

科学技术的飞速发展也给人类展现了一个完全不同于过去的丰富多彩的现代生活。科学技术使交通手段发生了根本的变化，轮船代替了帆船，汽车、火车取代了马车，天上有飞机，地下有地铁，立体交通，四通八达。小轿车可以自由地把我们带向大自然、名胜古迹，飞机能使我们进行便捷的跨国旅游。风驰电掣的高铁把各大城市连接成城市群网。改变生活的 4G 和 5G 通信技术、传播技术利用智能手机、电脑网络等新技术传媒，使信息、感情、思想的交流变得非常方便、快捷，不受时空的限制，真正实现了"天涯若比邻"。随着高新技术的发展，太空旅行、全息摄影、深海潜水、海底活动等都在逐渐成为现实。

使用煤炭、石油、核能或水力为能源的技术机器，减轻了人们在农场、工厂和家庭中的劳作辛苦。由于科技的进步，工农业生产逐渐机械化、自动化、计算机化，极大地提高了劳动生产率，减少了职工的劳动时间，从而导致闲暇时间的增多。例如，自 20 世纪以来，美国整个社会可以计算的工作时间几乎减少了三分之一。根据英国教育学家查尔斯·汉迪在《非理性的时代》一书所列举的数据，20 世纪 80 年代，男性平均寿命至少为 70 岁，超过 60 万小时。如果我们睡 20 万小时，有 35 万小时花在休闲、教育、旅游、爱好等方面，那么我们在工作上只花 5 万小时。[②] 闲暇时间的增多为人们丰富闲暇生活提供了时间保证。

用细胞工程、基因工程等生物技术改变农业生产。采用细胞生产体外培养肉正在逐步取得成功。2019 年 7 月，以色列科学家宣布已成功"种植"出了世界上第一个"细胞生长的牛排"。在未来的发展中可以期望将体外培养肉的生产技术与其他技术（如器官打印技术、生物光子学等）相结合，以生产具有复杂特定结构的产品。[③] 采用细胞工程，还可大大提高常规育种的效率，实现定向育种。基因工程是理解生命和操纵生命

---

① 卢愿清：《反地球工程立场与反思》，《自然辩证法研究》2019 年第 11 期。

② 〔英〕查尔斯·汉迪：《非理性的时代》，方海萍等译，杭州，浙江人民出版社，2012，第 31 页。

③ 李洪军、陈晓思、贺稚非、李少博：《仿制肉的生产技术及其发展趋势》，《食品与发酵工业》2019 年第 22 期。

以造福人类的重要工具，我们将会看到这种技术有很多奇妙的用处。[①]比如，已经培育成功的抗棉铃虫的棉花，抗除草剂的大豆也已经种植。现代技术还培养出带有毒蛋白基因的可用作杀虫剂的工程菌，提高固氮能力的固氮工程菌也被技术制造出来。现代生物技术将从根本上改变农业生产的面貌，为彻底解决人类食物供应问题提供了可能。

现代医疗技术为人类的健康提供了保障。很多像天花这样令人恐怖的传染性疾病，已经被消灭或发病率大大降低，这也使人的平均寿命大大提高。高技术的医疗设备帮助医生诊断治疗人类的疾病。医药上应用生物技术的产品已经产业化，如新型疫苗、药物和诊断试剂的研制等。还有"人造心脏""人造血液"正在努力研制之中。基因诊疗也产生了重大突破，使根治遗传病成为可能。利用基因工程也有助于研制出针对某种特定疾病的珍贵药品。

然而，我们好像只看到了技术进步，忘了它的负面影响。[②] 现在我们再提出另一个问题：技术的进步给人的影响，都是积极的吗？如果是，那么如何应对下面所阐述的社会问题、生态环境问题？技术进步能解决一切问题吗？

二、生态环境危机

伴随技术进步而来的，是科学技术所产生的一系列社会问题，引起社会生态危机，产生自然生态问题，使人类的家园——地球面临危机。2019 年威尼斯的"水漫金山"让这个城市成了水中泽国，澳大利亚的荒野之火数月以来一直扑不灭，不仅烈火围城，还吞噬了无数生命。在 2020年初，燃烧 5 个多月的森林大火使数十万只失去栖息地的蝙蝠入侵人类的城市，让人们陷入末日般的恐慌。不光有水与火的"洗礼"，科学家又检测到北极甲烷大爆发，南极 20 摄氏度的高温，珠穆朗玛峰 6000 米高处长出了绿色植被。非洲的蝗灾波及亚洲诸国，美国暴发的流感夺走了数万人的生命。影响更大的新冠肺炎也在全世界蔓延。人类正在面对严峻的危机，生态灾难触发器具有很强的社会文化维度。[③]

现代科技的进步产生了一系列社会问题，结构性失业就是其中的一

---

① Parrington，J：*Redesigning Life—How Genome Editing Will Transform the World*，Oxford：Oxford University Press，2016，p. 7.

② 〔挪威〕乔根·兰德斯：《2052：未来四十年的中国与世界》，秦雪征、谭静、叶硕译，南京，译林出版社，2013，第 12 页。

③ Rigby，K：*Dancing with Disaster：Environmental Histories，Narratives，and Ethics for Perilous Times*，Charlottesville and London：University of Virginia Press，2015，p. 52.

个问题。科技的发展创造了新的产业，也创造了新的就业岗位。但是，在新的就业产生的同时，由于传统产业不断用新技术进行改造，原有产业的劳动者被不断挤出，劳动力供求结构发生变动。当被挤出的劳动者在知识结构和专有技能上不能满足新兴产业的要求时，就可能造成劳动力供求总量均衡下的结构性失业。结构性失业现已成为一个沉重的世界性难题。

科技和市场经济的结合产生了过度消费问题。在工业社会里，消耗大量物质财富的富裕阶层受到社会的尊敬羡慕。人们崇拜那些购买和消费大批物质财富的富翁。以美国为例，3 亿多人口，在 2020 年，全年消费约 66.6 亿桶石油。① 2020 年全年消费谷物 3.48 亿吨。② 人均年消耗石油约 20 桶，粮食约 1 吨。"我消费意味着我存在。"工业社会满足我们诸多消费需求，这一过程也无意中产生了各式各样非常不受欢迎的自然-文化"混血"的"超物体"（hyperobject），如臭氧层损耗和全球变暖。③ 盲目追求高消费、过度消费的不良行为，不仅使人的精神生活和物质生活失去了平衡，也加剧了环境污染，造成资源、能源的大量浪费，严重破坏了生态平衡，产生各种畸形的社会问题。

现代高科技的发展是为了满足人的利益，同时也使人的心理压力增大。高科技导致现代生活节奏日益加快，人与人之间的竞争日趋激烈。科学技术带来了高速度，缩短了时间，使人生存在"快"的过程之中，使很多人产生"紧张感"。随着信息技术的发达，人与人之间间接交往将占主导，直接来往日益减少，这将使人失去面对面交流的乐趣，还会使人与人之间的心理距离增大，产生情感上的"隔离感""疏远感"。在技术给人创造更多的自由之后，它也让人产生了孤独寂寞感。

科学技术的双刃剑使科技成果被用于"恶"的目的，给人类的生存、生活带来威胁。技术异化成为一种奴役人、压迫人、威胁人类生存的力量。例如，电视、电影、互联网被人用来传播色情、暴力、封建迷信等。原子能技术、生化技术被人用作侵略和杀人的工具。"核冬天"给整个地球生命共同体带来终结的威胁。人类的生存从 20 世纪下半叶以来成了问

---

① 参见美国能源信息署网站。

② Shahbandeh M：" Total U. S. domestic grain use 2001-2021"，https：//www. statista. com/statistics/190345/total-us-domestic-grain-use-from-2001[2021-12-30].

③ Rigby，K：*Dancing with Disaster：Environmental Histories，Narratives，and Ethics for Perilous Times*，Charlottesville and London：University of Virginia Press，2015，p. 5.

题，不是因为物质生产力不足，恰恰因为物质生产力发展过猛。①

　　除了社会问题，现代科学技术还造成一系列环境问题，引起生态危机。《寂静的春天》向我们展现了现代技术给自然、人类带来的恶果，揭开了现代环境保护运动的新篇章。1962 年，美国生物学家蕾切尔·卡逊（Rachel Carson）历经四年的调查，出版了《寂静的春天》这本书。在这部著作里，她向当时还没有心理准备的公众讲述了 DDT（dichlorodiphenyl-trichloroethane，双对氯苯基三氯乙烷）和其他杀虫剂对生物、人和环境的危害。她告诉人们，由于农药的使用，昆虫被毒死了，嗡嗡叫的辛勤的蜜蜂也被毒死了。鸟儿吃了死去的毒虫，也被毒死了。春天来了，没有了昆虫的叫声、蜜蜂的叫声和优美的鸟鸣。春天在寂静的没有生命的迹象中到来。在地球共同体中，人类正在系统地摧毁着支撑我们的生物多样性，也就是说，我们正在摧毁着我们赖以生存的基础。② 我们对生命共同体所展开的生态"屠杀"不仅给自然带来生存的危机，产生了生态危机，也威胁着人类的可持续生存。

　　现代市场经济中的经济增长是每一个市场主体的追求。为了增长，人用技术无度地向自然索取，试图控制自然，主宰自然。我们的经济结构和我们产生污染的生活方式，对个人来讲，即使不是有意地破坏环境，我们每一个人也难以逃脱破坏环境的责任。③ 市场经济在聚敛巨量财富的同时，也在破坏自然，破坏人类自己的家。技术向人类居住的自然攫取的财富越多，越是试图控制自然，自然展现给人类的是越来越多的环境污染、资源危机、物种濒危……也就是自然的生态危机——人类的"家"的危机。

　　技术进步带来的生态破坏直接威胁人类的生存环境。现代科技带来的电子垃圾完全是人工自然的丢弃物。废旧的电视机、手机、计算机等电子设备含有很多有毒物质，可渗入地下水，焚烧又放出二噁英等致癌物质。现代科学技术含量越高，人工自然产生的异化现象越严重。人工自然本来是依托于天然自然，汲取天然自然中的物质和能量并以其为基础而产生，并逐渐从天然自然中分离出来的。然而由于现代科技的高度发展，使人工自然过度膨胀，成为天然自然的异化对立物。由于技术的

---

　　① 卢风、曹小竹：《论伊林·费切尔的生态文明观念——纪念提出"生态文明"观念 40 周年》，《自然辩证法通讯》2020 年第 2 期。

　　② Smith，A F："From victims to survivors? Struggling to live ecoconsciously in an ecocidal culture"，*Environmental Philosophy*，2017，14(2)，pp. 361-384.

　　③ Gschwandtner C M："Can we learn to hear ethical calls? In honor of Scott Cameron"，*Environmental Philosophy*，2018，15(1)，pp. 21-42.

发展，城市人口的增加，经济的工业化和产业化，使得各种各样的生活垃圾、工业固体废物、危险废物膨胀式增加，这些垃圾通过交通运输，变成了城外的一座座垃圾山。根据新能源网 2014 年的报道，我国"垃圾围城"的形势日趋严峻，全国约 2/3 的城市处于垃圾包围之中，其中 1/4 已无填埋堆放场地。全国城市垃圾堆存累计侵占土地超过 5 亿平方米，每年经济损失高达 300 亿元人民币。随着城市化进程的加快，生活垃圾量也在快速增长。2020 年全国的生活垃圾清运量达到 23511.7 万吨。①垃圾山是现代化大都市色彩分明的异化对立物，这是城市技术体系异化过程的结果，也是正在进行中的异化过程。垃圾事件都与城市紧密相连，严重污染了人类的生存环境，使人类周围的物理、化学和生物的致变、致畸因子不断增加，导致人类有害基因产生的速度相当高，有害基因积累越来越多，引起人类的退化。有害基因不断积累的过程就是人类整体遗传素质下降的过程，技术造成的污染不仅危害当代人，甚至也影响几代人。变异的基因和疾病的痛苦在人类中的延续，这是人类整体面临的技术异化的危机。

现代技术体系所建立的城市，是第二自然，是人类的家。城市建筑是以人类为中心的各种技术结构，包括各种各样的建筑物、街道、地上地下设施。这是人的空间生存的基础。人类的生存之根依然是大地，建筑技术只不过走了一条迂回路线，使人类依然扎根于大地。可是，在这个迂回之路上，钢筋水泥筑起的居住空间，割断了人与大地的直接联系，使得城市建筑技术异化在空间上表现为非生态性。城市建筑群空间的延伸正吞噬着自然的原野大地，即吞噬着人类生存之根，如城市向农村扩展，侵占良田耕地，毁灭郊区。另外，在时间上城市建筑技术的异化表现为反生态性。混凝土、钢筋水泥作为技术物，是对自然物的超越，突破了自然转变的时间限制，其本身的时间过程不仅是全新的，而且难以回融于自然界的本真时间过程，是反自然生态的：一方面，它们不断取自于自然，消耗着自然；另一方面，它们的存在（不论是正在为人类所使用的大厦，还是废弃的砖石断壁），不仅不能参与自然的生态过程，还蚕食着自然界的空间。取土烧砖，毁坏土地，以及城市广场的热岛效应都是这种技术异化的表现。

医疗技术的进步破坏了自然选择，造成人类的退化。自然选择、去

---

① 参见国家统计局网站，网址为 https：//data. stats. gov. cn/search. htm？s＝％E5％9E％83％E5％9C％BE。

劣存优对于人类的保护作用和繁衍进化有着紧密的相关性。各种有害的遗传物质、遗传病、有害基因在自然选择中，随着流产、死胎、不育和早夭等消失，维持人类的进化，使人类在繁衍进化过程中一直保持健康优秀的遗传基因。但技术的进步使人类生活水平高度优化，医疗技术的迅速提高，使本该死亡的个体活了下来，不能生育者又能生育后代。这导致了有害基因不断地积累，人类总体遗传素质下降，引起人类的退化。①

人类的退化既表现在人类的遗传病种类及患者数量正在迅速增加，又表现在人类精子的退化和抗病机能的下降。有害基因的增加，使遗传病患者增多，这是人类整体退化的标志；人类的精子在质量上的降低和在数量上的减少，都使人类正常的生育过程面临重大的威胁；病人的耐药性一方面需要医疗技术不断发明新药，另一方面使人的抗病能力衰退。研究表明，20 世纪以来，作为衡量人类免疫系统指标的白细胞正在不断下降。20 世纪初期，成年人外周血中的白细胞正常值范围为 8000～10000 个/mm^3；20 世纪 50 年代，为 6000～10000 个/mm^3；现在是 4000～10000 个/mm^3。在近 100 年的时间里，成人白血细胞的含量低值由 8000 降低到 4000。人类的卫生条件改善、技术的发展，才使白细胞减少。白细胞是人体的免疫力大军，从这个维度讲，虽然人类个体寿命增加了，但是人类种群整体的免疫力却下降了。② 对个体仁慈的医疗技术，对人类整体却产生了不仁慈的技术异化，也使人类的每一个个体都生活在正在不断退化的整体人群环境之中。

技术为人创造了舒适，却使人的体能降低和器官退化。飞机、火车、汽车等交通技术的进步，使人的行走能力衰退。现代观测技术可观测到 200 亿光年的距离，人群之中眼睛近视的人、戴眼镜的人却越来越多。衰退的不仅是人类自己，人类的活动也影响着养育我们并维系我们的生存环境。

三、行动的哲学——环境哲学

生态哲学、环境哲学是 20 世纪 70 年代在西方发达国家宣告诞生的新兴理论学科。它的产生显然与自然环境危机、生态危机有关，是出于忧患和关怀而产生的。人类的行为产生的错误是危机的根源，可是不能

---

① 姜长阳：《人类正在退化》，《自然辩证法研究》2000 年第 11 期。
② 姜长阳：《人类正在退化》，《自然辩证法研究》2000 年第 11 期。

由此就判定为这是无可救药的愚蠢并会与真理失之交臂。① 对于人类行为、行动的思索成为时代的必需。生态哲学、环境哲学的目的不是为了描述种种环境危机的现象，也不是为了对环境危机现状进行科学的解释。② 它是哲学的发展和继续。它意味着哲学历史使命的完成，同时也是哲学新的使命的开始。这种新的使命就是哲学转向对人的行动的思索。我们时代的哲学在语言转向的"洗礼"中，迎来了当代实践哲学的复兴。③ 人应该如何生存？人的行动如何影响自然环境？也就是说，生态哲学、环境哲学就是哲学本身，它不是哲学下面的一个分支学科。生态哲学、环境哲学基本在相同的意义上使用。

　　生态哲学是哲学发展的历史过程的必然。哲学在探讨了世界本体论之后回答了世界是什么的问题，哲学对人类思维的关注回答了人类怎样认识这个世界的问题。在知道了世界是什么、人怎么样认识世界之后，就面对人应该怎样行动从而建立人与自然的关系、人与人的关系问题，这就是关于人的行动的哲学，人的行动与环境的关系的主题使我们今天把它称为环境哲学、生态哲学。"任何真正的哲学都是自己时代的精神上的精华。"④每一时代都有每一时代的哲学。今天的时代精神就是要解决人与自然关系中人的行动问题。生态哲学、环境哲学肩负了这种使命，它是涵盖了自然科学和社会科学的知识体系，是哲学家在寻求世界真相的确定性活动中发展出来的一系列的丰硕成果。今天被称作自然科学家和社会科学家的探索者，其实均可被视为第一线的哲学家，因为他们承担着哲学寻求世界真相及其普遍原理的探索活动。⑤ 今天的生态哲学家或环境哲学家就是第一线的哲学家。

　　生态哲学是转向行动的哲学。今天的技术异化、生态危机使人与自然的关系成为这个时代的焦点，如何行动成为哲学关注的主题。我们对构筑我们所栖居的这个世界的行为要负责任，我们应该认识到环境问题所具有的政治性就是如何管理我们的实践行为。⑥ 生态伦理学或环境伦

---

① Dufourcq A："Who/What is Bête? From an Uncanny Word to an Interanimal Ethics"，*Environmental Philosophy*，2019，16(1)，pp. 57-88.

② 张岂之：《关于环境哲学的几点思考(代总序)》，〔英〕库拉：《环境经济学思想史》，谢扬举译，上海，上海人民出版社，2007，"总序"第5页。

③ 田海平：《"实践智慧"与智慧的实践》，《中国社会科学》2018年第3期。

④ 《马克思恩格斯全集》第1卷，北京，人民出版社，1995，第220页。

⑤ 郑慧子：《环境哲学是一门标准的哲学吗？》，《自然辩证法研究》2019年第8期。

⑥ Vogel S："Doing without Nature：On Interpretation and Practice"，*Environmental Philosophy*，2018，15(1)，pp. 91-100.

理学在人与自然的关系中关注人的行动，以至于有些环境哲学学者提出方法论意义的环境实用主义，提出避开环境伦理理论上的难缠问题的争论，以实用主义精神团结一致努力行动，以确保环境友好政策的实施。①生态哲学和环境哲学基本在相同的意义上使用，它的出现就是哲学的新内涵。它使哲学转向生态、转向环境，是哲学范式的转变，主要是理论框架和概念体系的转换，是本体论、认识论、方法论和价值论的理论框架的转变，最重要的是它的基本概念的转变，它提出了新概念，如"环境问题""生态危机""自然价值""自然权利""生态文化""生态公正"等。关于"目的"，生态哲学、环境哲学认为，不仅人类有目的，生命和自然界也有目的，追求生存、追求存在是所有个体的目的；关于"主体"，生态哲学、环境哲学认为，不仅人类是主体，生命和自然界也是主体，它自主生存、自主发展，生态哲学、环境哲学反对经典哲学关于存在与价值绝对二分的说法，认为事物的存在和价值是同时的、统一的；关于"主动性"，生态哲学、环境哲学认为，不仅人有主动性和创造性，生命和自然界也有主动性和创造性，物质和生命自主运动、发展，从而创造全部自然价值；关于"智慧"，生态哲学、环境哲学认为，不仅人有智慧，生命和自然界也有智慧。生存主体有价值，为了生存它们也有主动性，有评价能力和适应环境的能力，有智慧，有创造性。② 对于现代西方哲学来讲，要达到这些概念的新含义是不可能的。所有这些新的观念，都直接关系到人类如何生存的问题，生态哲学、环境哲学就是要思考人类如何生存，让人学会生存。

在人类哲学思维的历史中，从哲学所关注的外在的主题和哲学内在的逻辑发展中可以看出生态哲学的出现是哲学发展的历史必然。生态哲学不是凭空产生的，而是有着深刻的时空历史背景的。在时间维度的整体中，我们考察哲学的历史，可以体会生态哲学是一种"哲学转向"。生态哲学是一种新的哲学方向，这种哲学转向是哲学的外在展现，哲学的发展还有其内在逻辑。我们就从哲学外在转向和哲学的内在逻辑来解析哲学的发展历程，分析思维整体中的生态哲学思想，我们发现，生态哲学提倡关系、有机、整体，以此为基础关注人的行动，它是生态性的哲学。

生态哲学是哲学的逻辑完成。从外在的展现看，生态哲学就是哲学

① Michael M A："The Problem with Methodological Pragmatism"，*Environmental Ethics*，2012，34(2)，pp.135-157.

② 余谋昌：《生态文明论》，北京，中央编译出版社，2010，第86页。

的新转向，从内在逻辑看，生态哲学的出现是哲学内在逻辑发展的完成。哲学的外在展现体现为哲学所关注的主题，不同的时代哲学有着不同的关注主题。在哥白尼之前，天文学认为，太阳围着地球转，哲学主题的表现是主体围着世界转，主体——人所关心的是世界的构成和物质的运动。哥白尼之后，天文学认为，地球围着太阳转，由于文艺复兴，人的地位得到了提升，哲学主题的表现是世界围着主体转，哲学关心的是人的精神：人的意识、思维和理性，世界怎样为人服务，以及人的思维和理性如何认识世界，即人的认识活动何以可能。人们否定了世界的主体性，把世界完全降为客体。这是现代技术世界的哲学基础。然而，后现代主义又解构了人这个主体，倡导生态性的哲学，倡导人与自然的和谐，关注人的行动如何与自然和谐，倡导生态的创造力。哲学在随着认识活动走向成熟之后，开始历史性地转向事物的应然状态的探索，关注人的行动合理性根据的探索。[1] 在人类理性的思维进程中，哲学在自己的历史中发展。生态哲学，就是思维时空整体中的哲学的发展，是哲学对行动的关注。哲学的主题是人这个主体如何与世界融合为生态共同体。这既是生态哲学的主题，也是哲学本身的新使命。

生态哲学作为一种新的哲学，是新的世界观和方法论，它以人与自然的关系为哲学基本观点，追求人与自然的和谐发展。在人类与自然界交往的过程中，有些问题只能由生态哲学或环境哲学来回答，而不能由环境科学来回答。隶属于环境伦理学的问题，宗教哲学或逻辑学也无从回答。[2] 生态哲学或环境哲学将哲学的主题转向关系、有机、整体，以此为基础关注人的行动。哲学涉及自然、社会在内的整个世界。哲学最能代表人类思维的极致创造力，它是世界观和方法论，是时代的精华。在人类的历史长河中，每一时代，都有自己的哲学精华。生态哲学或环境哲学作为一种时代精神的精华，是人类思维的创造。这不仅是在地球共同体整体背景下的创造，也是人类思维在时间历程整体中的创造。

四、生态哲学的含义

生态哲学、环境哲学基本在相同的意义上使用，但是，生态哲学、环境哲学毕竟不是相同的词语，肯定有着不同意义。

从词源上讲，环境是环绕我们的东西。环境哲学这一概念涉及"环

---

① 郑慧子：《环境哲学是一门标准的哲学吗？》，《自然辩证法研究》2019 年第 8 期。
② 周国文：《从生态文化的视域回顾环境哲学的历史脉络》，《自然辩证法通讯》2018 年第 9 期。

境"和"哲学"两个词，首先我们可以肯定环境哲学的性质属于哲学，然后我们再来分析"环境"这一词语的含义。"环"意指东南西北、上下，四面八方皆可以是"环"的范围；"境"就是场景、空间范围，这和英语里的 environment 含义相近，environment 这个英语词语里，vir 有着环绕的含义，也包含着主体与周围环境的意蕴。从空间上说，个体可以被一切存在物所环绕。① 所以，环境这一概念隐含着一个主体因素，它被所有的环绕物所包围。这一主体因素可以是植物，可以是动物，也可以是人。因此，环境科学研究的对象是环境，它重点研究的是人"在场"的环境，而没有人"在场"的荒野环境就由生态学、生物学来研究。② 环境哲学，包含着主体与周围环境的意蕴。那么，主体与周围环境是什么样的本质关系呢？这种本质关系就是"生态关系"。生态哲学，就是把生态学科学提升为哲学，以此来解读主体与周围环境是什么样的本质关系。或者可以说，环境哲学，包含着主体与周围环境的意蕴，这个主体与周围环境的关系是生态关系。生态哲学就是解读主体与环境关系的，是解读其生态本质关系的。正因为如此，生态哲学与环境哲学在相同的意义上使用。

生态学(ecology)一词源于希腊语中两个词的组合：eco 源自希腊语 oikos，含义是"家、房子"或"生活场所"，logy 源自 logic(逻辑)的词根，意思是"体系、学问"，组合起来的含义就是有关"家的学问""家务事"。"生态学"(ecology)与"经济学"(economics)的词根(eco)相同，就此而言，经济学和生态学都是关于 eco 的学问。nomy 是规则，logy 是体系，所以，有的学者称生态学是"自然的经济学"，经济学是"人类的生态学"。因此，从词源上讲，生态学是研究关于"有机体及其栖息的整体的科学"，用现代语言来说是"研究生命有机体及其生存环境之间全部关系的科学"，是关于自然界的生物如何利用资源的经济学。生态学有着自己的自然科学渊源。生态学的概念伴随着生物学的发展而诞生。"生态学"一词是德国生物学家海克尔 1869 年提出的。③ 生态学是研究动物与其有机及无机环境之间相互关系的科学，特别是动物与其他生物之间的有益和有害关系。生物的生存、活动、繁殖需要一定的空间、物质与能量。生物在长期进化过程中，逐渐形成对周围环境的某些特殊需要。各种生物所需要

---

① 〔英〕库拉：《环境经济学思想史》，谢扬举译，上海，上海人民出版社，2007，第 219 页。

② 迟学芳、郑舒哲、叶平：《环境哲学视阈中环境科学的性质及发展特征》，《自然辩证法研究》2017 年第 7 期。

③ 〔美〕唐纳德·沃斯特：《自然的经济体系——生态思想史》，侯文蕙译，北京，商务印书馆，1999，第 234 页。

的物质、能量以及它们所适应的条件是不同的，由此也决定了它们之间的不同。

"生态"从汉语字面意义上理解就是生命（物）生生不息的状态。"生态"概念表达的是生命有机体与其生存的自然环境之间相互依存、相互制约的整体性关系。① 生命有机体的生存以能量的流动展现生存状态。阳光是提供负熵能量的宝库，土地、水、空间、大气都是生命获得生态生存的根基。不同的生命需要不同的营养物质和环境条件，也在不同的地域空间展现适合自己的创造力。这就是他们的生态特性。任何生命的生存都不是孤立的事件，既有同种个体之间的共同生存和竞争，也有与其他种类的生命的共同生存和竞争。微生物、植物、动物以及人类都相互依存在复杂的生态之网中。人类生存在地球生态系统中，以生态的生存展现创造力，改变着环境，环境反过来又影响人类。

"生态"与"环境"有区别更有着密切的联系。所谓"环境"是环绕在某个中心的周围，对人来说，也就是环绕着人的自然界，即自然生态系统。所以，有的学者就认为"环境"以人为中心，"生态"则不具有属人色彩。② 环境是人类一切活动所依赖的"场所"。人从自然中脱颖而出，就开始承受来自环境场所的压力，他必须不断克服这些压力才能生存和发展。人类自从学会利用火开始，凭借着智慧和技术，有了定居生活、语言交往、制度规范、宗教信仰，人的物质和精神需要因此而获得（某种程度的）满足，这就是文化（culture）。拉丁语 cultura 的本义即耕作、培育，以后才衍生出教育、修养、文化之意（cult 又是崇拜、景仰之意）。文化最初就是以农业［agri-culture，即农耕；拉丁语 ager(agri)，即土地］的方式存在的，比起原始的采集、狩猎和捕捞活动来，刀耕火种无疑是一次巨大的进步，是人类在自然生态系统中生生不息的进步。这是自然生态、人的生态、社会生态的展现。

生态哲学、环境哲学、环境伦理学基本在相同的意义上使用。这是因为环境哲学、生态哲学是从环境伦理学上发展起来的。美国的戴斯·贾丁斯在其所著的《环境伦理学——环境哲学导论》一书中曾说，环境问题提出了像我们该如何生活这样的基本问题。这类问题是哲学和伦理学

---

① 曹孟勤、黄翠新：《从征服自然的自由走向生态自由》，《自然辩证法研究》2012 年第 10 期。

② 薛勇民、张建辉：《环境正义的局限与生态正义的超越及其实现》，《自然辩证法研究》2015 年第 12 期。

的问题，它需要用哲学中较复杂的方式来解决。① 这就是西方所称的环境哲学，也是环境伦理学。环境伦理学把人的道德关怀扩展到生态环境。西方环境伦理学从人与自然关系的角度研究伦理问题，主要有四大理论派别：现代人类中心主义、生物中心主义、动物解放论和生态中心主义。它们都表示了对人类包括子孙后代利益的关心，承认生命和自然界的价值，一致认为，人类道德对象的扩展是必要的，这是人类道德的完善。虽然依据不同的理论，提出不同的道德目标、道德原则和规范，有非常激烈的争论，但它们一致认为，维护生物多样性、保护环境是符合人类利益的。

有很多学者认为，环境哲学或生态哲学是生态伦理学的哲学理论基础。生态伦理学则是生态哲学的价值论表达。这种观点不完全正确。这涉及对环境哲学或生态哲学概念的准确理解，涉及对环境哲学性质的把握，还涉及如何理解环境哲学的构成。

我们可以借助英语词语 environmental philosophy 来理解环境哲学的概念。environmental philosophy 的重心在 philosophy，即"哲学"上，这就是肯定了环境哲学的哲学性质。同样，在相同的意义上使用的生态哲学，即 ecological philosophy 中的重心也是 philosophy，即"哲学"，而 philosophy of ecology 的重心偏向 ecology，即"生态学"，这是意指关于"生态学的哲学"。就像 philosophy of physics 是物理学的哲学，philosophy of chemistry 是化学的哲学，philosophy of biology 是生物学的哲学一样，它们都是关于一门科学学科的哲学。因此，生态学（ecology）、生态学哲学（philosophy of ecology）和生态哲学（ecological philosophy）或环境哲学（environmental philosophy）就通常被学者们看成三个学科②。

我们在这里所讲的环境哲学、生态哲学不应该是关于一门科学学科的哲学，而应该是对具体科学层面的升华，站在更高的角度、更高的层面来进行研究的哲学。所以，我们所说的环境哲学、生态哲学是从生态学理论及方法提升起来的一种世界观和方法论。它是用生态学关于生态系统整体性、系统性、平衡性等观点来探讨、研究和解释自然及人与自然之间相互关系的一门学问。因此，环境哲学、生态哲学实质是一种生态世界观。

---

① 〔美〕戴斯·贾丁斯：《环境伦理学——环境哲学导论（第三版）》，林官明、杨爱民译，北京，北京大学出版社，2002，第 7 页。

② 郑慧子：《从认知到行动：生态学与生态哲学面临的问题与挑战》，《自然辩证法通讯》2018 年第 3 期。

环境哲学、生态哲学重心在"哲学"，这就决定了生态哲学、环境哲学的哲学性质。environmental（ecological）philosophy 的含义侧重在哲学，而 philosophy of environment（ecology）的含义是关于"环境（生态学）的哲学"。如果把环境哲学理解成关于"环境（生态学）的哲学"，即 philosophy of environment（ecology），那么，就会有"环境哲学是生态伦理学的哲学理论基础"这种不正确的表达。正确的理解应该是：环境哲学的构成之一是生态伦理学。既然环境哲学的性质是哲学，属于哲学，那么哲学的本体论、认识论和伦理学的相互之间的关系也适用于环境哲学。所以，"生态伦理学是生态哲学的价值论表达"，生态伦理学是环境哲学、生态哲学的构成之一。环境哲学、生态哲学除了纵向的学科研究，在横向上也与不同学科进行进一步交叉，形成了生态美学、生态正义、生态女性主义、生态实用主义等一系列的哲学研究的学科体系。①

五、生态哲学的构成及研究内容

既然生态哲学、环境哲学是哲学本身的发展和继续，那么，生态哲学、环境哲学的构成与哲学的构成就是一致的。哲学是世界观和方法论，是关于自然界、人类社会和人类思维的概括和总结。哲学的构成有本体论、认识论和方法论。生态哲学的构成也应该包括这三个方面：生态本体论、生态认识论、生态方法论。生态本体论体现了生态世界观。对于生态认识论，我们可以从人类哲学思维的历史中来考察，考察人类思维历史中的生态哲学思想，并研究哲学发展的内在逻辑。而生态方法论就是环境伦理学、生态伦理学。

生态哲学从环境伦理学或生态伦理学中发展起来，生态（环境）伦理学是生态哲学的第一个构成。生态哲学是关于人行动的哲学，是哲学转向生态、转向环境，是哲学的范式转变，人的行动与环境的关系是它的主题。由于生态哲学是哲学转向人的实践、人的行动，哲学在关注世界、关注人的思维之后，关注人的行动就是发展的必然。这使得生态哲学成为哲学逻辑的完整的发展。关注世界、关注思维、关注人的行动是哲学的进程。转向行动的关注就是关注伦理道德。环境伦理、生态道德就是人的行为规范，因此，生态哲学才会在环境伦理学领域里率先发展起来。环境伦理学把人的道德关怀扩展到生态环境。道德是行为准则，是人们在社会中活动时应遵守的普遍规则，是引导人们做出选择和行动的价值

---

①　郝栋：《美国生态哲学的体系构建与实践转向研究》，《自然辩证法研究》2016 年第 3 期。

符号。那么价值就是道德哲学的基础。由价值导出的权利使得自然价值、自然权利成为生态伦理学的基础理论研究内容。

　　关于生态哲学的第二个构成——生态认识论的研究，我们可以从人类哲学思维的历史过程中研究生态思想的历程。哲学涉及自然、社会在内的整个世界。哲学最能代表人类思维的极致创造力，它是世界观和方法论，是时代精神的精华。所以我们可以从哲学思想的历史中解析人类的生态思想历程，研究生态认识论。在人类的历史长河中，每一时代都有自己的哲学。生态哲学，作为一种时代精华，是人类思维的创造。这不仅是在地球共同体整体背景下的创造，也是人类思维在时间历程整体中的创造。在时间维度的整体中，我们考察哲学的历史，分析哲学在每一个不同的时代所关注的主题。不同时代哲学所关注的主题不同，这就是哲学外在的转向。由此可以体会出今天的生态哲学是一种"哲学转向"。从纯哲学转向生态，生态哲学是一种新的哲学方向。[①] 哲学的转向是哲学的外在展现，哲学的发展还有其内在逻辑。

　　在人类哲学思维历史的研究中，探讨哲学内在逻辑的演变历程也是生态哲学的研究任务。古希腊哲学是哲学的逻辑起点，对物质世界进行认识的同时肯定了"世界是真实存在的"的本体论原则以及"认识必然可能"的认识论原则。从这两个原则可以推出"关系是普遍存在的"的关系原则和"世界是过程的"的过程原则[②]，它们又是建立在理性必然性基础之上的。理性何以必然？对理性必然性的探索从古希腊的苏格拉底、柏拉图和亚里士多德经过中世纪的曲折，哲学从近代走向现代，对理性存在根据的探索肯定了有机性原则的逻辑必然性。本体论原则、认识论原则、理性原则可以推出关系性、过程性、有机性的逻辑必然性。生态哲学提倡关系、过程，强调整体和有机。从哲学外在转向和哲学内在逻辑来解析哲学的发展历程，分析思维整体中的生态哲学思想，这是从认识论维度研究生态哲学思想。内在的逻辑演变和外在的转向的研究共同揭示生态哲学的产生就是哲学本身的走向。

　　生态本体论是生态哲学的第三个构成。在自然科学蓬勃发展的今天，生态哲学的本体论有着丰富的科学基础。现代科学经过数百年的蓬勃发展，沿着哲学所开启的视野，肩负了认识自然的使命。从古希腊的自然哲学家，到今天的科学家，他们把不断划分、不断解剖的自然揭示给我

---

①　余谋昌：《生态哲学》，西安，陕西人民教育出版社，2000，第37页。

②　李世雁、张建鑫：《关系性-过程性原则的逻辑必然性》，《自然辩证法研究》2012年第10期。

们，从而从分析的层面回答了哲学上关于世界是什么的悠久问题。哲学把认识世界的任务交付给了科学，那么生态哲学本体论的阐明就离不开认识世界的科学理论，就像恩格斯的自然辩证法的创立离不开 19 世纪的自然科学成果一样。

自然观或生态自然观是生态哲学本体论的首要问题。宇宙论可以说是自然观的另一个别名，它与地球共同体的相关研究都属于生态哲学本体论研究的重要内容。从宗教神话、古代理性思维、近代天文学和现代物理学等方面对人类宇宙观演化进行探讨，能够揭示当今世界生态危机的实质是人的宇宙观、价值观和人生基本信念的危机。作为生态哲学科学基础的生态学、地史学、地质学、相对论、量子力学、系统论、混沌理论等如何支撑生态哲学、深化生态哲学理论，是有关生态哲学本体论的研究所回避不了的。

既然生态哲学、环境哲学就是哲学本身的发展，就是哲学，那么生态哲学基础理论就应该有本体论、认识论和方法论。由此，本书的逻辑构成如下：第一篇为"生态本体论"，第二篇为"思维整体中的生态哲学思想"（认识论），第三篇为"生态（环境）伦理学"（方法论），第四篇为"现实与实践篇——生态哲学基础理论在现实中的应用探索"。第一篇、第二篇、第三篇属于生态哲学基础理论的研究，第四篇是运用生态哲学基础理论分析解决现实问题，以及研究生态哲学基础理论本身所涉及的现实。

第一篇

生态本体论

　　科学经过 400 多年的蓬勃发展，沿着哲学所开启的视野，肩负认识自然的使命。从古希腊的自然哲学家，到今天的科学家，他们把不断划分、不断解剖的自然揭示给我们，从而从分析的层面回答了哲学上关于世界是什么的悠久问题。哲学把认识世界的任务交付给了科学，那么生态哲学、环境哲学的本体论的阐明就离不开认识世界的科学理论。宇宙论是最宏大的自然观，它对生态本体论的研究有着重要意义。整体主义环境哲学反对物理主义世界观，它以生态学、量子力学等新科学为基础提出了一种完全不同的世界观。① 现在自然科学给我们提供的作为生态哲学、环境哲学科学基础的生态学、地史学、地质学、相对论、量子力学、系统论、混沌理论等对生态哲学、环境哲学的支撑，更是研究生态本体论不可缺少的。关系原则、过程原则、有机原则这三大原则在生态本体论维度的探讨更是生态哲学基础理论研究的必需。

---

① 卢风：《整体主义环境哲学对现代性的挑战》，《中国社会科学》2012 年第 9 期。

第一章　宇宙论

宇宙是客观实在的。宇宙观是最宏大的叙述，是一切哲学的基础，因为关于宇宙万物和人类，以及人类的思维及文化的叙述都存在于其中。宇宙论与地球共同体的相关研究是生态哲学、环境哲学本体论的首要问题。宇宙是地球的背景环境，地球是人类的家园，是人及人类社会所处的环境。宇宙及地球如何起始、形成、演化以及人类对它们的认识将构成生态哲学、环境哲学本体论研究的重要内容。尤其是有关宇宙论的研究，从古代东西方宇宙观对宇宙的认识，到近代宇宙观对宇宙的认识，再到现代宇宙论，深入分析人类宇宙观的演进历程及生态哲学的理论内涵是生态本体论研究的必然。

第一节　古代东西方宇宙观对宇宙的认识

自从人类有了历史的记载，就有了关于宇宙是如何起源、发展的传说、故事、假说及理论。既有神话故事的讲述，也有宗教的记载，还有科学的说明。东西方文明都有自己对宇宙的认识。神话、宗教和科学都讲述着人类对宇宙的认识，它们都是人类在不同时代、不同文化背景下对宇宙的认识与理解。

西方的宇宙观与宗教有着密切的联系。宗教是人们不能正确认识和驾驭自然与社会规律而又去盲从的产物，有自己相对独立的价值观体系。一切宗教的崇拜可以说是人类利用宇宙神秘力来满足他们愿望的一种尝试。在原始社会，人类宗教意识的产生，被看作是人类原始的理性思维的结果。在最简单的科学问题尚不能解决的时代，人类便执着地去探求万物的本原，探索各种现象产生的基本原因以及产生的基本方式，就会导致上面的结果。[①]

世界各主要民族都有自己的宇宙观，这些宇宙观尽管形态相异，但几乎都无一例外与神话及象征密不可分。尽管神话有虚构的想象的因素，

[①]　周礼文：《西方学者视野中科学与宗教的关系》，《中南大学学报（社会科学版）》2003 年第 3 期。

但它包含一些哲理的认识，是各民族的哲学、艺术、宗教、科学的萌芽，是远古人类的"哲学"和"科学"。①　西方宇宙论的萌芽时期，主要是远古时代关于宇宙的神话传说。几乎每一个古老的文明都发展出了一套宇宙论，这种原始的宇宙论往往具有神话的或朴素自然主义的色彩。

　　古埃及文明的核心是原始宗教，其最初和最富特征的标志便是神话，其中蕴含着过程思想。古埃及神话体现了古埃及人的生存旨趣和对宇宙本质直觉式的把握与形象性的理解。在全部埃及神话中，赫利奥波利斯的宇宙论具有最重要的内含。赫利奥波利斯位于今开罗北郊，是古埃及最大的神祇崇拜中心，古埃及最为系统的神谱也在这里形成。②　赫利奥波利斯神谱以原初之水为万物之始，称之为努恩。此水充塞天地，混沌一片。此时，宇宙尽皆黑暗与未形。在这片苍茫无垠的原初之中，首先出现的是一块凸地，即最古老的原初之神阿图姆。赫利奥波利斯宇宙创世神学的中心思想是以阿图姆作为造物主，他创造了诸神。阿图姆独自生出了气神舒（空气之神）和湿神泰芙努特（Tefnut，潮湿女神）。而天空女神努特的脚站在东部地平面上，她的身躯弯曲在大地之上造成了天空的穹隆，而她的双臂下垂到没落的太阳地平线上。这也就是人们想象中的、最初的天和地的创造与分离。天地的空间由空气之神舒支撑着，这蕴含着空间是物质存在形式的观点，空气之神就是物质，它支撑着空间，物质决定了空间的存在。太阳神每天乘着太阳船在宇宙河中行驶，从天空越过，因而产生昼夜。这里也蕴含了时间流逝、循环往复演化的过程观点。虽然古埃及对自然崇拜的原始宇宙观中渗透着幼稚而虔诚的宗教信仰，但其中却蕴含着物质、精神、时间、空间彼此融为一体的宇宙认识。

　　古希腊关于宇宙起源的典型说法是神创论，具有有机整体的思想。柏拉图远离尘世而高高在上的"理念世界"成为这一神创理论的主要标志。柏拉图认为宇宙万物统一于普遍理念集合，整个宇宙都是神按照理性认识的不变的范例创造出来的。创造者创造世界的时候，不仅创造了有形的天体，同时也创造了每个天体的"灵魂"。灵魂从天体的中心渗透到天体的周围，从外面包围着天体，天体是可见的，而灵魂是不可见的。在柏拉图看来，宇宙与其他生物体一样，也是由灵魂和躯体所组成的有生命的物体。宇宙万物的构成是处于无秩序、无规律运动中的原子偶然的

　　①　王成光、王立平：《宗教神话与古希腊哲学的产生》，《西南民族大学学报（人文社会科学版）》2011 年第 11 期。
　　②　〔美〕塞・诺・克雷默：《世界古代神话》，魏庆征译，北京，华夏出版社，1989，第 14 页。

巧遇和组成，由此形成和存在着无数个可能的世界即宇宙。但需要提及的是柏拉图的远离尘世而高高在上的"理念世界"并非基督教中的上帝。柏拉图认为，只是最终极的"理念集"决定了世界的整体性和统一性。柏拉图认为宇宙是创造而来的，他的宇宙是一个有形体，是有灵魂、有理性地活着的有机体。[①] 欧多克索斯提出一个以地球为中心的同心球壳层的宇宙模型，他认为地球是圆的、不动的，动的是一层一层包围地球的星星。亚里士多德把这种思想传遍了整个欧洲，这种思想也支配了整个中世纪。亚里士多德认为地球是不动的，太阳、月亮、行星都以圆周围绕着它转动。他相信这些，是由于神秘的原因，他感到地球是宇宙的中心，而且圆周运动最为完美。[②] 近代以前，西方一直是亚里士多德的时空理论处于统治地位，它反映的是一种朴素的时空观。但在 2 世纪这个思想被托勒密发展成的一个完整的宇宙学模型所替代。托勒密集古希腊天文学之大成，他继承了亚里士多德的思想，综合了当时对天体运行的观察结果，建立了天体运动的数学模型，提出了"地球中心说"，即认为地球居于宇宙的中心，日月星辰在以地球为中心的一些大小不同的同心圆上运转。[③] 他的"地球中心说"实质是把"天、地"的关系颠倒了，虽然推动了天文学观测的发展，可是却被教会利用来支撑宗教的学说，成了基督教的神学理论支柱，作为一种错误的天文学认识存在了一千多年。进入中世纪之后，柏拉图的"理念"转化为上帝，创造天地万物的上帝成为人类的灵魂主宰。古希腊、古罗马在宇宙的本原和结构上曾出现过唯物论、唯心论两派的激烈斗争，此后西方进入中世纪，宇宙学沦入经院哲学的神学深渊。

西方宗教神学宇宙观的典型代表是基督教，提出神、人、万物等级序列的价值观。基督教作为西方文明的主脉，由犹太教、希伯来文明起源，又继承了古希腊文明中的内涵，它在很大的程度上吸纳了古希腊文明的理性主义精神。但是，这种理性主义精神在宗教里主要是面对信仰的，是为神服务的；而科学倡导的理性是面对自然的现象、思索自然规律的。基督教对宇宙的认识影响着整个西方对宇宙的理解、对世界的认识乃至价值观、世界观的形成。基督教认为宇宙万物都是上帝创造的。

① 〔英〕丹皮尔：《科学史及其与哲学和宗教的关系》上册，李珩译，北京，商务印书馆，2009，第 74 页。

② 〔美〕托马斯·库恩：《哥白尼革命：西方思想发展中的行星天文学》，吴国盛等译，北京，北京大学出版社，2003，第 77～78 页。

③ 刘其站：《西方哲学发展的突破口——天文学》，《伊犁教育学院学报》2006 年第 1 期。

这种宇宙观发端于《圣经·旧约》。按照《圣经·旧约·创世记》的说法，上帝的创造力在原初的混沌和黑暗中开始了创造的奇迹，第一天创造出光，光明和黑暗就分开了。接着上帝又创造出陆地、海洋等……到了创世的第五天，上帝创造了动物。到了第六天，上帝照着自己的形象创造了人。他把人居住的地球放到宇宙的中心，让他们管理海里的鱼、空中的鸟、地上的牲畜及所有动植物，这体现了神学价值观。把人类居住的地球放到宇宙的中心，这就体现了宇宙的空间存在。这种宇宙观把上帝凌驾于天地万物之上，视上帝为宇宙之本，主张"人类最高的完善决不在于和低于自身的事物相结合，而是在和高于自身的某种事物相结合"①。按照犹太教、基督教的一神论传统，只有上帝是神圣的，大自然并非神圣不可侵犯。空间被上帝这个特定的主体所居住和支配，上帝是至上的。对上帝神圣的强调也就把上帝架空，割断了天、地、人与上帝的联系。基督教宇宙观盲目崇拜上帝，当把上帝置于人与自然之上时，也就把人置于宇宙的中心（地心论）。人被上帝赋予了制裁自然的权利，人可以任意对待自然。从某种程度上可以说，基督教的宇宙观是西方社会出现生态危机的历史根源之一。

基督教宇宙观里的时间观念终结了过程。整个世界、天地万物，全是万能的上帝在六天之内从"无"中创造出来的。上帝从无到有地创造了世界，他使时间有了开端。然而，基督教的末日也使时间有了终点。基督教的时空观在某种程度上体现着对宇宙观的理解。基督教的时间是上帝在历史中的活动决定的，时间总是与上帝的特定活动相关联，谈论时间也就必须谈论关于上帝活动的事件。基督教的空间是不同质的空间观，不存在虚无和同质的空间。在基督教的宇宙观中，时间既有开端，又有终结点。它使人们设想，"永恒的上帝"（理性的、非物质的东西，柏拉图的理念）早已在宇宙产生之前就孤独而永恒地存在了，一直到上帝突发奇想，要"创造一个世界"②。事实上，《圣经》上记载的创世日期和上次冰河期的结束相差不多，而这似乎正是现代人类首次出现的时候。

不同的地域、不同的文化有着不同的宇宙观。在西方对宇宙进行探索和追求的时候，东方的宇宙观以佛教、道教以及儒家对宇宙的认识显示了其发展。它们的思想里不乏关系、过程、有机整体等观点。

佛教的宇宙观、时空观与生命观紧密融合，体现了一种生态的宇宙

---

① 北京大学哲学系外国哲学史教研室：《西方哲学原著选读》上卷，北京，商务印书馆，1981，第277页。

② 〔德〕海克尔：《宇宙之谜》，苑建华译，西安，陕西人民出版社，2005，第246页。

观。佛教的宇宙观中蕴含着时空的联系性、相对性观点。佛教起源于公元前 6 世纪至公元前 5 世纪的古印度。由于古印度的地理位置，他们的宇宙观认为，大地像平底的圆盘，在大地中央耸立着巍峨的高山，即须弥山。须弥山外围绕着环形陆地，陆地又被环形大海所围绕。印度位于须弥山的南方。在与大地平行的天上，有着一系列的天轮，诸天轮携带着各种天体绕之旋转。携带太阳的天轮上有 180 条轨道，太阳每天迁移一条轨道，半年后反向重复，以此来描述日出方位角的周年变化。这里包含着时间、空间密切关联的思想。另外，佛教中所讲的世界，就是普遍所称的宇宙。佛教经典《楞严经》卷四云，"世为迁流，界为方位"，认为时间就是无始无终的变化、流转过程，空间就是上下左右的方向、位置。佛教认为作为生命主体的众生的"心"决定了对时空的体验，并认为时空具有相对性。天道的时间与人道的时间不是同一维度，三界六道芸芸众生各自存在于不同的时空里，因此，对于同一现象，不同的众生所见也不同。比如，在《顺正理论》卷五引用佛经偈语："天见宝庄严，人见为清水，鱼见为窟宅，鬼见为脓血。"佛教把宇宙观、时空观、生命观紧密结合，从而阐释宇宙时空与生命的奥秘与本质。再看西方的宇宙观，直到 20 世纪，爱因斯坦才提出时空相对性观点。从科学的角度说，爱因斯坦的相对论也为佛教的这种思想提供了科学证实的可能性。

佛教的宇宙观、世界观的基础直接涉及关系原则，蕴含整体思想，只不过以"缘"来解读。佛教的缘起论中对"缘"的解读就是"关系"。依据佛教缘起的立场，整个世界处于重重的关系网络中，是一个不可分割的整体。世界是关系的、过程的、有机的整体，每一个个体都处于关联之中，存在于"缘来"与"缘去"的过程中。这种观点也体现在今天的生态哲学本体论理论中。

道家是中国土生土长的传统思想。中国宇宙论之初祖，当推老子。自老子始，乃有系统的宇宙论学说。[①] 老子最早提出道是宇宙万物的本体、宇宙的根源。"道"在老子那里指的是存在于宇宙大化流行之中生生不息的生命力，其基本特征是具有自然性。这种自然的生命力就表现为宇宙万物。道家将生命的本源、生命的存在和生命的归宿都归结为自然，体现了将生命与自然自始至终连为一体的思想特征。可以看出，到 20 世纪才产生的生态伦理学所建立的爱惜自然、尊重万物等思想早在 2000 多年前道家就有触及了。

---

① 张岱年：《中国哲学大纲》，北京，中国社会科学出版社，1982，第 5 页。

宇宙万物的演化历程被道家概括为"道生一，一生二，二生三，三生万物"。《老子》中把"先天地生"的"道"概括为空间和时间，曰："有物混成，先天地生。寂兮！寥兮！独立而不改，周行而不殆，可以为天地母。吾不知其名，强字之曰道，强为之名曰大，大曰逝，逝曰远，远曰反。故道大，天大，地大，人亦大。域中有四大，而人居其一焉。人法地，地法天，天法道，道法自然。"①这样一个存在于天地之先而化生天地万物的东西，永恒存在，运行不止，不见首尾。这些都说明道具有无穷的时间和空间的意味。《庄子》中关于时间空间无限的思想也很丰富。在"秋水"篇里，北海若说，"时无止""年不可举，时不可止"②，这里指出了时间在未来是没有穷尽的。而"庚桑楚"篇曰"有实而无乎处者，宇也；有长而无本剽者，宙也"③，明确肯定了时间在过去和未来两个方向上都具有无限性。关于空间无限的观点，在"秋水"篇中提到"泛泛乎其若四方之无穷，其无所畛域"④。这里的"四方之无穷"说的就是空间无穷，而"无所畛域"就是无限，即空间无穷无尽，没有限制。

"天上方一日，人间已十年"，这反映出道家已经有了时间具有相对性的思想。在长期的实践过程中，道家深刻洞察到宇宙的存在就是连续性的变化过程，在不同的层次结构中，时间的量度也不同。天地万物都是在一定时间内发生，并且随着时间的变化而变化。这样，时间与天地万物一起，构成了宇宙秩序的主要框架。

中国的儒家也沿用道家的理论，但并不像道家只解释宇宙万物，儒家更注重用理论系统揭示人类社会。阴阳五行学说以阴阳统率五行，以此来解读关系，把宇宙万物以及人类社会的运动形式分为金、木、水、火、土的五行。同行的事物具有共同的类属性，不同行的事物之间又横向发生着相生相制的关系。任何事物既与同行事物相联系，同时又与异行事物相互作用，万物相生相制构成一个纵横交错的网络结构。与阴阳学说密切相关的"天人合一"的宇宙观认为天人统一于阴阳之气、阴阳之道。中国传统的阴阳学说认为：气与阴阳分不开，气是阴阳之气；道与阴阳更分不开，道就是阴阳之道。在《朱子语类》卷九十八中，朱熹说道："天地之间，二气只管运转，不知不觉生出一个人，不知不觉又生出一个物。"从而发展成为儒家关于宇宙观的典型描述，即"天人合一"的宇宙观。

---

① 朱谦之：《老子校释》，北京，中华书局，1984，第347～348页。
② 郭庆藩：《庄子集释》，北京，中华书局，2013，第520页。
③ 郭庆藩：《庄子集释》，北京，中华书局，2013，第704页。
④ 郭庆藩：《庄子集释》，北京，中华书局，2013，第519～520页。

儒家认为，宇宙是个生命系统，是由生命的产生而形成的，这就是《易经》中所说的"天地之大德曰生"。中国的民间谚语也说"上天有好生之德"。作为儒家创始人孔子，对天有一种很深的敬意，但他并不认为天就是神。从孔子开始，天已经从"神"转变成具有生命意义和伦理价值的自然界。"天人合一"承认自然界具有生命意义。儒家视天地自然为宇宙生命的大化流行之境，人与物是一和谐之整体。儒家对人与自然的关系应理解为"区别而不分离"。

虽然东西方文化中都有着向我们解开神秘宇宙现象的启示，但是真正的启示，即理性认识的真正源泉，只能在自然界里找到。每位具有头脑和感官的理性人，只要通过对自然界公正的观察就能获得真正的启示，从而使自己从宗教启示强加给他的迷信中解脱出来。① 人类试图撰写一个宏大的宇宙故事，却让理性从人的大脑感官中引导出神话。在更广、更大的时空领域，借助于科学、哲学的努力让知识取代无知、填补空白，这才是我们的认识之路。对于宇宙的探索，追溯的时空越是遥远，我们对宇宙的认识就越是一种假说。经验只能证明当下。尽管宇宙只有一个，在不同的历史时期，人们对宇宙的认识一直在不断地深化、发展和更替。

第二节　近代宇宙观对宇宙的认识

古希腊是欧洲文化的发源地，形成了人类早期的思辨性宇宙论。古希腊就有摆脱蒙昧状态的力量。古希腊的时间观所谈论的是神圣和永恒的事物，即存在本身。古希腊人把不变的性质看作是永恒的性质，所以现在作为一直存在的事物成为永恒的现在。古希腊人的空间观是同质而不虚空的，是以空间为完美球形作为前提的。古希腊的自然哲学家将人们从用超自然的原因解释自然的神秘主义中解脱出来，最终使人们对自然的认识由感性直观上升到理性思辨的高度。至此，物质和精神从古埃及的熔融状态下分离开来。

古希腊的天文学是近代天文学的渊源。天文学对于宇宙学显然是重要的，特别是在古希腊，科学和哲学的出现对宇宙构造的看法产生了重大的影响。② 古希腊学者以直观的猜测理解宇宙，他们关于宇宙的知识是思辨的。从德谟克利特的"原子论"到托勒密的"地心说"，为当时的人

---

① 〔德〕海克尔：《宇宙之谜》，苑建华译，西安，陕西人民出版社，2005，第347页。
② 〔美〕H. Alfven：《宇宙学——科学乎神话乎?》，向群译，《发明与革新（综合版）》2002年第12期。

们提供了一幅从物质结构、宇宙起源到天体运动的较为系统而完整的世界图像，这是当时人类的一种系统化、理论化的朴素宇宙观。这为近代天文学的发展，为人们理性地、科学地理解宇宙拉开了序幕。

哥白尼创立的日心说打开了研究近代天文学宇宙观的大门，研究宇宙世界内在规律的科学产生了，在宇宙观上掀起了近代革命。16 世纪的日心说否定了托勒密的地心说，认为太阳是宇宙的中心，地球自转的同时围绕太阳公转，月球是地球的卫星，其他行星也围绕太阳公转。哥白尼的日心学说把宇宙学从神学中解放出来，否定了托勒密的地心说，否定了地球是整个宇宙的中心。日心说的宇宙观导致科学和宗教的激烈冲突，1616 年红衣主教柏拉明（Bellarmine）宣布哥白尼的学说是"错谬的和完全违背圣经的"①。布鲁诺的牺牲、伽利略的终身监禁是科学家为科学的独立所付出的代价。哥白尼的日心说冲破了中世纪的神学教条，从此自然科学便开始从神学中解放出来。科学史把哥白尼发表《天体运行论》作为近代科学革命的标志。人类从此展开了全新的宇宙观。

从哥白尼时代起，脱离教会束缚的自然科学和哲学开始获得飞跃的发展。在哥白尼之后，开普勒根据第谷的天文观测资料，提出行星运动三大定律，修正并支持了哥白尼的日心说，奠定了正确的天体力学的理论基础。开普勒指出日心说的正确性，并将行星的圆运动改为椭圆，提出了行星椭圆运动的等面积定律。这使哥白尼的学说大大前进了一步。伽利略用望远镜的天文观测和物理学上的证明论证了日心说的正确性。

牛顿延续了哥白尼的太阳中心说。到 17 世纪，牛顿开辟了以力学方法研究宇宙学的新途径，形成了经典宇宙学。随着天文学的发展，旧的认识被新的认识所替代，日心地动、椭圆轨道和万有引力成为近代宇宙论的最根本内容。1687 年牛顿撰写的著作《自然哲学的数学原理》出版，以万有引力定律揭示并证明了日心地动说的物理原因。随后，1728 年詹姆斯·布拉德雷发现光行差，行星运动的视差现象也得以揭示。至此，日心地动说获得了完全、彻底的胜利。

牛顿提出了时空独立于物质而存在的绝对时空观，在科学史上具有重要的地位。牛顿由时间、空间的无限性推出宇宙是无限的。牛顿在《自然哲学的数学原理》一书中写道："绝对的空间，它自己的本性，与任何外在的东西无关，总保持相似且不动。""绝对的、真实的和数学的时间，

---

① 〔英〕丹皮尔：《科学史及其与哲学和宗教的关系》上册，李珩译，北京，商务印书馆，2009，第 193 页。

它本身以及它自己的本性与任何外在的东西无关，它均一地流动。"①牛顿认为，宇宙是三维的经典欧几里得几何空间，所有的物理现象，都发生在这个宇宙里，它是一个始终静止和不变的绝对空间。牛顿的伟大在于他引入了抽象的绝对时空。绝对空间是均匀的（中心取在任一点都可以）、无限的（坐标轴可无限延伸）、各向同性的（坐标轴的方向可任意选定）。这种空间观念其实隐含着宇宙无中心的观点。绝对时间是均匀的、无限的，因此牛顿否认进化的层次性，否认时间的客观实在性，否认时间的发展性，否认时间的不可逆性，认为存在没有物质的空间，而不知道空间就是物质本身的一种属性和表现。任意方向上的无限延伸和绝对均匀流逝的时间构成了牛顿的机械论的宇宙观，从 17 世纪下半叶到 19 世纪末，这种宇宙观一直都占据统治地位。

近代的宇宙起源论，自从哥白尼创立太阳中心说以后，经过开普勒、伽利略，已经有了一定的科学基础。然而，牛顿并没有从他的发现中做出唯物主义的哲学结论。相反，他却从调和科学与宗教的唯心主义立场出发，断言天体运行以及太阳系的形成来自"神的第一次推动"。关于这一点恩格斯曾经说过："哥白尼在这一时期的开端给神学写了挑战书；牛顿却以关于神的第一次推动的假设结束了这个时期。"②由于牛顿的万有引力理论和力学三大定律可以解释当时观测到的自然现象，人们就认为宇宙就是按牛顿力学运行的巨大而复杂的"钟表"，一切都是机械。③ 形而上学的机械论把宇宙万物都看成是机器的机械运动，后来就发展成为机械唯物主义的宇宙观。正是这种机械论的宇宙观为人类中心主义提供了根据。

到了 18 世纪，第一个科学的太阳系起源理论，即康德-拉普拉斯的星云假说诞生了。康德从自然的历史发展观点出发，创立了他的星云假说，指出了太阳系的构造"层次"，从而使人们在研究太阳系的起源问题上取得了重要的突破。康德的星云假说把整个太阳系看成是逐渐形成的东西。太阳系是由一团原始星云演变而来的，这团星云是由大小不等的微粒组成的。引力使微粒相互接近，大微粒吸引小微粒形成较大的团块，中心引力最强，物质最多，形成太阳，外面几层逐渐凝聚成行星，星云物质之间的排斥力使其围绕太阳运转。这样就不存在用一种推力把现成的行星送进围绕现成的太阳的轨道上去的问题了。正是由于康德大胆地

① 〔英〕牛顿：《自然哲学的数学原理》，赵振江译，北京，商务印书馆，2006，第 7 页。
② 恩格斯：《自然辩证法》，北京，人民出版社，1971，第 11 页。
③ 刘其站：《西方哲学发展的突破口——天文学》，《伊犁教育学院学报》2006 年第 1 期。

取消了牛顿"第一推动"，夺了上帝的权，使地球和整个太阳系表现为某种在时间进程中逐渐形成的东西。1796 年拉普拉斯以力学和数学论证又重新提出星云假说，于是康德-拉普拉斯星云说以发展、演变的宇宙观否定了牛顿的绝对不变的机械宇宙观。

康德-拉普拉斯星云说是哥白尼日心说之后人类对宇宙认识所取得的重大成就，它也开启了天文学在 19 世纪的蓬勃发展的里程。自星云说问世以后，天体的演化学科确立了，赫歇尔父子对恒星进行了大量的观测，把以前只局限于太阳系的研究扩大到银河系和河外星系。另外，在此期间已经有分光方法应用于天文学，这一时期的发展为现代宇宙学的发展奠定了基础。

第三节　现代宇宙论

在一定意义上，现代宇宙学是站在地球上研究整个宇宙，也是立足于现在研究过去。人类只能通过电磁波来接收遥远宇宙的信息，而这些信息源和人类之间总被一定的时空长河所阻隔。对宇宙演化过程的研究主要是为了满足人类探索过去、探索宇宙从何而来的需要。这并不像应用性的科学那样能直接为现实的物质生产活动服务。在这个领域里，不少学说都只是一种假说，因为我们既不可能用实验手段来重演宇宙演化的过程，也难把用人类有限的科学知识和在有限的时空范围内得出的某些结论推广到无限的时空范围中去。

现代物理学以自己的语言解读了宇宙的发展过程，展现给人类一个整体的、关系的宇宙。20 世纪物理学的发展，产生了相对论、量子力学、宇宙大爆炸理论，现代宇宙论开启了人类对宇宙的科学认识。大爆炸理论让全人类有了一个共同的宇宙"故事"，现代物理学给人类提供的是一个整体的宇宙。霍金进一步发展了宇宙大爆炸理论，他以量子解读宇宙的创生，认为宇宙是关系的宇宙，我们的宇宙具有多元、复杂的特征。结构可以消失，也可以出现。变化的并非只有现象，宇宙的深层结构也处于生灭变化之中。①

宇宙大爆炸理论是 20 世纪下半叶最具影响和最有权威的有关宇宙起源的理论之一，是物理学家伽莫夫于 1948 年提出来的。该理论认为，全

---

① 卢风：《论生态文明的哲学基础——兼评阿伦·盖尔的〈生态文明的哲学基础〉》，《自然辩证法通讯》2018 年第 9 期。

部宇宙开始于一个神奇的点，这个点被称为奇点。奇点没有物质，没有时空，也可以说奇点蕴含所有的能量和物质，奇点发生爆炸、暴胀，从而创生了物质、时空以及今天的宇宙。所有的故事，无论是自然界的丰富多彩，还是人类社会的发展，都有着一个共同的原因，所有的因果链都可以追溯到宇宙大爆炸开始的奇点。在那一点，没有时间，没有空间，没有物质。爆炸之后，产生了物质、时间、空间，时间、空间是物质的属性，空间包含于时间之中，时间构成空间状态的一个序列。① 时间是物质的持续存在，空间是物质在静止时的存在状态。爆炸后的短暂时间内，物质以辐射能的形式存在，经过一定时间，能量沉积为实物，形成星云的物质基础。星云又演化出星系，生成恒星、行星。追溯宇宙本原，辐射能沉积为实物是自然发展过程的一种展现。

宇宙大爆炸模型不仅有红移还有 3K 背景辐射、氦丰度等实验证据支持，而且也有霍金和彭罗斯在广义相对论基础上的理论证明。这个证明认为，假定广义相对论是正确的，宇宙包含我们所观测到的这么多物质，则过去必须有一个大爆炸奇点。② 广义相对论告诉我们，宇宙有一个时间开端，即奇点。这个奇点密度无限大。相对论是非机械物理学的开端，它引入时间、空间、物质完全统一的新理念。宇宙是一个完整的整体，我们所观察到的所有形式都是我们思维和观察所抽象出来的结果。③ 人类有一个共同的宇宙"故事"，来自宇宙创造本身，而非外在的、上帝在"无"中的创造。由于奇点的"奇"性，还是给上帝留下了一个位置。1981 年在梵蒂冈由天主教教会组织的宇宙学会议上，教皇在会议尾声的演讲中说，大爆炸之后的宇宙演化是可以研究的，但是我们不应该过问大爆炸本身，因为那是创生的时刻，只能是上帝的事物。④ 可是霍金却以他的量子宇宙论解读了创生时刻。

霍金把量子力学和广义相对论结合起来，提出了无边界宇宙模型。霍金把量子力学引入极早期宇宙学中。量子宇宙论的目的不仅在于摆脱早期宇宙的奇性，也在于要预见宇宙中的一切。⑤这意味着在研究宇宙的

① 刘利：《柏格森生命哲学的直生论解读》，《自然辩证法通讯》2018 年第 6 期。
② 〔英〕史蒂芬·霍金：《时间简史》，许明贤、吴忠超译，长沙，湖南科学技术出版社，1997，第 57 页。
③ 〔英〕大卫·伯姆：《后现代科学与后现代世界》，〔美〕大卫·格里芬编：《后现代科学：科学魅力的再现》，马季方译，北京，中央编译出版社，1995，第 73～87 页。
④ 〔英〕史蒂芬·霍金：《时间简史》，许明贤、吴忠超译，长沙，湖南科学技术出版社，1997，第 110 页。
⑤ 吴忠超：《无边界宇宙没有奇性》，《中国科学（A 辑）》1996 年第 12 期。

极早期行为中不考虑量子效应是不允许的。相对论遵循严格的因果决定论，适用于大尺度的宏观空间领域，而量子力学却以统计决定论探索微观领域。根据量子力学的测不准原理，在小于 10^{-43} 秒和 10^{-35} 秒的普朗克时空尺度范围内，没有能力和工具测量时间和空间，时空的概念失去物理实在的意义，"实"时间转为"虚"时间。霍金引入了虚时间概念，提出了无边界宇宙模型。"无边"并不意味着"无限"，宇宙的三维空间是无边的，而它的时间（实时间）却是有始的。

　　虚时间和无边界的宇宙模型提出了量子宇宙论的新时空观。虚时间意味着我们现在的（实）时间是有开端的，即宇宙必须有个开端，并可能有个终结。这打破了关于宇宙既无开端也无终结的传统说法。我们称宇宙起源于"奇点"。"奇点"是虚时间和（实）时间的分界点。经典宇宙学中的奇点意味着宇宙从"无"到"有"的量子创生。而量子宇宙论中的奇点是事件，而非机械物理的一个点，其充分的论证体现了量子宇宙论的新时空观。事实上，我们所有的科学理论都是在时空是光滑的和几乎平坦的观点的基础上表述出来的，所以它们在时空曲率无穷大的大爆炸奇点处失效。这意味着即使在大爆炸前存在的事件，也不能用以确定大爆炸后所要发生的事。这就是虚时间与时间的不同含义。发生于大爆炸之前的事不能有后果，也不构成我们宇宙的科学模型的一部分。① 因果决定论只在大爆炸后才有效。包括相对论在内的所有理论的失效，使得时空有了开始点这个物理界面。这只说明广义相对论是一个不完备的理论，它不能告诉我们宇宙是从何开始的，包括奇点在内的宇宙大爆炸之前的事件是无法探明的，但"只要考虑了量子效应奇性就会消失"②。奇点定理显示的是，在极早宇宙那一时刻，宇宙极小，时空曲率极大，经典理论不能再描述，必须以小尺度的量子引力论来研究宇宙是如何开始的。奇点的空间为零，说明大爆炸是从无限密度的事件开始；奇点的时间为零，说明广义相对论经典理论中除去了奇点事件和任何先于它的事件。这样时空就会有边界——大爆炸处的开端。这个开端未必是机械论的一点，它可能是个界面，即奇点由很多事件构成，这是个可视分界界面，包括奇点在内的可视界面之下的所有事件是我们智慧生物无法知晓的。事件正是过程哲学所强调的，它不同于传统哲学所强调的实体。

---

① 〔英〕史蒂芬·霍金：《时间简史》，许明贤、吴忠超译，长沙，湖南科学技术出版社，1997，第 55 页。

② 〔英〕史蒂芬·霍金：《时间简史》，许明贤、吴忠超译，长沙，湖南科学技术出版社，1997，第 58 页。

宇宙的每一时刻都是新的。从古代宇宙观到近代天文学宇宙观再到现代宇宙观的研究，使我们已经意识到我们生活在一个不断发展的宇宙故事当中。不同的宇宙观对社会发展具有不同的作用。先进的宇宙观能够推动社会发展，落后的宇宙观则阻碍社会发展。[①] 这个关系从未改变过。宇宙观是最大的、最根本的本体论，生态本体论需要生态的宇宙观，我们需要协同行动并转向一种整体论、关系论的生态宇宙观。

---

① 何川、禹丽娥：《生态宇宙观的东西方文化基础》，《太原师范学院学报（社会科学版）》2005 年第 3 期。

第二章　自然整体：地球共同体

自然有机整体主义是生态哲学的自然观。生态哲学把地球看成一个大的生态系统整体，宇宙也是一个有机整体。这不仅是空间意义上的整体，而且，这种空间意义上的整体自然也是时间纵向演化的结果，即时间的整体，是宇宙-地球-生命过程的走向，是时间、空间统一的整体故事。没有宇宙，就没有地球，没有地球，就没有地球上的生命，没有生命，就没有人类。人类的技术-社会过程与地球的地质-生命过程紧密相融，创造了故事的丰富内涵。在地球的故事里，从古生代、中生代、新生代过程的故事中，可以领会地球的地质-生命过程的丰富内涵。人类的文明史不仅是人类的故事，也包含于地球的地质-生命过程之中，属于地球的故事。人类、生命、地球共同体与宇宙一起构成一个完整的自然整体的故事。

第一节　地球的宇宙背景：一个宇宙"奇点"、四种创造力

地球作为一颗行星，是宇宙家族中的一员，是宇宙的繁星中的一颗，可是它的上面却有无数生命，有无数的繁花茂叶，无数的动物生命形式。热带的繁茂，高山的壮丽，一年一度的春夏秋冬之韵律与生命一起展现着地球共同体的创造力。从地球本身而言，是一个约 46 亿年的故事，从宇宙故事来讲，是一个经历了约 138 亿年的历程，地球在宇宙时空整体的创造中诞生。

以我们有限的能力理解的无限宇宙故事的起始点，是宇宙大爆炸学说中的"奇点"。随着宇宙的爆炸，时间、空间、能量同时产生。在"奇点"，时间为零，空间为零，没有能量，没有物质。按照量子力学理论分析，奇点是过程中的事件，是人类的思维理解不了的事件。从奇点爆炸开始，宇宙诞生，宇宙开始有了自己的时间，也开始有了自己的空间——在宇宙暴胀阶段，10^{-32} 秒，宇宙增大了 10^{50} 倍，生成物质，进入基本粒子阶段。各种基本粒子都处在强烈的相互作用的关系之中。随着温度的降低，不同基本粒子间出现不同的相互作用关系，形成质子、中子、原子核。此后，爆炸的能量开始了创造元素的历程。约 1 万年后，

温度下降到大约 10^5 K。这时，自由的电子开始被原子核所俘获，形成稳定的原子，原子是构成实物的最基本单位，宇宙进入实物阶段，在四种相互作用的法则之下，开始进行星云的演化，创造元素，形成星体、星系。我们的家园——银河系，就在这种宇宙的创造力中诞生了，成为宇宙故事中的一员。这四种相互作用就是我们靠科学所能理解的万有引力、电磁力、原子核内的强相互作用力和弱相互作用力。这是宇宙本身物质内在的创造力量，是作为整体的宇宙所产生的四种创造力，是从那个奇点演绎而来的。

早期的古恒星，当其能量耗尽时开始毁灭，有的很激烈，在太空中抛弃大量的弥漫的团块物质。在约 46 亿年前，这些弥漫物质靠自身的引力围绕着一个扁平的磁心旋转，然后在这个中心内部，一个恒星诞生了，这就是太阳。在原始星云收缩为恒星的过程中，有的恒星周围的弥漫物质分裂，收缩成围绕恒星旋转的本身不发光的行星。太阳系就是这样一个恒星-行星系。由水星、金星、地球、火星、木星、土星、天王星、海王星这八大行星和若干矮行星、小行星、彗星等围绕太阳，构成一个星系，即我们的太阳系。

我们的家——地球，是宇宙创造力继续演绎的结果。地球是太阳系的一个成员，诞生于约 46 亿年前。地球在太阳系中的位置决定了它是生命奇迹的诞生地。它离太阳不太近，也不太远。由于它在太阳系的位置和它自身的内部的力学平衡，地球上的物质结构才有固体、液体、气体的存在形式，才有可能从一种形式向另一种形式转变。[①] 这样，地球上就有了不断发生创造的化学反应环境，生命的诞生也就有了摇篮。

经过"天文时期"，远近不同的弥漫物质收缩为原始地球。地球开始内部的圈层形成和演化，再进入"地质时期"，即地壳运动和海陆的变化时期。在原始地球形成时，熔融分化，以重元素为主的物质下沉而形成地核，较轻物质上浮而形成地幔，随后地幔又分化出更轻一些的物质形成地壳，造成了圈层结构。在地球内熔融和分化的过程中，大量气体逸出地表，形成原始大气圈。原始大气中含有的大量水蒸气凝结，形成原始的水圈，并逐渐形成今日的江河湖海。继陆地、海洋、大气之后，地球的地质-生命故事开始了。地球的生态系统在宇宙背景下诞生了。

①　Swime B，Berry T：*The Universe Story*，New York：Harper Collins Publishers，1992，p. 8.

第二节 生命：一个地球、四大领域

陆地、水、大气和太阳，这四大领域共同创造、创生出一种创造性的辉煌——地球上的生命。这是地球的生态内涵。地球的发展，到了一定程度，有了适宜生命的环境，创造出生命，反过来生命又创造着地球，使地球充满生机。这是共同的创造故事。地球上第一批生命形式可能是单细胞实体，它的生命过程体现了生命的转变与共生过程，既经历了其本身生存的时间历程，又创造了适应生命进化的时空环境。

在太阳的照耀下，原始的大气、水、大地上的岩石和土壤为生命物质的产生进行着创造。原始地球上的环境条件与现在有很大差别。大气中没有氧，生命起源于化学演化，从无机物分子到有机小分子、有机大分子。有机大分子化合物的出现，标志着化学进化过程的一次质的飞跃。有机大分子进一步合成生命的物质承担者——生物大分子的蛋白质和核酸。在生命进化过程中，生物大分子再结合，产生原始的生命。

随着有机大分子的减少，第一批产生光合作用的生命退出作为食物消费者的竞争，而成了生产者，产生出更多的有机物，并放出氧气。生命的起源是地球产生后的 10 亿年间的过程。在这 10 亿年间，原初的地球，在不含游离氧的大气中，从无机物通过非生物方式产生的有机分子演化出了单细胞生物。[1] 又过了 20 亿年，原始的细胞在进化过程中，产生了生物化学系统和现代生命赖以生存的富氧大气圈，这就是生命与环境创造性共生的过程，从而由单细胞生物的进化过程发展为多细胞植物和动物的进化过程。多细胞生物只是在地球生命历史上的最后五分之一阶段中才出现的。原始的生命的出现在约 35 亿年前，也就是说地球自形成后，经历了十几亿年的发展才开始展开生命的故事。太古宙早期，生物界经历了由原始生命出现到原始单细胞生物出现。原核细胞生物以生命为代价唤醒了真核细胞走上生命的旅程。真核细胞的出现是生命的飞跃，它使多细胞生物的生成成为可能。光合作用所释放出的副产物——"氧"积聚于大气中，促进了一个生物适应性的新时代。以太阳能为动力的生命形式，永远扎根在地球上，开始了真正的生物进化过程。[2]

元古宙中晚期，无机界和生物界都有很大变化。稳定大陆不断扩大，

---

① 〔美〕Richard E, Dickerson：《化学进化与生命起源》，柴建章译，《科学》1979 年第 11 期。

② 〔美〕Richard E, Dickerson：《化学进化与生命起源》，柴建章译，《科学》1979 年第 11 期。

碳酸盐岩广泛发育，后期冰川广泛发育。从生物界来讲，藻类植物大发展也在创造地球的生物气候。远古的大气对生命而言是"毒气"，二氧化碳浓度极高。藻类植物的繁茂生长发生着光合作用，向空气中不断释放氧气，吸收二氧化碳，改变着原始大气，净化着大气，使环境更适合生命的发展。在早期真核生物出现后，出现了不具硬体的软体动物群体，为以后无脊椎动物大发展奠定了基础。二氧化碳的减少一旦达到了临界值，碳酸盐就能沉淀出来。然而大规模的碳酸盐岩的出现，是从元古代开始的。这表明在古太古代时期的古海洋有局部氧化环境，游离氧的来源与局部生物的光合作用有关系。而这些进行光合作用的生物，多半是一些能适应海洋生活环境的藻类。① 这种菌类、藻类生命所创造的富氧的大气为迎接古生代生命的繁盛创造了条件。

太古代、元古代、古生代，这是地球故事在远古代的时间流逝。在太古代、古元古代、中元古代，大洋壳不断演变，陆核产生并不断增生扩大。到新元古代，全球终于形成了一些巨大而稳定的大陆-地台。中元古代、新元古代、古生代，这些大陆块经历了边缘增生、分裂、漂移、合并和升降运动。大陆下降形成浅海，边缘褶皱形成山系，地形气候不断变化。随着环境的变迁，生物界也不断由低级向高级演化，多细胞有机体的生命的繁荣发展，也是地球故事的生机盎然。然而，这些变化对于地球而言却有着一个不变的稳定的基础。这就是太阳稳定地燃烧着氢，放出能量；地球稳定地围绕着太阳旋转；地球系统中千千万万个化学键也稳定地存在着。

生命的繁荣，即使是灭亡了，也留下它的遗迹，化为陆地的沉积。我们对地球故事的领悟，也来自这种沉积层。我们也以这种沉积层来划分地球的地质时间过程。古生代按照我们的理解包括早古生代的寒武纪、奥陶纪、志留纪。这是三叶虫、笔石、小壳动物等无脊椎动物和海生藻类植物繁盛的时代。还有晚古生代的泥盆纪、石炭纪、二叠纪。这个时代，两栖类、鱼类繁盛，陆生孢子植物繁盛，还有腕足类和四射珊瑚等无脊椎动物。古生代大约开始于5.4亿年前，结束于2.5亿年前。

地史学家们对地层沉积的这种时间理解，是人类对地球共同体创造力的解读，是对古生代地质-生命过程的领悟。二叠纪是古生代的最后一个纪。二叠纪末期，世界各大陆漂移汇聚形成统一的泛大陆，因此二叠纪又是一个构造运动强烈的时代，地理、气候都发生了巨大变化。脚下

① 温献德：《地史学》，东营，石油大学出版社，1998，第67页。

的陆地大了，陆地上的生命必然也多了。二叠纪生态环境的重大变化也带来陆生植物的繁荣发展，这是植物界的大变革，也是地史上的重大事件。松柏类的杉树植物还有晚期大量出现的裸子植物不仅使二叠纪植物界兴盛繁茂，也使二叠纪成为一个造煤时代。联合古陆在二叠纪末期形成，虽然伴随而来的是生命的繁荣，但也有灭绝的挽歌。生命的灭绝虽然是地球故事的挽歌，可是也迎来中生代生命的繁荣。创造性把地球的地质-生命过程引向中生代的进步和繁荣。

第三节　生命共同体发展
——自然共同体、社会共同体、区域共同体

中生代，泛大陆开始解体，各大陆块按一定方向漂移。由于大陆的分裂、漂移，泛大洋也发展形成新海洋，同时还伴随海侵和一系列构造运动，使世界地理、气候和生物发生了一系列的重大变化。由于海侵、气候温暖，干旱气候与潮湿气候交替出现。所以，爬行动物、菊石和双壳类的无脊椎动物、裸子植物共同讲述着生命的繁荣故事。这是陆地、海洋、大气和生命的共同故事。

中生代按时间顺序分为三个阶段。三叠纪是中生代的第一个纪，开始时间距今2.5亿年，结束时间距今2.08亿年。侏罗纪开始于距今2.08亿年，结束于距今1.45亿年，是中生代中间的一个纪。从三叠纪晚期到侏罗纪，泛大陆解体，导致侏罗纪的世界性大海侵，广泛海侵使大陆气候变潮湿，植物繁盛，成煤地层广泛发育。[①] 侏罗纪的生物界内容最能反映中生代的特点。裸子植物在侏罗纪的繁盛使得中生代被称为"裸子植物时代"。最繁盛的植物是地史中又一次造煤的物质基础。苏铁、松柏、银杏谱写着植物界主要乐章。植物年轮发育，证明存在较寒冷的气候条件。根据生物学的统计，侏罗纪植物的种类是60000种。[②] 中生代从陆生动物群的角度被称为"爬行类时代"，侏罗纪的爬行类此时达到全盛。巨大躯体的恐龙成为大陆的主宰。这时的世界，是统治地球几百万年的恐龙的世界，是恐龙的故事。白垩纪，开始于距今1.45亿年前，结束于距今6500万年前。侏罗纪后期，广大地区发生海退，早白垩世世界性海退是侏罗纪晚期海退的继续。中生代生物在白垩纪有着最后的辉煌。白

① 温献德：《地史学》，东营，石油大学出版社，1998，第266页。
② 〔苏〕马尔科夫：《社会生态学》，雒启珂、刘志明、张耀平译，北京，中国环境科学出版社，1989，第118页。

亚纪植物界曾发生巨大变革，被子植物出现，到了白垩纪晚期数量已相当丰富，被子植物取代了裸子植物，成为陆生植物界的主要门类。一度极为繁盛的蕨类及中生代原占优势的裸子植物衰落并退居次要地位。所以，白垩纪晚期与早期的植物界截然不同，实际上白垩纪晚期植物界已具有新生代的面貌。脊椎动物恐龙类仍然繁荣，哺乳类仍处于缓慢发展阶段。

宇宙、地球、各种生命以自己的创造力进行着共同的创造。一直到中生代末期，地球经历了 45 亿年的过程，在这 45 亿年的过程中，太阳不断地燃烧着氢，稳定地给地球提供能量。地球也平稳地围绕着太阳旋转。地球系统的内部，有一个适宜生命的稳定发展的环境，这是化学键稳定性所保持的化学平衡的结果。大气的稳定，气候的适宜使地球成为生命之家。但是，宇宙中有千万个运动着的星系，时常会有灾难拜访地球。6500 万年前巨大的天体撞击改变了地球的大气，改变了地球的气候，袭击了地球上精致的生命之网。大量的生物灭绝意味着很多生命跟随着恐龙步入坟墓。但是，毁灭也打开了通向新的可能性的大门。[①] 这是布朗·斯威密和托马斯·柏励对地球故事的领悟。爬行类动物的生存之门关闭了，哺乳类的生命之门向新生代打开了。

灭绝、危机，对于共同体而言，是另一种创造力。白垩纪后期，自然界剧烈变化给生命带来巨大灾难，这种灾难是中生代的终结，也是迎来新生代黎明的前夜。中生代生物界的一些重要门类，有的趋于转变，有的趋于灭绝。三叠纪发展兴起的爬行类、裸子植物和菊石类大部分绝迹。白垩纪是生物界大发展的重要时代之一，各个生态领域的生物都非常繁盛。但是，白垩纪末期，大量生物突然灭绝：菊石和固着蛤全部消失；箭石经短暂的衰落后，随即灭绝；孔虫、海胆、珊瑚等旧的属种绝迹而为新的属种所取代；盛极一时的恐龙到白垩纪末期突然销声匿迹。这种突然消失绝不是常识经验的时间概念，即瞬间、一秒、一分钟或那么一段时间。在地球年的绝对时间尺度下，这样的灭绝不是"同（地球年）时"的，它们彼此之间必然有早晚关系。[②] 灭绝是一个过程。据统计，晚白垩世各类生物近 3000 个属，到新生代古近纪初只剩一半左右，属的灭绝率达 52％，种的灭绝率达 90％以上。[③] 这种生物界灭绝的巨大灾难是

---

①　Swime B，Berry T：*The Universe Story*，New York：Harper Collins Publishers，1992，p. 10.

②　庄寿强：《谈地质时间的相对性》，《自然辩证法研究》2002 年第 3 期。

③　温献德：《地史学》，东营，石油大学出版社，1998，第 268 页。

地球的黑色故事。黑色故事并不是故事的结束，过程依然在继续，地球的新生代即将展现风华繁茂的光彩。

新生代是地球地质-生命繁茂昌盛的时代。始于距今 6500 万年前，依次分为古近纪、新近纪、第四纪。古近纪生物界的特点主要是哺乳动物和被子植物的繁荣，新近纪开始，生物界总的情况与现代更为接近。高等植物与现在几乎没有区别，低等植物中的淡水硅藻类较为常见。第四纪是地质历史上的最后一个纪，开始时间是距今 258 万年。这是被子植物和哺乳动物高度发展的时代，地史学通常认为人类是这时出现的。这时，陆地面积广大，地形高差巨大，冰川活动广泛，气候分带明显，沉积类型复杂多样，沉积物多没有固结成岩。这时，大陆上的海侵很少，所以有丰富的陆生生物和淡水生物。陆地上的海相沉积和海生生物化石很少。海洋生物中有珊瑚、双壳类、海扇、牡蛎等。各种脊椎动物竞相发展，哺乳动物和鸟类繁荣昌盛。

地球故事，经历了数十亿年的演义，演义出辉煌的成就，在地球共同体中展现了五大生命领域。[①] 第一大生命领域是细菌生命领域。细菌可能有数千万种。现在只有约 5000 种得到了确定。它们是第一级生命形式，也是最坚韧的生命，可以生存在地球的任何地方。在沸腾的水里，在冰冻的岩石里，在高山、在深谷，地球的热带也好，温带也好，都能发现它们的踪迹。它们生存在地球的共同体之中。第二大生命领域是原生物领域。这是元古宙开始出现的生命，是所有一切高级生命形式的基础。有约 6.5 万种得到了确认。第三大生命领域是真菌。已经有 10 万种菌类得到了确认。它们不属于植物，因为它们不需要阳光。第四大生命领域是植物。植物已经有约 30 万种得到了确认，大多数都属于开花型植物，被子植物。开花型植物至少有 25 万种，从木兰树到兰花和黑莓。其余的还有裸子植物、苔类植物等。第五大生命领域是动物。最多的是昆虫，现在已知的有 100 万种之多；其次是大约 50 万种的蠕虫；然后是 4 万种的脊椎动物。脊椎动物里有 9000 种鸟类，6000 种爬行类，4500 种哺乳类。这里大约列举了 200 万种生命。生物学家估计，生命的种类大约有 1000 万到 3000 万之多。这个数字仅仅是所有在地球上出现过的生命数量的百分之一。物种的多少和生物量的大小，是各种动植物兴旺的标志。亿万种生命曾经来到这个世界，又灭绝了。尽管有那么多的生命

---

① Swime B, Berry T: *The Universe Story*，New York：Harper Collins Publishers，1992，p. 139.

消失了，但是，当人类第一次在地球上诞生时，地球共同体还从未有过这么多生命。

亿万种生命以亿万种创造力与空气、水、陆地、太阳能一起为人类的到来编织着时空场景。新生代是哺乳动物的时代。哺乳动物进化出敏锐的情感，它们能用神经系统去感知世界。人类就是高级的哺乳动物。人类的出现是新生代甚至是地球自产生以来最突出的历史事件。人类的产生是地球伟大的创举。约400万年前，古猿可直立行走，解放了双手。200万年前，猿人自由的双手会利用地球的物质制造工具。大约150万年前，猿人控制了火，学会了利用贮存在树枝中的太阳能。① 从此，在新生代，人类迈向了进步发展的旅程。由于人类的到来，第四纪与人类关系十分密切。地球的陆地给农业提供了生存的根基；地球的水是人类水利建设的渊源；树木使人类有了林业；动物也让牧业的发展有了可能；还有人类的工程建筑，城镇规划发展；等等。所有的人类活动都与第四纪紧密相关。

我们生活在地球的完整故事之中。地球的生机和生命的自然过程都是这一故事的演绎。海洋生命和陆地生命的丰富多彩令人感到神奇无比。动物、鸟儿、灿烂的鲜花等所有这一切都展现着它们优美的色彩。它们以其奇异的形式，以它们的"舞蹈"，以它们的"歌"，还有产生回声的鸣叫装点着这个世界。自然也在准备好了这份优美之后才让我们到来。这是地球之爱，是大地母亲对人类的关怀。我们的到来也给地球故事带来新的色彩。陆地、水、空气、太阳能，再加上生命，创造出人类思维的浓重色彩。从此，宇宙、地球、生命演绎出更大的创造性：人类思维——一个极其强大的领域。人类思维既是创造力的结果，其本身又具有最高的创造能力，展现着创造力的辉煌。

生命共同体的发展不仅体现于上述的进化过程，也以自然共同体、社会共同体、区域共同体的多样性展现地球生态共同体的丰富多彩。自然共同体中的自然，应该意指没有人干预的自然的自发的运行状态。在自然共同体中，是"自然"决定了共同体的性质。任何一个个体，无论是出生还是成长或者是死亡之后，都离不开共同体。个体从一出生就生在一个共同体之中，而在成长过程中更是与共同体有着紧密的联系，即使死亡之后，也要给共同体留下它们的痕迹。这是每一个个体都难以控制

① Swime B, Berry T: *The Universe Story*, New York: Harper Collins Publishers, 1992, p. 11.

和干预的。更进一步讲，自然共同体具有广义和狭义两方面内涵。广义的内涵包括整个宇宙意义上的自然共同体，在这个意义上，人类的控制和干预微不足道，并且人类还要依赖这种意义上的"宇宙自然"生存发展。这样，在整体主义的环境伦理思想中，"自然共同体"是支持人与自然之间有伦理关系的科学基础。狭义的内涵把"自然共同体"这一概念表述为人与自然之间所形成的一种最初始的空间结合形态。① 在这个内涵里，人类已经不仅仅作为一个一般物种存在于生态系统之中了，而是作为一个能够进行道德进化的特殊物种。这对人类承担未来走向生态纪元的伟大工作提出了要求。人类走上道德进化的道路，而动物则走上一条体质进化的道路，这是人与动物的本质区别。道德的进化使人成为真正的人。

社会共同体从自然共同体中诞生出来，它不同于自然共同体，又与自然共同体有着密切的依赖关系。这是人的共同体，即人类社会。从自然共同体到社会共同体，大致发生了两个最基本的变化②：一方面，人类通过自己长期的生存实践活动，终于从荒野中走出，进入了自身的历史发展进程当中；另一方面，自然也进入了人类历史之中，人类也把自然融入人类社会发展过程之中。从时间维度看，人把自然纳入自身之中，也就是把自然纳入了人的时间之中，自然按照人的自由的和创造性的时间节奏改变着自己的存在状态。人按照自己的时间节奏强制改变自然的时间和变化的节奏，从而也改变了自然的空间状态。所以，在社会共同体中，人类总是有意识或无意识地以自己的时间覆盖或遮蔽自然的时间。③

区域共同体是人类在自身的进化中与自然之间所形成的第三种空间结合形态。④ 它充分揭示了地球的地质-生命过程是生命共同体的特有性质。区域共同体是自然共同体与社会共同体的有机统一体，包括基础圈层、生态圈层和文化圈层。基础圈层是由除了人类之外的所有自然物的总和所构成的，它是生态圈层的基础。所有的自然物和人以复杂的有机联系构成生态圈层，并且每一个个体各自占据着一个特定的生态位。文化圈层是人类智慧的创造力所改变和影响的地质、地域及空间，它是建立在基础圈层和生态圈层基础上的。区域共同体把人在地质、地域及空间中的作用或者位置做了合理的提升。人虽然生存于自然生态系统之中，

---

① 郑慧子：《走向自然的伦理》，北京，人民出版社，2006，第116页。
② 郑慧子：《走向自然的伦理》，北京，人民出版社，2006，第136页。
③ 郑慧子：《走向自然的伦理》，北京，人民出版社，2006，第166页。
④ 郑慧子：《走向自然的伦理》，北京，人民出版社，2006，第180页。

却早已经不再像其他物种那样被限制在生态系统之中了。人类早已经凭借着技术，走出生态系统，走向全球。"区域"是地理学这门科学的一个核心的、基本的概念。区域共同体不仅体现地理学作为一门科学来关注人与自然的关系，而且还充分说明了人是生存于地球的地质-生命过程之中的，说明生命共同体的性质是地质-生命过程的性质。在区域共同体中，"区域"决定了共同体的性质，当然也就决定了人与自然在其中的存在状态。人在自身的文化进化中，从社会共同体走向区域共同体，这标志着由于人的道德觉醒和对自然的更为全面深刻的认识，人与自然之间形成了一个真正意义上的共同体。[①]

　　自然共同体、社会共同体、区域共同体展现的是生态共同体的空间过程，也是对生命共同体在时间历程中的展现。从宇宙 138 亿年的历程中，走出地球 46 亿年的历程，从地球 46 亿年的历程中走出人类 200～300 多万年的历程。我们的故事来自人类社会，人类来自地球共同体，地球来自宇宙共同体。宇宙、地球、生命、人类的时空历程是科学给我们提供的本体论解读。在地球显生宙的古生代、中生代、新生代的史册里，地壳的岩石及其变形就是地球发展的遗迹，成层的岩石及其丰富的化石及沉积物就像一页页书中的文字，告诉我们已经发生的历史故事。

---

① 郑慧子：《走向自然的伦理》，北京，人民出版社，2006，第 175 页。

第三章   生态学之外的科学基础

宇宙学帮我们理解了我们生存的宇宙环境，地质史、地质学讲述了我们的家园——地球的时空历程。生态学更是生态哲学坚实的科学基础。此外，相对论、量子力学、系统论、控制论、信息论及混沌理论等也蕴含着生态哲学思想。

第一节   相对论和量子力学

自然科学是世界观形成的决定力量。自然科学自从解脱了宗教的束缚，牛顿机械的、分离的世界观一直占统治地位。随着科学的发展，相对于机械的、分离的现代科学，自然科学产生出描述自然整体的理论。被称为现代物理学的两大基本支柱的相对论和量子力学就是生态哲学的科学基础。

相对论是背离机械论的首要一步，它引入了关于空间、时间和物质的新概念。相对论以物质、运动、时间、空间、能量和场的大统一来描述世界的整体秩序。相对论意味着整个宇宙中的一切和人类都包含于一个统一体中，这就是生态世界观产生的自然科学基础。狭义相对论先由运动把时间和空间联系起来，时间和空间在运动中统一，它的描述是"运动的时钟变慢，运动的尺子缩短"，即运动决定时间、空间。相对论引入了关于时间、空间的新概念。广义相对论以等效原理推出：时间和空间取决于物质的分布，是物质决定了时间、空间的存在，而不是牛顿力学里脱离物质的绝对的时间和无限的空间。物质、时间、空间是一个统一体。对于哲学家而言，不懂得相对论就不能谈论"时间"和"宇宙"。

相对论给我们提供了物质、运动、时空、能量、场等都是一个宇宙整体的本体论。正如大卫·格里芬在《后现代科学：科学魅力的再现》中提出的，宇宙是一个无缝的完整的整体，我们在其中观察到的所有形式，都是我们的观察和思维方式抽象出来的结果，这种方式有时极为便利，如可以帮助我们推动技术。相对论运用能量和场赋予物质概念新内涵。相对论的质能关系式 $E = mc^2$ 叙述的是能量与物质质量的等量关系，其实质是质量与能量的统一，质量只不过是能量的沉淀、凝聚。爱因斯坦认为，物质的组成要素不是一个个分离的微小粒子，"场"遍布在所有空间中，空间有强区和弱区之分，有些稳定的强区代表着粒子。场遍布空间，物质分布密度大的地方，场就强。粒子是不存在的，粒子只是运动场中的某些运动形式的名称。正如"漩涡实际上并不存在，存在的是运动的水"①。物质、能量、场、时间、空间等，都是人类从不同的角度对宇宙本体的解读。宇宙本来就是一个整体。

量子力学的产生标志着人类的认识实现了从宏观向微观的飞跃。它是生态世界观奠定的第二块科学基石。量子力学揭示了非连续性、波粒二象性、非局部联系性、整体组织部分的宇宙整体的本体性质。量子力学认为自然界是深深地联系着、连通着的，一定不能把微观体系看成是由可以分开的部分组成的，因为两个粒子从实体看可以分开，从波的角度它们是纠缠在一起的。② 也就是说，事物不能与其周围的其他事物分割开来，无论是宏观还是微观的，这既是量子力学的观点，也是生态哲学的理论，它们的观点是一致的。③

非连续性是从能量的角度来解读的。与经典物理学能量是连续的观点相反，量子力学认为，能量是不连续的，能量在吸收与发射过程中或者传播过程中是一份一份地进行的，是不连续的。世界是一个整体，这个不可分割的自然界的变化是以不连续的方式发生的，一切运动都可以在一定被称为量子的、一份一份的、非连续的、不可分割的单位中找到，不存在连续的运动。

物质存在的波粒二象性阐明了世界的整体性及物质之间的关联。物质具有粒子的性质，同时具有波的性质。世界是一个不可分割的整体。之所以在日常生活中观察不到物体的波动性，是因为它们的质量太大，导致特征波长比可观察的限度要小很多，因此可能发生波动性质的尺度在日常生活经验范围之外。这也是为什么经典力学能够令人满意地解释"自然现象"。反之，对于基本粒子来说，它们的质量和尺度决定了它们的行为主要是由量子力学描述的，因而与我们习惯的图景相差甚远。

如果说非连续的、不可分的量子性是量子力学的第一个特征，物质和能量都具有既可以表现为粒子又可以表现为波的双重性（波粒二象性）

---

① 〔美〕大卫·格里芬编：《后现代科学：科学魅力的再现》，马季方译，北京，中央编译出版社，1995，第87页。

② 乌云高娃：《量子力学发展综述》，《信息技术》2006年第6期。

③ Naess A："The World of Concrete Contents"，*The Trumpeter*，2006，22(1)，pp.43-55.

为第二个特征，那么，量子力学的第三个特征是非局部联系的特性，这涉及测不准原理。在某些领域，事物可以明显地与任何远距离的其他事物发生联系，而不需要借助任何外力。这与爱因斯坦观点相悖。这是指量子力学里的量子纠缠，即"曾经相互作用的两个粒子，分开后不管距离多远，对其中任一粒子进行测量所发生的变化，都将使另一粒子发生相应变化"①。也就是说往往一个由多个粒子组成的系统的状态，无法被分离为组成它的单个粒子的状态，在这种情况下，单个粒子的状态被认为是纠缠的。在量子世界里，存在着量子纠缠和量子关联（correlation），量子纠缠只是量子关联的一部分。② 纠缠代表关联实在的一种极端形式。③ 纠缠的粒子有惊人的特性，这些特性违背一般的直觉。比如说，对一个粒子的测量，可以导致整个系统的波包立刻塌缩，因此也影响到另一个遥远的、与被测量的粒子纠缠的粒子。这个现象并不违背狭义相对论，因为在量子力学的层面上，在测量粒子前，你不能定义它们，实际上它们仍是一个整体。不过在测量它们之后，它们就会脱离量子纠缠的状态。

宇宙万物都是相互联系的，量子力学里的"量子退相干"的哲学本质就是描述世界的关系性质。量子退相干就是指在不同物体和环境里，量子退相干的速度。显然，即使在非常弱的环境影响下，一个宏观物体也已经在极短的时间里退相干了。表 3-1 就是电子、尘埃、保龄球的量子退相干所需要的时间表④。

表 3-1　自由电子、10 微米尘埃、保龄球量子退相干时间

所处环境	量子退相干时间/秒		
	自由电子	10 微米尘埃	保龄球
温度 300K，标准气压	10^{-12}	10^{-18}	10^{-26}
温度 300K，高真空	10	10^{-4}	10^{-12}
阳光（地球表面）	10^{9}	10^{-10}	10^{-18}
热辐射（温度 300K）	10^{7}	10^{-12}	10^{-20}
宇宙微波辐射（温度 2.73K）	10^{9}	10^{-7}	10^{-18}

①　王天恩：《量子纠缠现象的历史性哲学启示——兼及因果描述的理论模型性质》，《自然辩证法研究》2019 年第 5 期。

②　许金时、李传锋、张永生、郭光灿：《量子关联》，《物理》2010 年第 11 期。

③　乌云高娃：《量子力学发展综述》，《信息技术》2006 年第 6 期。

④　Joos E, et al: "Decoherence and the Appearance of a Classical World in Quantum Theory", http://zh.wikipedia.org/wiki/％E9％87％8F％E5％AD％90％E5％8A％9B％E5％AD％A6（浏览日期：2021-08-20）。

　　量子力学的第四个特征是整体组织部分。① 这涉及统计决定论。整体状态组织有机体中的不同部分，这在生命体和有机体中都经常发生。

　　量子力学的统计描述揭开了统计决定论的篇章，说明了非局部联系的特性。统计决定论考察问题的方法应从整体出发，注意到系统内各要素及系统与环境的关联、分解与合成的不可逆性，把握其非线性的演化规律。其关键是承认事件的不确定性。量子力学的研究对象属于自然界的高速、微观领域，不再完全遵守自然界因果链条的规律，已经不是简单的线性数学变化所能描述的，充满了突变、转化、意外和机会。在量子学里，对自然事物的判断和预测的不确定性已不能通过改进操作技巧，提高测量仪器的精密度加以改善。量子力学的统计描述表明，从根本上已经不可能发现绝对严格的因果性，只能以可能性加以预测和判断，概率和统计方法的广泛采用就基于这种现实。人们最熟悉的思维方法——严格的、单项因果决定论，虽然几百年来在特定范围内行之有效，可是对于事物之间的关联、事物之间的相互作用、事物的整体性却不能真实地反映，只能认识比较简单的事物，不能应对复杂的问题。而统计决定论这种对微观高速领域复杂性的描述方法，为认识自然界的生态系统、人的有机体、社会活动的复杂性提供了工具。统计决定论意味着把握事件发展的统计因果关系，对于一因多果或一果多因的"多"尽可能用概率来描述。测不准关系认为我们不能对粒子的位置和动量同时进行精确的测量，当我们精确测量出粒子的动量时，它的位置就不确定，当测量出粒子的准确位置时，它的动量就不确定。量子力学诠释既有确定性的一面，又有人的创造性的不确定性的一面，它必然是确定性与不确定性的统一。② 这涉及关系实在的哲学理念。在微观领域中概率、随机性、偶然性，并不是人们出于无知所采取的权宜之计，而是深深植根于微观客体的自然本性。

　　量子力学揭示，我们这个世界，实在是关系的，实在的性质将在特定的关系中显现。量子的性质不是自在固有的，而是在与其他系统的相互作用中可定义、可观察的。关系是实在的，关系的实在在于其普遍性和客观性。观测主体在对客体的观测中，参与到客体的相互作用之中。客体间相互作用的结果是确定的或者可以用概率预言的。关系先于关系者，不能还原为非关系的存在。

---

　　①　〔美〕大卫·格里芬编：《后现代科学：科学魅力的再现》，马季方译，北京，中央编译出版社，1995，第90页。

　　②　吴国林：《超验与量子诠释》，《中国社会科学》2019年第2期。

第二节　系统论

系统论(system theory)给我们提供了整体性的思维方式。系统论、控制论和信息论是 20 世纪 40 年代先后创立并获得迅猛发展的三门系统理论的分支学科。现代科学的系统论强调系统的整体性，控制论(control theory)研究系统的控制与反馈，信息论(information theory)研究系统的信息的传递与转换。人们把这三门学科合起来简称为 SCI，在我国将其称为"老三论"。"老三论"标志着现代系统科学的形成。系统科学以系统论为核心，以控制论的控制和反馈机制、信息论的信息传递原理完善了系统的有机整体性，提示了机体的联系方式和演化机理。耗散结构理论、协同论、突变论等系统自组织理论揭示系统的演化机制和规律，它们是 20 世纪 70 年代以来逐渐形成并发展起来的，也被叫作"新三论"。"新三论"在各自的层面发展丰富了系统论的内容。这种科学发展无论是对自然科学还是对社会科学都具有重要的世界观和方法论意义。这些横断学科往往是自然科学和社会科学结合的交叉领域，表明现代科学整体化的发展趋势。

系统论是反映客观规律的科学理论。系统论认为，系统是由若干要素以一定结构形式联结构成的具有某种功能的有机整体。这个有机整体会涉及要素与要素、要素与系统、系统与环境三方面的关系。解读系统，离不开要素、结构、功能这几个基本概念。有机整体性是系统的首要特征，除此之外，系统还具有联系性、层次结构性、动态平衡性特征。系统论不仅具有本体论意义，也具有方法论意义。

系统论的核心思想是系统的整体观念，是有机整体原则的彰显。自然界中任何个体都不是机械的存在，都是作为有机整体的系统而存在的。这意味着系统不是其构成要素的机械的简单堆积或相加，而是各要素有机结合并产生出新性质，出现新的创造力，从而使系统出现新的功能，这种功能是各个要素在孤立状态下根本不可能具有的。所以，我们经常说，系统的"整体大于部分之和"。要素好未必整体就好，同时，要素是整体中的要素。系统中每一要素在其特定的位置上发挥着特定的作用，要素与要素、要素与系统有机关联，密不可分，也不能分。一旦要素被机械地从系统中切割下来，也就失去了功能，失去了存在的意义，正如砍断并离开身体的手已经不具有手的功能。

系统普遍存在，这是系统论的基本思想方法。宇宙万物，从星云、星系到地球或地球上的一粒微尘，从个体的动植物生命到人、人类社会，每一存在都以系统的方式展现自己。我们所在的宇宙可能是最大的系统，人类社会也可能是最复杂的系统，我们的身体是与我们关系最密切的系统。系统论为现代自然科学研究的各个前沿领域提供了方法论工具，也为解决各种复杂的社会问题提供了研究途径。系统观念正渗透到人们的生产生活之中，也在不同文化中有不同的发展和普及。系统论从自然科学领域提升到哲学领域，升华为一种哲学理论，正在成为生态哲学的基石。

系统内部存在着关系，与外部环境发生着联系，肯定着关系的普遍存在。从系统内部看，要素与要素之间的关系有机地构成着系统本身。系统有诸多要素以复杂的关系成就系统，按照一定的结构组成系统，或诸多子系统有机协同、相互配合、相互协调发展，从而实现系统的整体性。关系内在于系统，决定着系统的存亡。从系统与外部的环境关系来看，系统作为一个整体与外部环境相互联系、相互影响。这是系统与环境的相互关系，进而系统与环境中的要素可以构筑成更大的系统，或更高一级的系统。系统的外部关系影响着系统的平稳有效运行。关系构筑着系统的实体内容，系统的实体内容和系统的关系、关联具有同等重要的意义。关系对系统的重要特征体现在系统内各要素之间的内在关系及系统与环境的外在关系之中，从而彰显系统的整体意义。

控制论更直接地关联着关系原则，控制的发生依据系统的内部关系和外部关联调控系统的有效运行。系统为了应对外界环境条件的发展变化，有机地调控自己的行为，维持良好的运行，有效处理各种反馈信息。控制的本质就是依据关系、运用关联。为了生存发展、适应环境，系统必须对外界环境做出有效的反应。具备良好的控制反馈功能对系统至关重要，系统还要能够恰当地接收外界信息，并运用神经系统正确理解这些信息，准确地做出相应的反应，从而使系统适应不断变化着的环境。[①]系统与环境的相互作用是控制论涉及的内容，也说明了系统是环境中的系统，系统不可独立存在。

信息论以关系原则、过程原则为前提，它以信息传递原理解读关系，揭示过程，说明着系统的有机整体内涵。作为有机体的系统与环境进行着物质的交换、能量的传递、信息的沟通，由此可以保证有机体富有生机的运行。信息在系统与环境的交流中起着重要作用，关系着系统有机

---

① 〔美〕维纳：《控制论》，郝季仁译，北京，科学出版社，1985，第98页。

体的联系方式和演化机理。"任何系统之所以能够存在和发展，以及维持自身的相对稳定，就是由于信息在其中起着极为关键的作用。如何获取和传递信息，如何解释和使用信息关系到系统的存在、发展和稳定。"①信息把世界连接成一个整体。无论是自然生态系统还是社会生态系统，信息像汪洋大海一样把一切都融为一体，获取信息或发出信息意味着关系的发生，而运用信息直接与过程关联，决定着过程。

耗散结构理论揭示了从无序到有序的复杂关系转变，它是比利时理论生物学家普利高津提出来的。一个开放系统在从平衡态到近平衡态再到远离平衡态的非线性区时，系统内某个参量的变化达到一定阈值，通过涨落，系统就可能发生突变，由原来的无序状态变为在时间上、空间上或功能上的有序状态，形成一种有序结构。这种新的有序状态必须不断与外界进行物质、能量、信息的交换，才能维持一定的稳定性，而且不因外界的微小扰动而被破坏。这种结构就是耗散结构。这种耗散结构能够产生自组织现象，揭示非平衡系统的自组织机制。耗散结构理论解决了开放系统如何从无序转化成有序的问题。对于处理可逆与不可逆、有序与无序、平衡与非平衡、整体与局部、决定性与随机性等关系提出了思考方法，从而把一般系统论向前推进一大步。

物质的运动和结构在远离平衡后可能有两种不同的状态。一种是耗散结构，一种是混沌态。它们都要通过突变达到，都是各子系统通过相干效应和协同作用实现的。由此，耗散结构理论、突变论、协同论进一步揭示自然规律的复杂性。当耗散结构通过内部的涨落、突变作用产生自组织现象，使系统从原来的无序状态自发地转变为时空上和功能上的有序状态，从而形成新的、稳定的有序结构时，不仅为突变论、协同论展开了研究领域，也为混沌理论的发展做了铺垫。

突变论揭示突变的基本规律。发生突变而进入一个全新的稳定有序状态，是演化的生机和动力的突出展现。突变论（catastrophe theory）就研究并揭示了这种创造力。它是比利时科学家托姆于1972年创立的。突变理论研究不同层次的各类系统普遍存在的突变，分析系统的突变式质变过程，阐释突变在系统自组织演化过程中的意义。突变理论建立在拓扑学、奇点理论和稳定性数学理论基础上，分析系统的非连续性突然变化现象，研究处于临界点状态的系统。由此，突变理论可以解读自然界中诸多复杂突变的自然现象，还可以探索人类社会生态系统中各种突发

① 〔美〕维纳：《控制论》，郝季仁译，北京，科学出版社，1985，第160页。

事件及诱因。从气候的突发变化，到生物物种变异和基因突变，还有股市的动荡、战争的爆发、社会的骚乱、经济危机等，突变普遍存在于自然、社会和思维之中，伴随着自然生态系统、社会生态系统的运行与发展，突变无处不在。突变探索的是系统的客观复杂性，超越了机械思维的线性、简单性。突变理论与耗散结构论、协同论有机结合，共同促进系统论的发展。

突变论所阐述的基本规律揭示了系统个体的创造力、生命产生的创造力及生态系统的创造力。突变论有着丰富而深刻的哲学内涵。首先，突变论对内因和外因辩证统一关系进行了深化，同时也揭示系统发展的内在动力。系统中各要素之间有机构成并共同创造就是动力之源，它使系统产生突变，它是系统演化发展的根本动力，产生于系统内部。即使系统的外部环境对系统起作用，也要通过系统内的要素才能产生影响。其次，突变论深化和丰富了渐变与突变的辩证关系。突变的结果并非全是不好的，渐变也并不一定只能产生预想的结果。因此，出现突变显然是件好事。[①] 相对而言，渐变和突变既是相比较而来，同时，直接来讲，它们也是一对矛盾，也就是说渐变和突变是对立统一的。系统在生态平衡的状态下只能以渐变维持系统的平稳运行。突变的发生一定会使系统崩溃、剧变，进而发生演替，生成新的系统，然后在新的系统中再以渐变保持新系统的运行。最后，突变论对哲学上的量变和质变规律进行了深化。突变论认为，如果严格调控变化的条件，可以使一个稳定的渐变过程在一个期间内实现质的飞跃，即量变引起质变。也就是说，通过渐变来实现质态的飞跃。突变和渐变都可以成就质的改变。

协同论(synergy theory)以协同进化解释了事物如何从无序状态发展到有序状态。20世纪70年代德国著名理论物理学家赫尔曼·哈肯创立了协同论。哈肯认为，自然界常以形态繁多、结构精致以及结构中各组成部分极其巧妙的协作产生令我们惊叹的创造现象，如激光束的有序排列，动物细胞模式形成的受控，商业公司的集体行为对经济事态的左右等。在所有这些过程中，诸多个别部分几乎总以一种富有意义的方式协同行动。协同学即"协调合作之学"，协同就是在没有外力的干预下系统的各个部分主动一致行动、协调合作从而创造出宏观有序的结构。各个部分既相互作用，又相互制约，相互影响，从而实现协同行动，整体就

---

① 〔法〕勒内·托姆：《突变论：思想和应用》，周仲良译，上海，上海译文出版社，1989，第106页。

由旧的状态转变为新的有序结构，即使外部环境有微小变化也常能创造出完全新型的有序状态。① 某种有序状态不断增长，直到最后它占优势并支配系统的所有部分。协同论探索复杂性，揭示系统自组织能力，研究结构、有序的生成原因。

协同论探索大自然构成的自组织奥秘。非生命的自然界系统、有生命的自然界系统、人类社会系统普遍存在的从无序向有序的进化，其内在的动因是各个构成部分相互联系、相互影响并协同合作，从而使整体呈现有序的、飞跃性的结果。协同作用意味着组织起来的作用效果比分别独立行动作用的效果总和更大，这就是协同行动的成就。正如较多的个人自由同时意味着可能出现较多的人际矛盾。② 再如大量热力学分子无规律的混乱运动导致熵增、温度升高、有序结构的破坏，而有序运动正好相反。无论个体的能力多么微弱，只要加入整体，协同行动，就会与整体一起产生更大创造力，共同朝向进步、有序。

协同论的核心是协同进化，其内在本质肯定了每一个个体生态位，也就肯定了每一个个体的内在价值。个体生态位决定了个体自我的功能，也体现了自我价值。每一个个体在系统中都有自己特定的位置，同时也有自己的功能。即使个体的作用很微小，只要它加入了协同行动，在自己的生态位上让自己的功能融入整体创造力之中，就会使整体产生有序的质的飞跃。这是对个体内在价值的肯定。个体的生态位不仅肯定个体的内在价值，也决定了整体是有结构的，这就消解了混乱，避免了系统的熵增。每一个个体都在自己特定的生态位上，使系统整体朝有结构、有组织的方向演化，走向最终的整体模式的有序。个体价值体现在时间的连续性和空间的整体性中，即时间生态位和空间生态位。协同进化肯定每一个个体的生态位。

第三节　混沌理论

20 世纪的相对论、量子力学和混沌理论(chaos theory)可以称为生态哲学的现代科学基础中的三大理论。后现代学者也把混沌理论视为后现代科学。混沌理论把机械决定论从它的哲学宝座上彻底拉了下来。相对

---

① 〔德〕赫尔曼·哈肯：《协同学——大自然构成的奥秘》，凌复华译，上海，上海译文出版社，2013，第72页。

② 〔德〕赫尔曼·哈肯：《协同学——大自然构成的奥秘》，凌复华译，上海，上海译文出版社，2013，第93页。

论否定了牛顿的绝对空间与时间，量子力学否定了牛顿的可确定测量，而混沌理论则粉碎了因果决定论的线性预测，揭示了多样性的内在动因。混沌理论在耗散结构理论、突变论、协同论的基础上，进一步探讨世界的复杂性，它们对认识和研究系统的内在机制和运行的本质有着重要意义，丰富了系统论的内容。

牛顿力学只适用于简单的体系，对由多个要素构成的复杂系统无能为力。混沌理论超越了牛顿力学，描述了大量的非线性系统。近代科学的发展一般都以牛顿力学的建立作为一个里程碑，它曾以严密而精确的计算结果征服了科学界，被视为近代科学的典范。近代科学为我们展现了一个完全确定的科学世界图景，在这个确定性的科学世界里，一切事物的运行演化都遵循决定论的规律。必然的东西被说成是唯一在科学上值得注意和推崇的，而偶然的东西被说成是对科学无足轻重的东西。牛顿力学是完全的决定论，只要给定初始状态，在一定的受力条件下，系统的运动是完全确定的。

混沌现象的发现告诉人们，即便方程是完全确定的，它的解也可能是敏感依赖初始条件而完全不确定的，确定性和随机性之间并没有不可逾越的界限。混沌对初始条件的肯定就是肯定了创造力，就是肯定了每一个个体的创造力。每一个个体，即使很微小，也能产生伟大的创造力，由此构成自然内在价值的基础。这种自然的创造性直接否定了真理统一论和完全可知论的独断理性主义，表征大自然的全部永恒规律是现代性哲学永远无法实现的。①

混沌的产生条件是混沌理论研究的重要内容。混沌的产生必须满足如下条件：第一，系统必须是开放的，即系统必须与外界进行物质、能量的交换；第二，系统必须是远离平衡状态的；第三，系统内部不同要素之间的相互作用必须是非线性的。满足这三个条件的系统，才是开放的、远离平衡态的系统，它受多种复杂因素的影响，出现涨落现象。由于非线性的存在系统可能发生突变，原来的无序混沌状态自发地产生出系统在时空或功能上的有序结构。当系统离开平衡态的参数达到一定阈值时，系统将会出现"临界点"，在越过临界点后系统将离开原来的无序分支，发生突变而进入一个全新的稳定有序状态。若将系统推向离平衡态更远的地方，系统可能演化出更多新的稳定有序结构。这种远离平衡

---

① 卢风：《论生态文明的哲学基础——兼评阿伦·盖尔的〈生态文明的哲学基础〉》，《自然辩证法通讯》2018 年第 9 期。

状态的非平衡热力学系统需要不断输入负熵流才能维持稳定有序的存在，这种在非平衡状态下的新的稳定有序结构就称为耗散结构。耗散结构论学者普利高津认为，非平衡是有序之源，系统只有在远离平衡的条件下，与系统外界进行物质和能量交换，并发生非线性的相互作用，才有可能向着有秩序、有组织、多功能的方向进化。

混沌理论帮助我们深化理解"确定性"和"不确定性"、"有序"和"无序"的哲学意义。对于非线性系统来说，从倍周期分岔进入混沌，再进入另一种奇数周期的更快分岔，再进入分岔……这是一种否定之否定的过程。而且，这种非平衡态混沌在变换空间尺度时体现了不变性，含有一种无穷嵌套的自相似结构。它在一个尺度上表现的随机现象会以同样形式在不同尺度上重复出现，每一次都会产生一些新的丰富内容，又保持分维不变等，这中间充满了辩证法。

混沌是指世界上那种不规则、不连续和不稳定的、介于无序和有序之间的或有序与无序混杂的、复杂的不能完全确定的非线性现象。客观世界中存在三类现象，即确定性现象、随机性现象和混沌现象，与此相应，有三类描述系统，即确定性系统、随机性系统和混沌系统。由此，系统多样性的理论内涵得到了丰富和发展。

混沌系统是介于确定性系统和随机性系统之间的一种描述研究系统。能用牛顿力学描述的现象系统是典型的确定性系统，宏观现象系统都可以用确定性理论加以近似描述；随机性现象出现在一定的宏观条件下，同时又受一些无法控制的随机因素作用，因此无法确定其每一次的结果，只能断言其出现某种结果的概率，这样的系统是随机性系统，微观世界的现象系统常用随机性理论加以描述，如量子力学就是这样研究的；混沌系统表现出来的现象则显得捉摸不定，因其内部蕴含着非线性因素，对初始条件具有极其敏感的依赖性，只要初始条件有些不同，便可导致种种大相径庭的结果，因此，即使是一些看似简单的数学方程也可能得出复杂的结果，这对复杂现象必然来自复杂系统的传统观念提出了挑战，如极大简化的太阳系是否稳定，极其简化的气象系统的未来行为等，对其复杂行为无法求出确定的精确解。[①]

混沌现象在我们的日常生活和自然界中处处都有。风中来回摆动的旗帜、水龙头由稳定的滴漏变成凌乱、天气变化中的混沌、飞机的航道、

高速公路上车群的壅塞、地下油管的传输流动等都遵循混沌理论所阐释的规则。混沌理论也开始改变企业家应对市场的决策、天文学家对太阳系或其他宇宙行星的观测、政治家对国际局势的把握及缓和冲突压力的处理方式。混沌理论为科学打开了一扇全新的大门。科学的细致分工使其正迈入钻牛角尖的危机之中，但这种细密的分工，由于混沌理论而整合起来了。混沌让我们看到了自然的本来面目。混沌是一种关于过程的科学，而不是关于状态的科学；是关于演化的科学，而不是关于存在的科学。它使人们看到了运动演化中的生机和动力。

第四章　作为生态哲学科学基础的生态学

　　生态哲学克服了从个体出发的、孤立的思考方法，认识到一切事物都是某个整体中的一部分，个体之间相互关联，存在着有机联系，有机联系使事物相互依存、相互包含，彼此共生共存。生态学以生命系统与环境系统的相互作用机制为研究的主题。生态学就是要研究生命系统与环境系统（包括人与自然）之间相互作用的关系，揭示在不同的时间空间尺度下不同生命层次演化与适应的具体过程和协同进化的机制与规律。从1866年德国生物学家海克尔定义"生态学"（ecology）概念到现在，生态科学的内涵已经有了很大的扩展。当代生态学家，丹麦的约恩森（S. E. Jorgensen）概括了14条生态学定律，康芒纳概括了4条生态学法则，利奥波德则把生态学浓缩为一条法则：尊重生命共同体的完整、稳定与美丽。[①] 作为生态文明建设的科学依据，生态学是生态哲学的科学基础。生命系统与环境系统的相互关系的研究始终是生态学的主题，也是生态学能够作为联结自然科学与人文社会科学桥梁的新横断性科学的依据。生态学研究地球生态系统，人类生态学、社会生态学研究社会生态系统。

第一节　生态学概念的哲学解析

　　生态学是研究生物或者生物群体及其环境的关系，或者说是生活着的生物及其环境之间相互联系的科学。[②] 它有着自己的自然科学渊源，生态学的概念伴随着生物学的发展而诞生。1866年德国生物学家海克尔定义了"生态学"概念，三年后即1869年又进一步修改，认为生态学是研究动物与其有机及无机环境之间相互关系，特别是动物与其他生物之间的有益和有害关系的科学。

　　作为一个独立学科，生态学具有特定的研究对象、研究方法和理论

---

　　① 卢风、廖志军：《论生态文明建设的科学依据》，《科学技术哲学研究》2018年第2期。

　　② 〔美〕奥德姆：《生态学基础》，孙儒泳、钱国桢、林浩然等译，北京，人民教育出版社，1981，第3页。

体系，它有一系列基本概念和理论。① 种群、群落、食物网、食物链、生态位、生态系统、生态平衡、生态演替、进化等就是生态学中的诸多基本概念；生物进化的适应与选择理论、生物多样性理论、生态整体主义思想属于生态学中的基础理论；还有揭示生态学一般规律的定律、原理或学说等，如美国科学家加勒特·哈丁（Garrett Hardin）总结出的生态学三定律②（多效应原理、相互联系原理、勿干扰原理），还有限制因子定律，生态系统中的能量原理、循环原理、耐受性定律、自然选择学说等。这些理论，用关系的内涵和相互依存去强调整体，用能量流动与关联去解读过程，用生态位、多样性去肯定内在价值，用生态演替、进化和生态平衡去说明生存、发展和变化。

生态学以生物个体、种群、群落、生态系统直到整个生物圈为研究对象。对种群、群落、生态系统这几个基本概念的解读有助于我们理解生态学。食物网、食物链、生态位这几个概念，我们会在下面关于理论的探讨中从内在价值的维度进行解读；生态平衡、生态演替等概念，我们会从演化发展维度来分析。

种群和群落是生态学的基本概念，是深化了联系、关系的哲学理念。种群（population）是生态学研究的最小的生态单位，与物种概念密切相关，更多地涉及纵向的时间维度关系。同一物种的个体不仅因其同源共祖而表现出性状上的相似，而且它们之间能相互交配并将其性状遗传给后代个体。在生物组织层次结构中，种群代表由个体水平进入群体水平的第一个层次分布。在同一生态环境中，能自由交配、繁殖的一群同种个体就是种群，其中的每一个个体共享同一资源，因而在对待资源的关系上又表现出种内竞争或合作的关系，如同一鱼塘内的鲤鱼或同一树林内的杨树。当用 population 一词专指种群的数量时，则视具体物种的不同而有人口、兽口、虫口等名称。

生物群落是指多种生物种群的有规律的组合，具有复杂的种间关系，更多地涉及横向的空间广泛联系。生物群落（biotic community）是指一定时间内居住在一定空间范围内的生物种群的集合，它包括植物、动物和微生物等各个物种的种群，它们共同组成生态系统中有生命的部分。从群落内部看，种群之间或物种之间或具有直接关系，或具有间接关系；从群落外部看，不同的空间、不同的地域有不同的生态系统，有不同的

①　郭兰英：《"适者生存"：翻译的生态学视角研究》，上海，上海外国语大学，2011，第56页。

②　梁吉义：《生态农业发展的基本认知》，《科学种养》2018年第10期。

生态环境，环境不同当然生物群落也不同。生态环境越优越的地方，生物群落就会越繁荣，其中的物种种类数量就会越多。各种生物种群按照生态规律有机构成从而形成一个稳定的群落。群落是一个真正的生态功能单位，种群不能构成生态功能单位，必须有若干个生物种群才能构成。群落具有多样性、层次性特征。群落的结构决定群落的特征，也决定生态系统的功能。

生态系统是生物与环境之间进行能量转换和物质循环的基本功能单位。群落和生态系统这两个概念是有明显区别的，各具独立含义。群落是指多种生物种群有机结合的整体，而生态系统的概念包括群落和无机环境。生态系强调的是功能，即物质循环和能量流动。英国生态学家坦斯利（A. G. Tansley）在 1935 年提出生态系统的概念时认为，生态系统的基本概念是物理学上使用的"系统"整体。这个系统不仅包括有机复合体，而且包括形成环境的整个物理因子复合体。作为生命的有机体不能与它们的环境分开，而是与它们的环境形成一个自然系统。

一个生态系统可以分为个体、种群、群落、生态系统四个组织层次。坦斯利深刻认识到系统的等级结构特征，指出生态系统是介于原子和整个宇宙之间的等级系统序列中的一级，生态系具有最为多种多样的类型和大小。小到一滴水、一个独立的小水塘、热带雨林中一棵大树，大到一片森林、一座山脉、一片沙漠、陆地、大洋，整个地球都可以是一个生态系统。一个生态系统内，物质和能量的流动达到一个动态平衡，维持生态系统的运行。坦斯利提出生态系统概念时，强调了生物和环境是不可分割的整体，强调了生态系统内生物成分和非生物成分在功能上的统一，生态系统是生态学研究的基本功能单位，如森林生态系统、农田生态系统等。他还特别强调指出，生态系统具有尺度特征，即具有不同的类型和大小，在从微观尺度的原子到宇观尺度的整个宇宙之间，存在着无数不同尺度的生态学系统，并且较小尺度的生态学系统与较大尺度的生态学系统相互嵌合，彼此之间存在着密切的相互作用。正是由于生态学系统之间自然的、动态的相互选择作用，使那些保持着稳定均衡的生物存活下来，并且生存得最久。

生态系统概念的提出，与贝塔朗菲 20 世纪 30 年代提出系统论在时间上如此接近，这不是简单的巧合。生态科学研究既借鉴了系统科学的已有成果，同时也不断丰富和完善着系统科学，特别是在系统科学进入自组织理论和复杂性研究阶段时，二者的互补关系更为明显。实际上，坦斯利的"生态系统"是对贝塔朗菲提出的基于生物学的一般系统论的深化和发展,因为一般系统论只把系统分成线性等级层次,没有包括非线性的包含关系。而这种包含性等级系统是多等级系统相互作用,从而成为产生非线性的、突现的新质的关键所在,也是理解自然界复杂性之谜的一把钥匙。[①]

第二节　生态学的历史发展

对生态科学最朴素的理解就是关于"生命的生存状态"的学问。从这个意义上说,生态科学的历史与人类历史一样久远。农业文明出现以后,为了适应农牧业生产的需要,人们更加有意识地观察和理解各种自然现象以及动植物的生活规律。人们看到了不可抗拒的大自然变幻莫测,了解到形形色色的动植物生死交替,于是对大自然产生了敬畏的心理,产生了万物皆变的朴素的自然观和生命观。但是由于认识水平的限制,那时不可能把生态学发展成为一门独立的学科。

直到 17 世纪,随着人类经济的发展和科学的进步,生态学作为一门学科开始成长,从生物学中独立出来。17～19 世纪是生态学的建立时期,主要的工作集中在对气候和物种(动植物)关系的研究上。1859 年问世的达尔文的《物种起源》促进了生物与环境关系的研究。达尔文的物种起源理论,科学地论证了物种是变化的,生物是进化的,提出了"物竞天择、适者生存"的生物进化机制,推翻了特创论、物种不变论等长期统治生物学界的传统观点,第一次把生命科学完全放在了科学的基础上,为后来生态学的产生提供了科学的理论背景和框架,也奠定了 20 世纪生命科学大发展的理论基础。可以说,生态学就是要回答达尔文提出的生物与环境如何相互作用,从而导致生物进化的问题,即生物的进化与适应的机制问题。1866 年,海克尔(E. Haeckel)定义了 ecology 一词,开创了生态学的新领域,促使生物学家不断加深对生物与环境相互关系的复杂性的认识。生态学的产生,表面上看来不过是生物学的一个分支学科,却蕴含着新的复杂性科学的"范式特征",是对现实世界关系的全面和深刻的反映,与以往的科学研究中研究自然界某一单一性质的科学不同。17～19 世纪对植物生态的研究比较多。

20 世纪初,生态学进入巩固发展阶段,出版了不少动植物生态学著

---

① 彭光华:《生态科学演进机制与可持续发展观研究》,北京,中国农业大学,2006,第 43 页。

作和教科书。在动物生态学研究领域，生理生态、动物行为和动物群落的研究进度很快。到了 20 世纪 50 年代，生态学在诸多方面进一步巩固。这是经典生态学向现代生态学的过渡时期。传统的数学、物理学、化学、经济学等促进了经典生态学的研究，各种现代科学技术的理论和方法，为生态学提供了先进的研究手段，促进了生态学研究的定量化、模型化及满足社会需求的可操作性，为经典生态学演变为现代生态学提供了方法论基础。

20 世纪 60 年代以后，生态学的发展进入现代阶段。由于人类经济活动的迅速发展，生态科学关注的自然环境变化扩展到越来越广阔的区域，甚至达到全球规模。工业的发展、人口的增加及日益突出的环境问题，使得生态学研究领域逐渐扩大，不断渗透，新的综合学科不断出现。生态学已经成为全世界共同关注的学科，这个时期，由于应用范围的扩展和科学技术的飞速进步，现代生态学在研究层次、研究手段和研究范围上都和传统生态学有了极大的不同，有了极大的进步。在研究的层次上，现代生态学同时向宏观和微观两极深入发展；在研究的手段和方法上，先进的仪器和丰富的研究手段可谓是日新月异；在研究领域和应用的范围上，正从揭示和协调各种生命与自然环境的关系，扩大到人类社会健康发展的各个领域，甚至整个地球共同体的大的生态系统。

第三节　相互依存的整体

自然界是一个相互依存的整体。生物受环境的制约，也影响着环境。按照一定的生态规律，生物与环境彼此相互联系、相互作用，在一个有序的过程中构成生态系统整体。

一、生态学定律对相互依存的说明

生态学第一定律——多效应原理，揭示了自然界是一个巨大的合作体系，由此说明自然是一个相互依存的整体。

生态学克服了从个体出发的、孤立的思考方法，认识到一切有生命的物体都是某个整体中的一部分。[1] 个体之间相互关联，存在着有机联系，有机联系使事物相互依存、相互包含，彼此共生共存。我们的科学

---

① 〔德〕汉斯·萨克塞：《生态哲学》，文韬、佩云译，北京，东方出版社，1991，第 1 页。

总是避开整体性，因为整体性很难设想，从科学上很难处理。① 世界上的万事万物都是相互关联的，自然界就是一个巨大的合作体系，即使在斗争的形式中也是如此。因此，加勒特·哈丁（Garrett Hardin）提出的生态学第一定律——多效应原理认为，我们的任何行动都不是孤立的，对自然界的任何侵犯都具有无数的效应，其中许多是不可预料的。②

相互联系原理是加勒特·哈丁提出的生态学第二定律，它认为每一事物无不与其他事物相互联系和相互交融。这是对关系原则本体论基础的有力支撑。生态学认为每一生物个体的生存都以相互依赖、相互联系、相互制约为特征，在同种个体之间、不同物种之间，有相互依赖的共生关系，也有互助互惠的协作关系，还有竞争、克制、制约的相克关系。它们在自己的生态位上通过食物网和食物链自由竞争，协同共生，发展进化，参与生态系统的循环运行。在生存过程中生物不断从环境中吸收维持生存的物质能量，同时也向环境中排放并改变物质环境，而被生物改变的物质环境反过来又影响或选择生物，二者总是朝着相互适应的协同方向发展，即通常所说的正常的自然演替。③ 在自然界一定的范围或区域内，生活的一群互相依存的生物，包括动物、植物、微生物等，和当地的自然环境一起组成一个生态系统。这一定律和生态系统概念一样是生态学对相互依存、相互联系的一种解读。生态系统之间并不是完全隔绝的，有的物种游动在不同的生态系统之间，每个生态系统和外界也有少量的物质能量交换。

生态学以生态系统告诉我们这样一个生态哲学理念，我们与自然是一个整体，我们是自然的一部分，自然也是我们所在系统本身的机体，我们损害了自然，也就是损害了我们自己的机体，也就是损害了我们自己。因此，加勒特·哈丁的生态学第三定律就是勿干扰原理，即我们所生产的任何物质均不应对地球上自然的生物地球化学循环有任何干扰。④ 自然不是现代科技所要挑战和战胜的，自然需要人类呵护和爱惜。人类给自然一份回报，自然就会给人类千百万倍的回馈。这直接涉及生态危机、环境污染、可持续发展的根本性观念问题。

---

① 〔德〕汉斯·萨克塞：《生态哲学》，文韬、佩云译，北京，东方出版社，1991，第 3 页。

② 郭兰英：《"适者生存"：翻译的生态学视角研究》，上海，上海外国语大学，2011，第 72 页。

③ 郭兰英：《"适者生存"：翻译的生态学视角研究》，上海，上海外国语大学，2011，第 73 页。

④ 梁吉义：《生态农业发展的基本认知》，《科学种养》2018 年第 10 期。

二、要素、结构的整体

各种要素以一定的相互作用形成的有机结构决定着整体。生态学认为，生态系统就是包括特定区域内全部生物与物理环境相互作用的统一体，系统内部能量流动导致形成一定的营养解构、生物多样性和物质循环。① 生态系统有着如下构成要素：首先是环境中的无机、有机物质，阳光、水、空气、土壤、气候及温度等物理因素；其次是生产者，从阳光中摄取能量的绿色植物，是第一性生产者；再次是消费者，是取食植物和其他动物的生物；最后是分解者，它是分解动植物尸体并将其还原为矿物质和水的微生物，和消费者一同算作第二性生产者。这是生态学从内部结构方面对生态系统的描述。在此基础上，生态学提出了生态因子(ecological factor)。生态因子是对生物有影响的各种生态要素。生物的存在和繁殖依赖于各种生态因子的综合作用。限制因子定律认为，在影响生物生存的生态因子中，限制生物生存和繁殖的关键性因子就是限制因子(limiting factor)。生物所处的空间环境不同，限制因子也会不同，不同时间的不同的发育阶段也会出现不同限制因子的差异。任何生态因子都有可能成为限制因子。当生态因子低于满足生存需要的最低状态时，生理现象全部停止，在最适状态下，显示了生理现象的最大值，当生态因子处于满足生存需要的最大状态之上时，生理现象也停止，因此产生了最小因子定律。最小因子定律表明，生物的生长发育需要一定量的营养物质，如果完全缺乏这些物质，生物就不能生存；如果这些物质处于最少量状态，生物的生长发育就受到影响。② 限制因子会影响个体生存和繁殖、种群分布和数量、群落结构和功能。

确立生态系统整体性的观点，是生态科学给哲学提供的思维。这是哲学把生态科学的成果纳入自己的框架，从而推动哲学的进步发展。人类在地球上生存，地球是整体，人是部分。在地球与人的关系中，地球作为生命维持系统，是有机的大生态的整体，人只是其中一个组成部分。地球整体动力学的性质决定人类生存，而不是反过来。提升到大的哲学层面来讲，在人与自然的关系中，存在着两种决定作用：一方面，自然决定人和社会，这是首要的方面；另一方面，人和社会决定自然，这是

---

① 〔美〕奥德姆：《生态学基础》，孙儒泳、钱国桢、林浩然等译，北京，人民教育出版社，1981，第 8 页。

② 郭兰英：《"适者生存"：翻译的生态学视角研究》，上海，上海外国语大学，2011，第 74 页。

局部的方面。在地球生命共同体的生态系统内，是地球的整体功能决定了人类和人类社会，人类在地球的地质-生命过程之中发挥自己的创造力，创造、改变、影响着自然。在宏大的尺度范围内，地球整体决定人类，自然决定人类、人类社会，是自然决定论。在局部或微观范围内，人类、人类社会决定自然，是社会决定论。地球这个大的生态系统的运行是两个决定论的统一。① 在一定空间内的所有生物，在物质循环能量流动过程中，与环境构成统一的整体。按照系统论的观点，任何系统都是有机整体，系统不仅与它的构成要素有关，还与构成系统的物质、能量、信息三种基本要素相关。生态系统具有整体性规律，不仅其结构体现为整体性，系统的效应也具有整体性。②

　　生态系统结构的整体性表现在生物群落的整体性、生物群落与无机环境的整体性、人（经济系统、社会系统）与生态系统的整体性。第一，理解生物群落的整体性就是理解植物、动物、微生物相互依存的共生关系，它们是由食物链（网）连接起来的有机整体。任何一种生物都不是孤立的存在，作为过程中的一员，它们直接或间接地相互依存。地球上每一种植物消失后，往往有 10 至 20 种依附于这种植物的动物和微生物也随之消失。任何一个物种的增减，都会影响整个生态系统的整体。第二，生物群落这个生生不息的有机整体，深深扎根于其周围的无机环境，并与其构成不可分割的整体。无机环境中的物质、能量、信息是生物群落的基础，生物的生存反过来又影响着环境。土地、水、空气、阳光构成生命的物质基础，它们与生命一起构成地球生态系统的整体。另外，从结构上理解生态整体性，需要我们理解人、人类的经济、社会系统与自然生态系统是一种紧密的生态整体。只有地球生态系统有效运行，才能保证经济、社会正常发展。不能孤立地理解社会，把社会理解成一个独立于自然的孤立体系。人、经济、社会都是地球大系统中的一个组成部分，是自然系统中的一个子系统。

三、效应整体性、系统规律、社会

　　生态系统效应的整体性有两方面含义：一是指系统的全部要素对整体功能的贡献，它们的相互依存、相互作用使系统的整体功能得以显现；二是指系统的整体性能对系统本身的运行与发展产生影响。如果系统整

---

①　余谋昌：《生态文明论》，北京，中央编译出版社，2010，第 189 页。
②　钱俊生、余谋昌：《生态哲学》，北京，中共中央党校出版社，2004，第 17 页。

体性能大于部分性能之和，或者系统整体功能促进系统本身发展进步，这时的系统效应体现为正效应；反之，系统的负效应使系统本身熵增大，系统走向无序、混乱。环境污染、生态危机所导致的对人类本身生存的威胁就是负效应。当然，如果系统的正、负效应相抵，系统则体现为少见的零效应，这类似于静态平衡。生态系统的生态平衡是动态平衡，而静态平衡的系统有序性降低，缺乏活力。

生态系统的整体性规律依然遵循系统的基本规律。一是系统的整体与部分之间的辩证统一规律。整体由部分构成，整体大于部分，部分受整体的制约。宇宙是一个整体，地球也是一个整体，生命也是整体的有机构成。生态学表明，生态平衡是一个有机整体的实现，生态失调是整体功能的失调。二是系统目标及其发展规律也是系统的整体性规律。因为系统目标决定系统性质，主导系统运动发展方向，制约要素的容纳量。对生态系统而言，其总体目标就是本身结构稳定、有序，整体功能优化。这一目标决定着生态系统总的发展方向，制约着各个生态因子，从而保证生态系统、生物种群的优化。另外，系统功能的整体性也是系统整体性规律的显现，这种功能是系统要素所不具备的。系统功能主要指整体功能，是系统整体相对环境而言产生的功能，是在系统与环境的相互适应中产生和完善的。

人类社会既可以看成一个生态系统，也可以看成地球自然系统中的组成部分，这也是对整体性的一种特有的理解。一方面，以这种生态学的哲学来看人与自然的关系，"自然—经济—社会"系统是一个大的生态系统，人类社会的发展与自然的发展密切为一体。大自然的经济与人类的经济总是交织在一起的。借助生态学，从整体上、本质上重新审视"人—社会—自然"系统的复杂关系，以全新的生态哲学的思维方式重新调整人类的行为，人类与地球共同体应该有一个更好的生态家园。另一方面，社会本身也是一个生态系统，是由无数社会个体构成的。传统的思想常常不把个人同社会联系在一起，把个人视为独立于社会之外的个体。个体的自我形象在以牛顿力学和原子论为基础的思想意识中被培养得极其高大，所以对个体来说，把自己看成是整体的一部分显然十分困难。而生态学告诉我们，个体是一个相对的概念，它只能与社会联系在一起才存在，如同社会只能作为无数个体的社会存在一样。生态哲学的任务就是要把人是整体的一部分这个通俗道理告诉人们。[①] 从社会向度

---

① 〔德〕汉斯·萨克塞：《生态哲学》，文韬、佩云译，北京，东方出版社，1991，第49页。

而言，生态学就是探讨自然、技术和社会之间的关联的。

第四节 能量流动与关联

能量流动是相互依存哲学理念的现实基础。汉斯·萨克塞认为，我们要尽可能广泛地理解生态学这个概念，要把它理解为研究关联的学说。[①] 生态学告诉我们，能量流动把系统连接为一个整体，能量流动使万物关联，具有相关性。怀特海认为，"相关性"必定表达了各种形式之中某种实在的共在性事实。[②] 这种"共在"就是能量的流动。能量流动把人类与自然连接成一个密不可分的有机整体。在这个整体生态系统中，人类与自然、与地球共同体协同进化，一同发展生存。

作为一门科学学科，生态学被看作是生物学的一个分支，是生物学研究对象向宏观方面的发展。虽然如此，它依然遵循最基本的科学发展规律，即物理学的能量转化和守恒定律、熵定律，也称热力学第一定律、第二定律。热力学第一定律、第二定律是我们解读生态学、解析生态哲学的科学规律。热力学第一定律即能量转化与守恒定律，认为能量可以从一种形态转化为另一种形态，但不能被创造或者消灭，能量是自然的客观存在。能量在一定意义上可以作为物质运动的量度，能量的守恒从量的方面反映了物质运动的不生不灭和运动的永恒；能量的转化从质的方面反映了物质运动的本性，说明发展的永恒，过程的不可中断。热力学第二定律也叫熵定律，叙述的是孤立体系的熵永远是增大的。熵增大就意味着死亡，意味着危机。熵指混乱程度，表示一定数量有用的能变成了无用的能，即不可再用来做功的能。有用的能被耗费得越多，就有越来越多无用的能，就是熵增，就是混乱、无序、死亡。一个系统为了保持有序，就必须把自己内部的熵增排出系统外，并从外界吸收负熵。这里也隐含着熵的等量关系，或者可以称为熵守恒、熵不变。生命本身是开放的体系，它通过与外部环境的物质和能量的交换来维持生命系统整体的低熵水平，保持生命的持续。

按照热力学第一定律，能量没有产生也没有消灭。阳光及其所具有的能量年复一年地离开太阳进入空间。有些辐射能量落到地球上，穿透大气层，到达地球的生态系统。当光能被物体吸收，物体温度因此上升

---

① 〔德〕汉斯·萨克塞：《生态哲学》，文韬、佩云译，北京，东方出版社，1991，第3页。

② 〔英〕怀特海：《过程与实在：宇宙论研究》，杨富斌译，北京，中国城市出版社，2003，第56页。

时，光能已转换为另一类能量，即热能，它被植物吸收，转变为能量的贮存。生命的各种表现都是和能量转变分不开的，生命的本质就是生长、自我繁殖和物质合成等变化过程的连续。① 作为生产者的植物在被作为消费者的动物消费之后，其贮存的太阳能就进入了动物的体内。动物中的捕食者和被食者之间的关系也是能量的流动。植物、动物、生命世界的发展和演化的本质就是能量的流动，都受同一定律——能量转化和守恒定律的控制和限制，是能量的转化、贮存、增值。人类、人类的发展、人类的文化，也是一种自然增值，这种自然增值也是依靠光辐射能的连续流入实现的。

能量流动属于生态系统最本质的功能与作用。这是太阳能经"绿色植物→草食动物→肉食动物→人类"所形成的食物链和食物网。一切生物都是通过从外界摄取能量和物质以维持生命的，这种将各种生物联系到一起的能量和物质流动的链条则叫食物链。除了能量流动之外，生态系统还有以下三种功能表现：一是生物生产功能，包括植物性生产和动物性生产两种；二是物质循环功能，包括营养物质在环境、生产者、消费者、分解者之间所进行的生物小循环，还有物质元素在大气圈、水圈、土壤圈和岩石圈之间进行的生物地球化学大循环，如水循环、碳循环、氧循环、氮循环等；三是信息传递功能，包括声、光、颜色等物理信息传递，酶、维生素、生长素、抗生素、性激素等化学信息传递，食物、养分等营养信息传递，以及各种行为信息传递等功能。② 这三种功能外在的表现使自然生态系统丰富多彩，内在的本质依然是能量的流动。能量流动揭示的是发展运动最古老的哲学命题。能量流动是发展的逻辑。

能量流动的哲学本质是一种过程。正如过程哲学强调过程、关系是实在，而非强调实体是实在。从这一点来说，过程哲学是一种更彻底的生态哲学。生态学对生态系统能量流动的揭示，奠定了相互依存、广泛关联的哲学理念的科学基础。这是自然、人、经济与社会发展进步的逻辑现实基础。人类社会的历史就是一部利用能源的历史。人类社会就像一部机器，能源就是驱动这部机器的动力，能量在自然与社会发展过程中流动，使人与人关联，使人与社会关联，使社会与自然关联。逃离现实，逃离社会，常常是因为忽略了关联。在牛顿的机械观里，个体彼此分离独立，只有远近位置的变化，没有任何联系。生态哲学以能量流动

---

① 〔美〕奥德姆：《生态学基础》，孙儒泳、钱国桢、林浩然等译，北京，人民教育出版社，1981，第 37 页。

② 叶峻：《从自然生态学到社会生态学》，《西安交通大学学报（社会科学版）》2006 年第 3 期。

解读普遍联系、关系，从而批判了机械主义思想。

生态学的能量流动，也揭示了人类社会的生存发展对能量的依赖。人类社会的可持续发展，必然需要可靠的能源，它们是人类可用的能源、低熵的能源。现代技术给我们造成一种错觉：我们不再需要阳光来取暖，因为有各种现代化的供暖设备；我们不再躲避烈日酷暑，因为房间里有给我们带来适宜温度的空调；我们不再很费力气地从自然中取水了，因为打开自来水龙头水就流出来；我们不再受遥远的空间距离限制，因为现代化的各种交通工具很轻易地把我们带到想去的地方。我们逃脱对自然的依赖了吗？不！正好相反，我们对自然的依赖更大了。现代技术更多地耗费着自然的能量，以维持人类的生存。人类从原始社会发展到今天，正在以越来越快的速度消耗着地球亿万年来缓慢积累下来的能量资源。低熵的能量经过人类的消耗转变为自然界的熵增。从人类使用能源的速度看，目前人类一天的能源消耗等于过去一年甚至百年的消耗，地球有限的能源、资源越来越少，人类消耗的能源、资源越来越多。当所有的人类可用的、低熵的能源将要耗尽时，人类就会为争夺能源而发动战争，直至走向灭亡。

生态学关于能量流动的研究为生态哲学提供了科学基础，生态哲学把它提升为生态系统的物质循环和再生规律。能量是生态系统"关系实在论"的终极存在。物质流、能量流和信息流自始至终贯穿生态系统的形成、发展和演替过程。生物与生物之间，生物与无机环境之间以物质流、能量流、信息流建立密切的联系，从而保证生态系统的正常运转。物质流蕴含和传递的是有序的能量，一个系统的有序能量越多，负熵也就越多，信息的本质就是负熵，因此，生态系统中的物质流、信息流都可归结为能量流，能量是最本质的存在。生态系统的生存根基就是太阳能，动植物的生理活动就是能量的贮存和降解。生态系统内层次不同，能量蕴含也不同。没有能量及它的运动与转化，就没有生命。能量是生态系统存在和发展的驱动力。可以说，生态系统的进化与演替，就是系统利用能量完成物质流和信息流的自组织过程。在这个过程中，达到结构组织优化、功能进化，进而展现生命的创造力。

地球是封闭系统，几乎与宇宙没有物质交换，但是，却存在着太阳能的不断输入。生态系统的能量流动，是生态系统中由非生物环境经过有机体，再到外界环境所进行的一系列能量传递和转化过程。这一过程依然遵守能量转化守恒定律。能量流动具有连锁性、递减性、单向性。[①]
有机体承担着生态系统内的能量流动，食物链就是能量转化流动的生物
锁链。在能量的传递转化过程中，遵循能量转化守恒定律，能量总量虽
然不变，但根据热力学第二定律，在能量的转化过程中，总有一部分能
量被耗散，这部分能量使熵和无序性增加。所以，生态系统中的能量流
动就呈现递减性特征。20 世纪 40 年代美国生态学家林德曼发现的能量
流动的"十分之一"定律很好地说明了这种能量递减。能量进入食物链是
不可逆的单向流动，是把较多的低质量能转化为另一种较少的高质量能，
即每一级的能量贮量不断地减少，形成能量金字塔现象。"生态金字塔"
反映食物链中营养级之间的数量、重量、能量之间的比例关系。能量流
动的单向性说明，能量只能一次流经生态系统，它既不循环，也不可逆，
沿着前进的方向一去不返，其实质是热力学第二定律在生态系统中的
体现。

物质循环就是环境中的各类参与合成构建生物有机体的物质，在环
境与生物之间反复循环的过程。各种化学元素，在地球生态系统中具有
沿着特定的途径，从周围的环境到生物体，再从生物体回到周围环境的
循环趋势，这些不同的循环途径被奥德姆称为生物的地化循环（biogeo-
chemical cycles）。[②] 这就是生态学中的循环原理。物质作为能量的载体，
物质流和能量流紧密联系，物质流是能量流的外在体现，能量流推动物
质流的循环。生物从大气圈、水圈、土壤岩石圈中吸收水、氧、碳、氮
等近 30 种矿物质元素，合成生物机体。生物死亡后又经过若干个营养
级，被群落中的微生物分解并重新归还自然环境，之后又被其他植物吸
收，化为有用的物质。生态系统中的物质循环主要有水循环、碳循环、
氮循环。水在生态系统中的循环是全球性水循环的一部分。碳是构成有
机体的重要元素，是构成生命的重要物质基础。氮是组成蛋白质的主要
成分，氮循环使生物机体能够源源不断地合成蛋白质。

信息就是某种关系的反映，生态系统中信息的传递与能量流和物质
流分不开，也控制着物质流和能量流，影响着生态系统的稳定发展。生
态系统中哪些生命能够生存、繁衍并不可逆地进化，朝哪个方向进化，
其实蕴含了系统和环境的价值判断，这个过程被忠实地记录在生命体的
染色体上。染色体就成了遗传信息的承载。生命过程中熵是减少的，遗

---

① 钱俊生、余谋昌：《生态哲学》，北京，中共中央党校出版社，2004，第 32 页。
② 〔美〕奥德姆：《生态学基础》，孙儒泳、钱国桢、林浩然等译，北京，人民教育出版社，
1981，第 83 页。

传上更是如此，在遗传编码复制蛋白质分子解读遗传信息的时候，熵大大地减少了。这样熵和信息就必然发生联系。熵表示混乱，负熵就是有序。有序性高的能量流动就体现为负熵，体现为信息。信息与物质、能量的最大差别就是它在使用过程中不但不会减少，而且还可复制。它既有量的差别，又有质的不同。一般来说，系统越复杂，所蕴含的信息量越大、质越好，内容就越丰富，价值就越高。①

　　信息在生态系统中的传递存在着各种各样的形式，一般有营养信息的传递、化学信息的传递、物理信息的传递、行为信息的传递。各种动植物利用颜色、气味、声音、运动姿态、超声波、电磁波等信号传递信息，这些不同的信息流、能量流、物质流融合在一起，把生态系统连接成一个统一的有机整体。物质流是能量流的载体，能量流驱动着物质流，信息流调控着物质流和能量流的数量、速度、目标、方向。信息流的畅通是能量流和物质流畅通流动的前提条件。信息流如果不能有效传递，就会使物质流和能量流产生混乱，造成生态系统的破坏。

第五节　生态位、多样性肯定内在价值

　　生态位（ecological niche）是一个物种所处的环境及其本身生活习性的总称，是一个生物在群落中的地位和职位。它表明一个物种或种群在生态系统中，在时间、空间上占据的位置及其所具有的功能或作用。从生态学上讲，生态位是物种分化和物种专门化的进化发展的结果。每个物种都有自己独特的生态位，以跟其他物种区别。生态位包括该物种觅食的地点、食物的种类和大小，还有其每日的和季节性的生物节律。它描述了一个物种在其群落生境中的功能作用，而且它带有构成群落生境的自然因素所留下的烙印。它是一个物种为求生存所需的广义"资源"。例如，蝙蝠需要在某地夜间捕食蚊子。这里面涉及很多因素，如某地空气质量、影响蝙蝠栖息的自然因素、蝙蝠夜间运动的可行性、蚊子的情况等，它们都是蝙蝠的生态位的一部分。一个物种只能占有一个生态位。生态位具有生物主体论的哲学内涵，不仅指生物在什么地方，处于什么环境，也包括生物在这种环境中起什么样的作用，即生物的存在决定了环境的存在。这肯定了生物个体的内在价值，为价值论哲学奠定了生态学基础。生态位还有很多相关的概念，比较重要的有：生态位的重叠与

---

　　①　葛永林：《生态系统能量本体论》，《系统科学学报》2007 年第 1 期。

竞争、生态位的分离、生态位的宽度、生态位的压缩与释放、生态位移动、生态位动态等。

在自己的生态位上，作为主体，生态系统的每个成员通过与其他成员的合作竞争的生态依存关系，组成生态网，来维持自己的生存和进化，同时也维持整个生态系统的平衡和演替。每一生态位都有自己的主体，人不是这个世界的唯一主体。每一主体在这个世界上都有自己的生态位，也就有自己的功能，有自己的权利和自己的内在价值。正如萨克塞所阐述的："个体越有特性，对整体来说它就越必要和珍贵，而个体能够存在也就越是需要整体。"①这是对二元论现代主义世界观的批判。传统科学依循的是机械论的人与自然、主体与客体分离、对立的二元论，只承认人的价值而否认自然界的价值。笛卡儿还原论的方法把世界看成一台可以分割为各种部件的机器。

生态哲学认为，自然界所有事物都不可能孤立存在，都有着网络式的生存环境。生存环境是由事物之间的有机联系构成的。同样，人也是有机联系网中的一个要素，人与其他物种也处于极其复杂的、动态的有机联系中。②生态哲学反对把人与自然对立起来；反对把人划为主体，把自然划为客体；反对把人看成自然的主人，否定自然的内在价值。生态哲学肯定人对自然的依赖性和受动性。生态学以生态系统的能量流动肯定人与自然割不断的密切联系，以生态位肯定自然的多样性与内在价值，从而成为生态哲学的科学基础。

生态位直接消解了热力学第二定律中所描述的孤立体系的熵增。在热力学里熵被定义为混乱程度。个体在一个大的空间里的混乱程度一定大于在一个小的空间里的混乱程度，即熵大。被局限在一定生态位上的个体，减少了在巨大空间中混乱运动的可能，也就减少了个体走向混乱的机会，消解了熵增。熵增消解，个体走向生命有序，每一个个体在自己的生态位上充分展示自己生命个体的创造力。丰富多彩的不同个体，在自己的生态位上创造着生态系统的辉煌，由此也引出生态学所揭示的生物多样性理论。错综复杂、种类繁多的生态位创造构成了生态系统的有序结构。

每一个个体在自己的生态位上使生态系统具有复杂的结构，也成就了生态系统的有序。一个生态系统内，组成的成分越多样，能量和物质

---

① 〔德〕汉斯·萨克塞：《生态哲学》，文韬、佩云译，北京，东方出版社，1991，第144页。
② 高中华：《生态美学：理论背景与哲学观照》，《江苏社会科学》2004年第2期。

流动的途径越复杂，食物链网的组成越错综，生态系统自动调节恢复稳定状态的能力越强；成分越单调、结构越简单，应对环境变化的能力越低。人类创造的人工生态系统十分简单，远远比不上自然界的生态多样性，如农田的单一物种、城市的生态系统，都是人工创造的。这种人工生态系统一离开人类的维护，就会被破坏，恢复到自然状态。

生态位的概念与生物多样性理论密切相关，生态位肯定了每一个个体的存在与生存，诸多个体的存在成就了多样性理论。生物多样性意味着动物、植物、微生物等种类繁多的有生机的有机体，在一定范围内有规律地结合并构成稳定的生态综合体。[①] 生物多样性不仅指各生命形态的总和，而且还包括陆地、土壤、海洋、淡水等环境中各种生物群落的组合，有物种多样性、基因多样性、生态系统多样性等。生命的各个层次——从分子到生命群落的稳定结构关系都是以此为基础的。生态学家将生态系统的稳定与生物多样性联系起来。生物多样性直接影响生态系统的功能；生物多样性减少会破坏生态系统的结构和功能，引起许多变化，在极端情况下则会导致生物群落的破坏。这一切变化会引起地球地理景观的改变，景观变化的结果会使气候发生变化。[②]

生态系统的多样性是指地球上所有动物、植物、微生物的物种多样性和它们的遗传变异多样性及生态系统结构的多样性。生态系统结构和类型的多样性、物种的多样性、遗传的多样性是生物之间、生物与环境之间复杂的相互关系的体现，也是生物资源丰富多彩的标志。生物多样性对于维护生态系统的相对稳定结构和多种生态系统具有重要作用。生态系统的整体性也离不开多样性，它们互为支撑。生态系统整体性就在于它是复杂的有机整体，是多样性的统一。整体性主导、限制多样性，也依赖于多样性。20世纪初卡伊巴布森林鹿与郊狼的故事就说明生态系统整体性与多样性的辩证统一关系。

生态学研究已经表明，世界是以人为主体的社会经济系统和自然生态系统在特定空间内通过协同作用而形成的"社会-经济-自然"的复合生态系统。"特定空间"是社会生态系统的"生态位"。在这个系统中，技术作为能量转化器，一方面把人同自然联系起来；另一方面由于技术自身的专门化，技术之间需要相互补充，这也就要求建立合作，因此便成为

---

① 郭兰英：《"适者生存"：翻译的生态学视角研究》，上海，上海外国语大学，2011，第66页。

② 〔俄〕萨卡罗夫、沙杜诺夫斯基：《能否保持生物的多样性》，刘㑇翔译，《国外社会科学》1997年第2期。

形成社会的纽带，使人成为社会的动物。人们通过技术比以前更紧密地联系在一起，更强烈地相互依赖。由于广泛的生态联系，每个人都在更高的程度上成为整个体系的一部分。① 同样根据生态多样性原理，社会也需要满足各种不同的主体，不仅有各种不同民族、种族，不同党派、集团，还要有不同的文化。西方基督教文化以现代科技为手段，以压倒一切的态势，意图统治全球，以一种文化来消灭文化的多样性，这是违背生态学最基本规律的，最后的结果就是会把人类与地球共同体引向危机。

第六节　解读演化发展的生态演替与生态平衡

生态演替同能量流动和物质循环一样是生态系统功能过程的重要组成部分，是生态系统结构和功能不断发展进化的过程。生态系统的演替，是指随着时间的推移，一种生态系统类型（或阶段）被另一种生态系统类型（或阶段）替代的顺序过程。生态系统是动态的，从地球上诞生生命至今的几十亿年里，各类生态系统一直处于不断的发展、变化和演替之中。

生态演替包括原生演替和次生演替。裸露的岩石，海退新生的陆地，河流水击的沙滩，火山喷发冷却后的熔岩，这些地域没有生物占领，那么所发生的一个系统代替另一个系统的过程，就称为原生演替。如果一个地域受外界因素影响，原有的植被破坏了，恢复重建原来已有的生态系统的演替称为次生演替。系统从原生演替开始，经过一系列中间阶段，最后形成生物群落与环境相适应的动态平衡的稳定状态，即演替到了最后阶段。最后阶段的生物群落在生态学里叫作顶极群落，这一阶段的生态系统属于顶极稳定状态生态系统，熵值较低，信息量较高。

生态系统作为一个远离平衡的自组织系统，不管其初始条件如何，其间受到怎样的破坏，系统总是"自觉地"趋向一个自身最高的目的——顶极群落演化。而顶极群落就是环境所允许的生物量最大、营养级最丰富、负熵最大值、总熵最小值的状态，也是功能和结构最复杂的状态。这个状态就是系统演化的终极目标。生物量越高，也就意味着系统贮存的能量越多，可以开辟更多的能流通道或强化抵抗逆境的能力，从而提高生态系统的稳定性。系统结构简单，功能不完善，就拥有较高的总熵值，较低的负熵；反之，如果系统结构和功能复杂完善，则有较低的总

---

① 〔德〕汉斯·萨克塞：《生态哲学》，文韬、佩云译，北京，东方出版社，1991，第 4 页。

熵值，较高的负熵。因此，系统越复杂，负熵就越大，总熵值就越小。生态系统通过演替使其组成趋向多样化。

生态演替是进步、进化、发展。生态系统的演替不仅使系统的组成趋向多样化，而且生态系统的演替是有方向、有次序的发展过程，具有可预测性。演替是群落的演替，是生物物种之间、物种与环境之间的协同进化，是由简单到复杂、由环境恶劣到环境优化的过程，如由湖泊演替成森林或由荒漠演替成森林等。生态演替的哲学意义是肯定了生命共同体的创造力。生命共同体的成员不仅相互依存，而且共同创造，并且一起使系统整体走向进步。

生态系统演替的原因可分为内因和外因，即生态系统内部的自我协调和生态系统与外部环境的相互作用。生态系统内在的结构和功能决定系统的生态演替，物种对周围环境变化的适应、再适应，是生态演替的动力。外因是外界加给生态系统的各种因素。以外因为动因的演替称为外因演替。外因演替虽然是由外界因素引起的，但演替过程本身是一个生物学过程，即外因只能通过使生态系统各组成成分及其相互关系发生改变，进而使系统发生演替。物种为了能够适应新的变化，通过自然选择的适应，发生变异、进化。通过变异与进化，物种世代间的形状差异越来越明显，最终形成新的物种。这就是创造力本身的展现。

生态平衡是指在特定的时间内生态系统中的生物和环境之间、生物各种群之间，通过能量流动、物质循环和信息传递达到高度适应、协调和统一的状态，是生态系统各组成部分的内部或相互之间，在长期的发展演化过程中，通过相互制约、转化、补偿、交换及适应而建立起来的一种相互协调的动态平衡关系。生态平衡是循环中的平衡、动态平衡。自然生态系统中的每一个个体都处于发展进化过程中，每一刻都在发生改变，对个体而言是不平衡的，可是系统整体却是趋向平衡的或者说处于动态平衡之中的。具体说，相对于整个生命系统而言，"生"的意义并不仅仅在于个体生命的保存，而在于生命系统蓬勃发展、生机盎然的有生有灭与不断更新。生态平衡的动态性正是这样一个通过个体生命的有生有灭而达到生命系统生生不息的上升、发展的历程。① 在生态系统演替过程中，群落的发展、生物的进化、物种的变异不断打破原有的平衡，又生成新的平衡状态。这种对过程的根本性解读，批判了目的论的传统哲学。只注重结果是错误的追求，过程才是真实的存在。自然中的每一

---

① 高中华：《生态美学：理论背景与哲学观照》，《江苏社会科学》2004 年第 2 期。

个个体都有内在价值，都有自己的存在位置，在动态平衡的过程之中寻求存在的意义，而不是由结果来决定意义。

自然生态系统经过由简单到复杂的长期演替，最后形成相对稳定的状态，通过能量流动、物质交换、物质循环来维持生态平衡。阳光提供的能量驱动着物质在生态系统中不停地循环流动，这种循环流动既包括环境中的物质循环、生物间的营养传递和生物与环境间的物质交换，也包括生命物质的合成与分解等物质形式的转换。一方面保持生态系统中动物、植物、微生物等各种生物种类的组成和数量比例的相对稳定；另一方面生态系统中的空气、阳光、水、土壤及气候等无机要素也同样维持着相对稳定的状态，也就是在顶级的生态系统内，生产者、消费者、分解者与环境之间保持相互协调的状态。

生态平衡不是某个系统的平衡，而是多个生态系统处于平衡状态，甚至是全球生态系统处于平衡状态。自然是一个有机整体，只有全球这个大的生态系统平衡了，地球共同体内的各个小系统才能保持平衡并有效运行，才能为小系统创造良好的外部环境。另外，也只有各个小系统平衡了，才能促进更大的系统的平衡，促进全球生态平衡。

生态学中的生态平衡，依然建立在能量转化和守恒定律、熵定律基础之上。在生态平衡中，通过能量的流动维持着能量的守恒，同时环境的熵增等于系统维持生机所需要的负熵。能量守恒、熵不变、生态平衡要求生态系统内各个物种的数量比例、能量和物质的输入与输出，都处于相对稳定的状态。如果环境因素变化，生态系统有自我调节恢复稳定状态的功能；如果环境因素缓慢变化，原有的生物种类会逐渐让位给新生的、更适应新的环境条件的物种，发生生态演替。但如果环境变化太快，生物来不及演化以适应新的环境，则会造成生态平衡的破坏。一个生物体能够生存和繁衍取决于复杂环境的完备。可能达到某种生物耐性限度的各种因子中的任何一个在数量上或质量上不足或过多，都能使该生物不能生存或衰落。[①] 这就是生态学的耐受性定律。任何一个生态因子在数量上的过多过少或质量不足，都会成为限制因子。生态平衡或一个物种的生存都是在一个耐受性范围内的。

---

① 〔美〕奥德姆：《生态学基础》，孙儒泳、钱国桢、林浩然等译，北京，人民教育出版社，1981，第 104 页。

第五章　关系原则、过程原则、有机原则

　　人类的世界观、自然观，人类的整个思想都受到自然科学的巨大影响。自然，这个外部世界，作为一个伟大而永恒之谜[①]，不断被自然科学解读着，现代自然科学的宇宙论讲述宇宙发生发展的故事，地质学、地史学叙述着地球构造的演变及地球生命共同体的辉煌与更迭，相对论、量子力学更是以其特有的物理学语言揭示这个世界的运行规律，系统论、控制论、信息论（老三论），以及耗散结构理论、突变论、协同论（新三论）从不同的维度揭示这个世界的关系原则、过程原则和有机原则。生态学从生命领域解读关系的普遍与多样（如食物链、生态位、物种的多样性）、过程的根本与永恒（如演化与演替）、有机的整体性与创造性（如生态系统）。下面我们就在现代自然科学提供的理论基础之上，概括总结生态哲学本体论的三大原则，即关系原则、过程原则、有机原则，这些原则或多或少已经不同程度、不同维度地蕴含在前四章的内容之中。

第一节　关系原则：关系普遍存在

　　关系原则意味着关系普遍存在，它也是哲学内在逻辑的开始。从本体论意义上说，"世界是真实存在的"，在这个真实存在的世界中，关系普遍存在。实体的真实很容易被接受，从生命个体到宏大的宇宙，不同实体之间的联系说明实体的存在离不开关系；实体内在的关系已经由现代自然科学阐明，原子以下的微观世界揭示着关系普遍存在。由此，可以说世界不仅由实体构成，更由关系构成。无论是万物由水构成、由火构成，还是由原子构成的说法，都是以真实存在的世界说明着关系的普遍存在。

　　提出关系的实在，目的不是要否定个体作为实体的客观存在，而是要强调每一个个体都是非独立的存在。非独立的存在意味着诸多外在的关系与诸多内在的关系客观存在，由此，诸多关系直接涉及的就是事件，事件涉及诸多个体，叙述着关系的故事，关系的实在强调事件。外在的

　　[①]　李醒民：《论蔡元培的宗教观》，《自然辩证法通讯》2018年第1期。

诸多关系对个体而言产生外在的客观机遇，内在的诸多关系生成个体的内在主观享受。关注个体实体、研究个体实体总是在关注、研究这个个体实体的关系，这是由个体的非独立实在性决定的。

关系的实在肯定世界是事件的。它以事件讲述着世界中的故事，这是对事件的存在意义的肯定，这种肯定不是与"世界是物质的，物质是客观的"的哲学本体论观点相对立的，而是对它进行进一步丰富，在肯定世界客观性的基础上，承认事件对世界的构成性。事件作为存在的普遍意义随处可见，从战争到金融危机，从球赛、考试、聚会到谈判，等等，都是事件。即使是一位科学家因某项客观的研究成果获奖，如屠呦呦获得诺贝尔奖，都是事件。国内外的新闻报道，无论是任何媒体的新闻都是对事件的解读和传播。

关系的实在注重个体的经验。经验是一切现实存在的事物、一切现实实有都具有的机能，是表示现实存在的事物相互作用的活动事态。"经验"不再是人所专有的。这是强调每一经验的个体，肯定每一个个体的经验意味着承认每一个个体都具有主体性，外在的诸多关系对个体而言产生外在的客观机遇，由此生成个体的经验；个体作为主体，内在的诸多关系形成个体的内在主观享受，是个体的自我创造过程，构成个体的经验。经验是外在客观机遇（occasion）和内在主观享受（enjoyment）的统一，这种统一在怀特海的过程哲学那里被直接称为过程。经验也是过程的另一种解读，这一点我们在过程原则的解读中还会涉及。

关系是构成性的。世界是物质的，物质是客观的，客观的物质以关系构筑着真实的存在。关系的内涵就是联系、关联，相互沟通、相互交流、相互依存，甚至是相互激励、相互反抗、相互对立。从关系的内涵可以看出，关系是两个或两个以上个体，也就是说对一个个体而言，这个世界不是只有你自己，诸多个体在诸多关系中存在，构筑着世界的真实存在。关系把世界连接成一个有机整体，关系原则的构成性为有机原则奠定了基础。

关系是生成性的，这种生成性就是生态哲学所强调的共生。共生指每一种现实机遇的生成活动，即多种共生统一为单一的现实机遇。诸多个体的关系不仅生成外在的客观机遇，也生成内在的主观享受，创生出新的质。关系的创生意味着每一刻都生成新的质，参与共生的关系产生质的飞跃，共同创造、共同创生，生成新的不同质的关系。质子和中子的共生不仅密切联系，也生成原子核，原子核和一个核外电子的共生生成氢原子，产生氢原子实体。在生物学中，功能体共生形成的生物实体应被视为有机体，非功能体共生形成的生物实体应被视为生态群落。①因此，共生是共同创造出具体，产生宇宙万物，生命花朵的枝繁叶茂和人类社会的进步发展都离不开关系的生成性的共生的创造。生命的瞬间共生要比原子的共生复杂，人类社会生态系统的共生更要比个人经验的共生复杂。共生在自然界中普遍存在，如蜜蜂依靠花蜜为生，同时也四处奔波传播花粉，为使植物更加丰盛而操劳。不同物种相互帮助，甚至只有相互帮助才能生存。②

关系肯定了创造力。这是自我创造、自我决定，不是被创造，不是他者来创造，而是自我创造、自我生成。在创生的过程中，每一个个体在各自的位置上（生态学称为生态位）共同发挥着创造作用，参与共生。共生之后的生成效果比共生前个体单独行动产生的效果大很多，相比之下，单个个体单独行动效果的所有加和之渺小衬托出共生中的创造力之伟大。

关系对创造力的肯定也是对协同的支撑。在自然生态系统中，无论是动物的王国还是植物的世界，常以动物或植物形态的繁多、结构的精致，以及结构中各组成部分极其巧妙的协作，而使我们惊叹不止。③这些就是协同行动的功绩。物竞天择，适者生存，这个适者不必是最强者，即使是弱者，只要它找准自己的生态位，组织起来参与协同行动，就会展现出辉煌的创造力。个体有机组织起来的效果会比单独行动产生更大的成就。协同学以"协调合作之学"揭示了大自然构成的奥秘，它告诉我们不能困死在无关紧要的细节上。

关系的诸多样态表现成宇宙万物及生命的丰富多彩。每一个生命都是基本的关系，彼此也相互依赖，但每个个体都是独一无二的，每个个体的独特性来自与其他个体的关系。④关系意味着相互沟通、相互交流、相互依存，甚至是相互激励、相互反抗、相互对立，这已经揭示出关系种类的复杂性。自然科学从宇宙学、地质学、地史学等不同领域用科学的语言和逻辑阐明自然中如此神奇复杂的关系。生态学科学就是揭示生命世界复杂的生态关系的科学。一棵树的成长，需要水土的滋养和阳光

① 杨仕健：《关于"生物共生"的概念分析》，《自然辩证法通讯》2019年第6期。

② 〔德〕赫尔曼·哈肯：《协同学——大自然构成的奥秘》，凌复华译，上海，上海译文出版社，2013，第69页。

③ 〔德〕赫尔曼·哈肯：《协同学——大自然构成的奥秘》，凌复华译，上海，上海译文出版社，2013，第1页。

④ Oliver K："On Sharing a World with Other Animals"，*Environmental Philosophy*，2019，16(1)，pp.35-56.

的哺育，水好比是树的父母，树好比是水的孩子，水土助益了树的生长；可是树的成长需要营养，它不断地消耗着土，也限制着土，水土的保持又依赖着树。而对于人类社会，关系的复杂性在其中表现为各种差异，"大自然在人与人之间所安置的差异是如此巨大，而且这种差异还在为教育、榜样和习惯如此更进一步地扩大"①，以至于社会科学必须肩负起研究超级复杂的社会关系的任务。

第二节　过程原则：过程是根本的、永恒的

过程原则认为过程是根本的、永恒的。世界是物质的，物质是客观的，客观的物质是运动的，宇宙万物都处在运动、流变、持续的过程中，过程原则对此的解读是：过程是根本的。客观物质是运动的，运动不灭、运动永恒，从而过程永恒。过程的根本性、永恒性与转变过程和共生过程一起共同丰富着过程的内涵。过程表现为关系的持续、变化、发展，过程原则与关系原则紧密相联，并共同决定有机原则，由此，关系原则、过程原则、有机原则成为生态哲学本体论的三大基础理论。探讨过程原则会涉及对转变(transition)、共生(concrescence)、客观机遇(occasion)、主观享受(enjoyment)、领悟(prehension)、感受(feeling)等概念的深入剖析。

过程的含义首先要从时间维度解读，即将其看成转变(transition)过程。转变是一种现实的个体转化为另一种现实的个体，也是从一个现实的机遇转向另一个现实的机遇。转变构成暂时性。每一事件都是转瞬即逝的，灭亡意味着转向下一个新生。过去、现在、未来的时间历程就是通常所理解的转变过程。转变过程易于理解和接受，宇宙万物生生不息，都处在变化、发生、生成、发展、增长、衰亡及消失的流动过程中，这也是关系的持续、转化过程。转变肯定的是世界永恒持续性的客观存在。从宇宙大爆炸生成今天的宇宙、地球共同体的发生与发展、地球上生命的繁荣兴旺与灭绝，再到人类的出现及今天人类社会的繁荣发展……现代宇宙论、地质学、地史学、生物学等现代自然科学已经为这种演化的转变过程提供了坚实的科学理论基础。

过程的另一含义就是共生(concrescence)，这是从空间维度对过程的解读，是关系空间上的能动。生态哲学以共生赋予过程的空间性内涵，

①　〔英〕休谟：《道德原则研究》，曾晓平译，北京，商务印书馆，2017，第21页。

共生过程的强调也是过程哲学理论所具有的新意（对此在第二篇有关过程哲学的研究中笔者还会进一步阐述）。共生意味着正在发生的动态共生活动、共同参与、共同生成、共同创造、共同产生新质的事件。在共生过程中没有时间，却是"活"的；不强调时间，但绝非静止，而是创造力的能动展现，共生创造出具体。共生的每一瞬间都是崭新的，都是"现在"，每一客观的现实机遇都是共生的结果或者说都是共生。我们在阐述关系原则时已经阐述了共生，因为共生连接了关系原则和过程原则。在阐述关系原则时我们已经说明，共生是指每一种现实机遇的生成活动，即多种共生统一为单一的现实机遇。共生可以理解为空间上的过程。

过程是外在客观机遇（occasion）和内在主观享受（enjoyment）的统一，外在客观机遇成就着过程的内涵。客观机遇叙述的也是一种关系：相互依存、相互关联，是把潜在诸多可能性关系之中的机遇变为客观现实。在成为现实的相互关系中，既有个体所遭遇的来自环境的事件，也有个体本身所做的贡献。个体所处的外在的环境存在着千变万化的诸多关系，随着时间的流逝、空间的变化，从诸多潜在关系中析出现实事件成为个体的客观机遇，客观机遇讲述过程的内涵，客观机遇的更迭、变化、转变构成着过程的转变。每一过程的个体在参与客观机遇的过程中发挥自己的创造力，在客观机遇中参与行动、共同创造、生成、生产、劳动，这是个体的义务，是在环境中面对客观机遇必须承担的责任。

过程除了体现为外在客观机遇（occasion），也体现为内在主观享受（enjoyment），享受本身就是一个过程。每一个个体，无论它们多么不同，都具有"享受"能力，享受具有主观直接性，由此肯定了每一个个体都有内在价值，无论是原子以下的粒子，还是植物、动物或者人。在达尔文那里，各种动物或多或少地善于适应他们的环境，为食物而竞争，①这就是他们的享受能力。享受的权利和能力都是天然具有的，这种本能不可剥夺，只不过不同的个体享受能力不同。就像我们肯定每一个来到这个世界上的人都具有天然的权利享受人生中的衣食住行，当然他也要以他的劳动来为这个世界做贡献。享受和劳动虽然不同，但也不是绝对隔离的，比如劳动过程的本身就会生成享受，这是由于客观机遇与主观享受是有机统一的。

享受的过程性通过领悟（prehension）和感受（feeling）来深入解读。领

①　〔德〕赫尔曼·哈肯：《协同学——大自然构成的奥秘》，凌复华译，上海，上海译文出版社，2013，第63页。

悟是对过去的把握、承接、继承、吸收、摄取、摄入，由此，过程从过去延续至现在，同时对全部的未来开放，以备融入未来。领悟更多地体现为继承性，以保障过程的持续。感受是个体的主观体验、获得世界真实性的能力。这种能力是主观的、直接的。正如电子"感受"到原子核的存在，从而围绕着原子核高速运行；孩子在妈妈怀里感受到母爱的温馨，从而享受着妈妈的爱。

第三节　有机原则：整体与创造力

有机原则即有机整体原则，世界是一个整体，这个整体不是机械的堆积，而是有机的构成，有机也不是简单地与无机相对、相反，是系统的、有组织的进而是创造性的参与，从而彰显出创造力。有机（organic），从英语词义上直接解读就是有组织。有机原则的内涵首先强调的是整体，自然是一个整体，即有机体；构成这个整体（有机体）的每一个个体不是混乱地堆积，而是有机地组织在一起的，"有机"即"有组织"。有机原则以关系原则、过程原则为基础，并且是关系原则、过程原则的进一步展开，具有丰富的内涵。

有机原则认为世界是一个整体，不存在独立的孤立个体。世界的整体性意味着每一个个体都是关系的个体、关系的存在，这是以关系原则为基础的，关系的普遍存在使世界以一个整体存在。这是一个整体的世界，离开整体的个体难以存在或生存。就像是一个强有力的心脏，只有在生命有机体内才能保持生命力和跳动的能力，一旦剥离开生命体就失去生机。每一个个体的存在都在关系之中，由此把世界联系成一个整体的存在。现实的即关系的，也是整体的。人在整个世界中仅仅是一个单一物，人与作为普遍物的整个自然世界本身完成本质的统一，就构成了人与自然的生态关系，使人与自然成为一个有机统一的生态整体。[①]

由此，有机原则强调共同体，世界是一个有机整体，这个整体就是共同体，是由共同的关系纽带连接成的有机整体。共同体不是抹杀和消解个体自由个性的抽象普遍性，而是每个个体既充分发展自己全面的个性，同时又向他者敞开自身，与他者内在统一的关系有机体。[②] 正如滕尼斯所说，关系本身即结合，或者被理解为现实的和有机的生命——这

---

① 曹孟勤、黄翠新：《从征服自然的自由走向生态自由》，《自然辩证法研究》2012 年第10 期。

② 贺来：《"关系理性"与真实的"共同体"》，《中国社会科学》2015 年第 6 期。

就是共同体的本质。① 现代宇宙论揭示了宇宙共同体，还有地球共同体及人、自然、社会所形成的复合生态系统共同体，或者生命共同体等。整体、系统、共同体具有相同的意蕴，"生命共同体"与生态系统具有同构性，因而整体主义有时也使用"生态共同体"（ecological community）。② 这些共同体都是对"世界是一个整体"的支撑。而各种不同的共同体又是对世界整体的有机性、有组织性的解读。

有机原则肯定世界的整体，而且是有机整体，亦即有机体。每一个个体都追求存在、追求生存，为了存在、为了生存就必须加入组织，参与有序，找到自己的生态位，有机地构成其所在的整体。这样，整体就会彰显出巨大的功能，这一巨大功能是每一个个体单独存在时所不具有的，也根本不可能具有，即使每一个个体单独存在时所具有的功能的总和也远远无法可比。生态系统、共同体、生态位及有机体讲述的都是关于有机或有组织、有序、有系统地存在。个体只有加入组织、加入整体才能存在、生存，也才能发挥自己的作用。有组织、有序意味着负熵，与混乱、无序的熵增相反，加入组织，对抗熵增的无序毁灭，这样才能获得生存。

作为有机体的整体，以守恒、平衡、"公平"而存在，我们把它概括为有机体整体遵循着普遍的恒平原则而存在。这种普遍性的恒平在不同的自然科学里已经用自己的语言来说明。在物理学里称作能量转化与守恒，在化学里称作物质守恒定律，在生物学里称作生态系统平衡或生态平衡。对于人类社会生态系统，"公平"原则在法律、经济、社会生活各个领域普遍存在。这是物理学的能量转化与守恒定律在各个不同共同体之中的化身，化身之后有了不同的名称和丰富的内涵，但内在的"公平"的平衡本质不变，由此维持着整体的现实存在。一旦"公平"打破，就会发生变革、革命，产生质变，然后又进入新的关系世界，维持着新的"公平"。生态学里的生态系统演替理论很好地叙述了这种过程，顶级群落在系统演替的顶级状态会以生态平衡维持系统的稳定存在，一旦打破平衡，顶级群落就会失去稳定的存在，遭到破坏，随着演化发展又会发展出新的顶级群落——次顶级群落。这样，一批新的生命系统演化发展代替了旧的原始顶级群落系统。作为有机整体，为了稳定地存在，必定要遵循

---

① 〔德〕斐迪南·滕尼斯：《共同体与社会——纯粹社会学的基本概念》，林荣远译，北京，商务印书馆，1999，第52页。

② 王宽、秦书生：《西方生态伦理学"生命共同体"的逻辑与超越》，《自然辩证法通讯》2020年第1期。

守恒、平衡、公平的恒平原则。

有机原则内含公正原则，这是以过程原则为结果的必然。整体为了稳定地存在，以有组织、有序、有结构克服熵增，也为每一个个体提供合适的位置；追求生存的本能使每一个个体在整体中找到自己的合适位置，在自己的生态位上加入组织、参与协同有序的行动。物竞天择，适者生存，不是最适、最强的那些个体，可以以专门化占据自己的生态位，参与整体的协同发展，既为整体的过程做贡献，也保障了自己的生存发展过程。个体与整体的共存、共在以过程是根本的、永恒的原则为基础。自然生态系统物种的多样性就是生态位丰富多彩的写照。这就像给高个一个矮脚凳，给中等个子一个普通高度的凳子，给矮个一个加长高度的凳子，这样的结果使他们每一个人都能到达一定的高度，这个高度可以获得生存。这就是"公正"，"公正"带来的结果就是共存、共在，每一个个体都可以在自己的生态位上参与外在的客观机遇，贡献自己的行动，也以主观的享受肯定自己的内在价值，获得存在、生存，与其他个体、与整体共存共在。

有机原则肯定创造力。有机体的创造力是个体单独存在时所没有的，是全新的创造力，是创造性的生成。每一个个体通过加入组织、融入整体而获得存在，这种存在就是生存，也就是说个体是"活的"，它是能动的、主动的、自由的。个体以其创造力参与着创造性的生成，不是被动地被存在。它们各自的创造性参与着有机整体的共生，彰显有机体创造力的辉煌。共生不仅联系关系原则和过程原则，也和有机原则密切相关。在整体中共存的每一个个体，在关系的海洋中遭遇着各种各样的关系，为了争夺生存权必须面对激烈竞争的挑战，然而，生态哲学从这种竞争的关系中也解读出依赖的生态关系；有竞争就有合作，共存的关系要区别对待，但无论是竞争还是合作，在共生的过程中不能忘掉全景，这个全景就是共同的有机整体背景。

个体追求生存，离不开共同体，离不开有机整体内的共生。因为共生是满足协同创造的前提。每一个个体的创造力，通过协同发生相互作用，从而在整体的层面上产生质的创造性的突变，过程依然继续，只是过程的性质发生了转变，产生了更高层次的质的飞跃，更高层次的过程的出现意味着进化也由此产生。协同可以这样理解：当个体组织起来的作用、效果比个体分别独立行动的作用、效果总和更加宏大时，协同作用就产生了。这样，有机体的创造力的辉煌完全建立在每一个加入有机整体组织的个体基础之上，可是单独存在时个体完全没有这种能力。比如，基因只有在生命有机体中才能展现创造力，离开生命有机体单独存在时只不过是个片段而已。个体只有融入有机整体，过程才能发生性质的转变，才会步入更高级的发展阶段。

在这一篇里，我们借助自然科学成果阐述了生态本体论，又在此基础上概括了生态哲学的关系原则、过程原则、有机原则；同时研究和涉及了整体、转变、共生、机遇、享受、领悟、感受、恒平（守恒、平衡、公平）、专门化、生态位、创造力，以及事件、经验、构成性、生成性等一系列概念，这些都是生态哲学在哲学发展历程中为哲学本身所做的贡献。关系原则、过程原则、有机原则这三大原则的阐述在这里只是本体论层面的探索，认识论层面的研究将会在下一篇涉及。

第二篇

思维整体中的生态哲学思想

　　生态哲学作为一种新的哲学，是新的世界观和方法论，它以人与自然的关系为研究对象，追求人与自然的和谐发展。哲学涉及自然、社会在内的整个世界。哲学最能代表人类思维的极致创造力，它是世界观和方法论，是时代精神的精华。在人类的历史长河中，每一时代都有自己的哲学。生态哲学，是人类思维的创造。它不仅是在地球共同体整体背景下的创造，也是人类思维在时间历程整体中的创造。生态哲学不是凭空产生的，有着深刻的时空历史背景。在时间维度的整体中，我们考察哲学的历史，可以体会生态哲学是一种"哲学转向"。哲学转向生态，生态哲学是一种新的哲学方向。[①] 哲学的转向是哲学的外在展现，哲学的发展还有其内在逻辑。我们就从哲学的外在转向和哲学的内在逻辑来解析哲学的发展历程，这是沿着人类精神运动的轨迹分析思维整体中的生态哲学思想，这也是从认识论维度研究生态哲学思想，是对生态认识论的出现的必然性的历史与逻辑的分析。生态认识论是从整体出发，以多重有机关系反观自然物的方式研究自然物，以获得自然物在整体世界中、在关系世界中的真实性。[②] 从整体出发并遵循关系原则、过程原则、有机原则的生态认识论的深入和展开的研究寄希望于生态哲学未来的发展。本篇在这里没有深入生态认识论的主题，而是在人类思维整体中通过分析关系原则、过程原则、有机原则的历史与逻辑统一的进程，从而解析生态认识论的必然产生，研究生态哲学在思维历史中的必然，探讨在人类精神运动中生态认识论如何逐渐呈现。

---

① 余谋昌：《生态哲学》，西安，陕西人民教育出版社，2000，第37页。
② 曹孟勤：《生态认识论探究》，《自然辩证法研究》2018 年第 10 期。

第六章　古代人类思维：向未来开启

在哥白尼之前，宇宙学认为，太阳围着地球转，哲学主题的表现是主体围着世界转，主体（人）所关心的是世界的构成和物质的运动。哥白尼之后，宇宙学认为，地球围着太阳转，由于文艺复兴，人的地位得到了提升，哲学主题的表现是世界围着主体转，关心的是人的精神，人的意识，世界怎样为人服务。让世界围着人这个主体转的过程中，世界的主体性被否定了，世界完全降为客体。这是现代技术世界的哲学基础。然而，后现代主义又解构了人这个主体，倡导生态性的哲学。在人类理性的思维进程中，哲学在自己的历史中发展。生态哲学，就是思维时空整体中的哲学的发展。这种思维的源头要追溯到古代人类的精神运动，既有东方的有机整体思维的运动，又有古希腊西方思维的开启。

第一节　原始社会人类意识的原初体验

远古人类逐步从与自然熔融的状态中走出，意识的原初体验在人类的精神运动中处于起始阶段。自然生态系统是人类的母亲，养育了人类，原始简陋的工具和懵懂的意识显示着原始人的弱小。可是作为生态系统的自然对原始人而言充满神秘、凶险和不可预知的变化。人在自然界面前的脆弱地位使原始人畏惧自然，对自然又充满神秘与崇拜。因为那是他们无法控制、不能掌握的力量，周围环境作为异己的整体左右着原始人的生存，他们还要依附它，生活中也离不开它。这样就产生了自然崇拜，出现了树精、河神、山神、地母、天神、太阳神等诸多自然神。自然崇拜不仅包括对自然的敬畏，也包括对自然规律的遵从。[①] 在中华古文明中，女娲养育了众生，也以补天保护了众生。类似地，在古希腊神话中有大地之母盖亚，她的儿子宙斯是众神的统帅；在基督教中有圣母玛利亚，她是基督的妈妈，伟大的母亲。这是人类意识对大地的原初体验，作为自然之子体验到自然是人类的母亲。

---

① 〔英〕罗素：《西方哲学史》上卷，何兆武、李约瑟译，北京，商务印书馆，1963，第26页。

作为文化思想现象的开始，原始的宗教是远古人类自然观的最高表现形式，也是对技术的无能为力的一种体现。自然生态系统虽然是人类的摇篮，可是它有时温柔，有时暴躁。原始人的衣食住行和生命的快乐都是大自然母亲的厚爱。这时体现的是人与自然的和谐，自然是温柔的、慷慨的，人的内心也充满了对它的热爱。人类所运用的原始技术或者说人的一些技巧在沟通人与自然关系的过程中，时常产生新奇、意外或者惊喜，但更多的是充满迷惑。充满迷惑的还有人自身的意识、梦境。这时的自然、技术、意识、梦境对原始人而言都是融为一体的。人与自然发生冲突时，自然是暴躁的或者说是暴力的，而且对弱小的人而言是强大的暴力。人的本能在暴躁的自然面前是无能为力的。虽然本能无能为力，依然要追求生存，可是这时的技术不能为生存提供保护，只能在内心深处寻求一种心理渴望的安全庇佑。技术无能为力，人类就靠巫术，巫术、原始的图腾崇拜、原始宗教就产生了。从人类的发展过程来讲，巫术、原始的宗教填补了人类自然技术的空缺，是人类对自然原初体验的结果。

原始人的自然神崇拜隐含了利用自然威力的意识。这种意识虽然仅仅存在于人类的精神领域，但是却说明人的主体性开始萌动。在原始人与自然的关系中，从自然神崇拜观念中分离出来的人的意识，属于独立的人性意识。在东西方的人类思维中都表现为反抗自然神的英雄意识。中国古代神话中射日的后羿、古希腊神话中为人间盗火而遭天神宙斯折磨的普罗米修斯，代表着人与自然抗争的新型自然观。射日与盗火虽然是目的相反的两个故事，却都反映了利用自然、控制自然、反抗自然的观念。普罗米修斯自觉抗争自然命运、不屈不挠的英雄形象，被西方文化演绎成统治自然、控制自然、战胜自然的哲学理念。东方的自然观却选择了一条不同的道路——有机整体的生态自然观。

第二节　中国哲学：东方有机整体主义

中国哲学属于东方思维的代表。这种有机的整体的世界观产生于一个相对完整和封闭的地域。在这样一个相对封闭的地域内，长江和黄河作为养育中华文明的母亲河奔腾不息。肥沃的土地，是自给自足的农耕基础，土地是神圣的，是生存之根。大自然的厚爱使得中国人懂得顺应天时，懂得人是生活在天、地之间的。天地人有机整体的思想一直是中国哲学的根本。由于中国以农业为中心的科学技术取得了世界领先地位，中国从公元前3世纪起，即秦汉时代就进入农业经济发达的社会，成为封建大帝国。虽然朝代有所变化，但是国家与文化一起绵延不断地发展到近代，并没有像西方一样随着古罗马的灭亡而中断。有机整体主义也一直贯彻始终，人的认识中的感性、知性、理性也有机融合为具有整体性质的东方的精神运动。建立在农业基础上的中华文明，奉行与自然和谐共处的自然观，保留着远古时代对自然的潜在敬畏，顺应自然的节律，凭借着以农业为中心的技术，无论是种植还是放牧和捕捞，都不改变自然的土地、雨水、植物、动物、河川、山脉的自然形态。传统农牧技术依循自然物的自然本性。

对于自然的统一性、整体性，中国哲学家有自己独特的语言论述。"道""气""精"就是中国古代关于整体的基本哲学思想。这种整体性意味着空间上的联系和时间上的连续，是结构整体、功能整体、动态整体。"气"是万物的共同要素，"道"是万物的共同规律。道家的创始人老子在春秋末年提出"道"是"万物之宗"的思想。"道可道，非常道。"宋尹学派则提出了精气说，认为"气"是一种微小的看不见摸不着的物质实体，"精"是比"气"更细小的东西，"精""气"乃是世界的本原，谷物、星辰都是由精气产生的。精神现象也是由气的流动而产生的。战国末期的荀子则进一步发挥了物质性的精气学说，认为世界万物都是由统一的物质性的气所构成，水、火、生物、人都是气的发展的不同阶段。

"道"是宇宙万物内在的本质性的统一规律，是指整体性原理。无论宇宙万象、天地万物，整体性原理是主宰一切的基本原理。这也是生态哲学最基本的原理。"道"的概念比整体性原理有更丰富的思想内涵，"道"是宇宙万物有机整体的根本，是自然演化的原则，是事物发展的规律，也是人类社会的法则，经常被称为"天道"和"天理"。"道"所反映的整体，是动态整体、差异性与多样性统一的整体。"道"揭示了阴阳互动机制，道是《周易》中最基本的概念，"一阴一阳之谓道"，说的就是一种动态机制。在《老子》里，"道生一，一生二，二生三，三生万物"，这是说，万物同道，万物一气，万物统一于整体之中。[①] "道"统率万物，这是中国哲学对自然生态系统整体性的理论解读。

"元气"是中国古代的哲学概念，指产生和构成天地万物的原始物质。"元气"是万物的共同起源，类似于能量的初始状态，是万物起源的基础。"气"叙述的是功能状态，是动态的。一切物质能量的功能性活动都表现

① 张正春、王勋陵、安黎哲：《中国生态学》，兰州，兰州大学出版社，2003，第82页。

为"气"。"气"无处不在、无时不有。"气"具有模糊性的动态特征。《老子》将其描述为"万物负阴而抱阳，冲气以为和"。大千世界、宇宙万物、人类社会无不包含着"气"。"气"的伟大作用体现在生态系统的功能联系之中，体现在各生态因子之间的相互作用之中，体现在生物与环境、人与环境、人与人的关系之中。以元气作为构成世界的基本物质，以元气的运动变化来解释宇宙万物的生成、发展、变化、消亡等现象，这种哲学思想在中国古代哲学史上占有极重要的地位。元气学说作为一种自然观，是对整个物质世界的总体认识。"道气学说"就是研究生态系统整体性原理的学说。

阴阳理论是中国理论体系的核心，用来解释宇宙中天地万物、人类社会和人的机体。一切事物、一切现象都可以解读为阴阳，如天地、日月、男女、虚实、大小、上下、明暗等。阳有阳的创造性展现，阴有阴的创造性蕴含，积极、开放、动态、发散是阳的特征，消极、封闭、静态、蕴含是阴的特质。《周易》里"一阴一阳之谓道"，说的是相反相成、对立统一；"阴阳不测之谓神"说的是互相作用，千变万化。阴阳理论阐述的是对立统一的辩证法，是自然整体系统、宇宙万物产生和发展的内在力量。这是东方有机哲学的根本。"五行理论"和"八卦理论"都是"阴阳理论"的演绎系统和推广应用。

阴阳理论直接关系平衡稳定的生态效应。无论是自然界，还是人、人类社会、人的思维，不仅本身就是一个生态系统，也参与构成更大的生态系统。有机整体由阴阳开始生成宇宙万物，阴阳既是整体演化的开始，也是宇宙万物丰富多彩、多样性的基础。阴阳互生开启了过程。而阴阳互补涉及系统整体的有机组成结构，结构互补、功能互补，从而使系统实现整体功能。阴阳互动是指功能互动，属于协同性理论；阴阳相交是互相作用、互相联系的性质；阴阳相克是对立、相反相成，相当于负反馈；阴阳相得是相得益彰、相互促进，如雷风相搏、祸福相得、虚实相得……相当于"正反馈"现象。[①]

"天地人"三才在中国哲学里，实质上阐述的是人与自然的关系。这个人与自然的统一的生态系统，一方面肯定了天、地、人的有机构成，确立了人在自然界中的位置，另一方面也肯定了人的创造性。天上斗转星移，日月普照，决定了一年四季、一日昼夜的时间连续性。蕴养万物生命的大地展现着空间的完整性，它给"天地人"三才提供着"天、地、生

---

① 张正春、王勋陵、安黎哲：《中国生态学》，兰州，兰州大学出版社，2003，第83页。

命"的整体场景——地球的生命共同体系统。人生在天地的时空之中，追求天时、地利、人和。天有"天道"，地有"地道"，人有"人道"。"天道"意味着自然规律，对应天时，是不可改变的自然规律和对自然规律的顺应，是对时间关系的解读，即"天道—天时—时间"；"人道"意味着与人有关的人和人类社会的规律，对应人和，其本质就是人与人的关系的和谐，是对人际关系的解读，即"人道—人和—人际关系"；"地道"意味着地域空间的地质地理生态运行规律，对应地利，就是要依循大地上生态系统的运行规律，更多地涉及空间关系，即"地道—地利—空间"。《荀子·天论》说，"天有其时，地有其财，人有其治，夫是谓之能参"，这是说，凡是善的、有价值的东西都是人努力的产物。价值来自文化，文化是人的创造。正是在这一点上，人在宇宙中与天、地有同等的重要性。[①]天司其职为时间，这是指自然规律；地司其职为空间，这是说大地是养育我们的伟大母亲；人的职责就是，利用天地提供的东西进行创造。

要想充分发挥人的创造力，就需要追求"天人合一"的境界，在遵循自然规律的基础上才能充分发挥人的创造力。"天人合一"有着深刻而丰富的内涵：人与自然是一个不可分割的整体，"天人合一"中的天与人属于同一个有机整体，即天人一体，还有天人互动、天人相参、天人感应也是对"天人合一"内涵的解读，它说明了人与自然的统一规律即天人一理。[②]"天人合一"不仅是道家的思想，佛教和儒家也以此为遵循。儒家思想是中国统治者的哲学，用仁、义、礼、智、信强调伦理，规范人的行为，以"天上、地下、人中"来论证君臣父子的社会关系，以天人感应来论证君权神授。儒家的哲学是关于人的哲学。佛教以忽视客观物质世界来强调自然的"无"，即所谓"本来无一物，何处惹尘埃"。由此，佛教强调人的自身修炼，它不仅是思维的修炼（练心），也包括机体的修炼（练身）。

四象理论是五行理论的基础，是"阴阳理论"和"五行理论"之间的桥梁。在《易传·系辞传》中有这样的论述："易有太极，是生两仪，两仪生四象，四象生八卦，八卦定吉凶，吉凶生大业，是故法象莫大乎天地，变通莫大乎四时。""阴阳理论"通过"四象理论"发展为"五行理论"。"四象"是指，空间涉及四个方向，时间涉及四个季节。我国大部分地区的气候四季分明，这为时空合一的"四象模型"提供了大地之上的现实基础。

---

① 冯友兰：《中国哲学简史》，涂又光译，北京，北京大学出版社，1985，第172页。
② 张正春、王勋陵、安黎哲：《中国生态学》，兰州，兰州大学出版社，2003，第84页。

而天空之中的现实基础是对天象的观测。当对北斗七星进行观测时可发现星体运行位置与四季的关系，即北斗星的斗柄指向方位与四季相关。这就是"斗柄东指，天下皆春；斗柄南指，天下皆夏；斗柄西指，天下皆秋；斗柄北指，天下皆冬"。时间的四个季节与空间的四个方向紧密结合。"四象理论"揭示了中国古代文化的生态学原理，"四象模型"反映了中国地理气候的特征和四季生态变化的自然规律，是具有生态学意义的科学模型。[①]

中国哲学用五行理论来描述宇宙万物及生命的属性规律。五行即"金、木、水、火、土"，这是五种符号，用来表示不同的"物质-能量-信息"整体。该理论又用 10 个天干和 12 个地支进一步代表五行的时空。10 个天干分别是：甲、乙、丙、丁、戊、己、庚、辛、壬、癸。12 地支分别是：子、丑、寅、卯、辰、巳、午、未、申、酉、戌、亥。五行之间的各种关系（生、克、乘、侮、藏……）反映了宇宙生命各种物质、结构、能量之间的相互联系、运动和变化。[②] 五行理论是阴阳理论的进一步演绎，以阴阳理论为基础。五行理论是极具中国特色的理论，与古希腊的"火、水、土、气"相比，有着极为不同的内涵。"五行生克"是五行理论的核心：木生火，火生土，土生金，金生水、水生木；木克土，土克水，水克火，火克金，金克木。在阴阳生克的统率下，产生如下关系：生我者，为父母，这就有了"父母"关系；我生者，为子孙，这就有了"子孙"关系；克我者，为官鬼，这就是"官鬼"关系；我克者，就是"妻财"关系；与我种类、属性、运动形式都相同的就是"兄弟"关系。"父母、子孙、官鬼、妻财、兄弟"这五个形象的比喻阐明了五行中每个要素之间所存在的五种关系。五行的五种要素与这五种关系，反映了自然界的动态结构和整体联系，可以说明自然界生态系统中各要素之间的相互作用及能量的循环转化、生物机体内在的有机循环，还有人与人之间的伦理关系、社会关系及社会的发展。

八卦理论与阴阳有内在的联系，八卦是阴阳理论和三才理论相结合的产物。八卦的"卦象"，直接运用自然生态系统中的八种要素"天、地、山、泽、雷、风、水、火"进行比喻和象征，用以说明所要表现的具体性质和相互关系。八卦的创制来源于生态学观察，它是中国古人对自然界的观察，把自然物质运动形式按照八种属性分类研究。这八种运动形式

---

①　张正春、王勋陵、安黎哲：《中国生态学》，兰州，兰州大学出版社，2003，第 87 页。
②　张其成：《论〈周易〉与〈内经〉的关系——兼论帛书〈周易〉五行说》，朱伯崑：《国际易学研究》第 6 辑，北京，华夏出版社，2000，第 301 页。

就是《易传·说卦传》里所述的"乾，健也。坤，顺也。震，动也。巽，人也。坎，陷也。离，丽也。艮，止也。兑，说也"。八卦也代表不同的宇宙事物，代表不同的动物，代表不同的人、不同的事。这说明中国哲学把自然作为一个整体系统，以阴阳五行八卦来研究整体中的多样属性。而西方在对自然进行观察之后，却走向一条完全不同的道路。西方人把自然物质运动形式分类之后，产生了分门别类独立的研究，把所研究的对象从自然整体中割裂下来，产生了研究物理运动形式的物理学，研究化学运动形式的化学，研究生命运动形式的生物学，等等。其结果是现代科学的诞生与发展。中国的有机哲学，始终把自然、人、社会乃至伦理道德看成是一个大的有机整体。"八卦"是一个分析手段和研究方法，用来总结事物的结构特征和功能规律。

第三节　古希腊哲学：从宇宙万物、原子论转向理念

古希腊哲学是西方思维的源头，也是在西方地质地理背景之下人类思维的发展。地中海和黑海之间的海域是爱琴海，巴尔干半岛的南部和小亚细亚半岛的西部环绕着爱琴海。爱琴海中点缀着星罗棋布的大小岛屿，其中最南端的克里特岛屹立于地中海之中，与非洲东北部的埃及遥遥相对。古希腊人生活在以爱琴海为中心的周围地区，这一地区似乎是欧洲同时伸向亚洲和非洲的触角，而古代非洲文明的中心——埃及，和亚洲最古老的巴比伦文明正处于它触及的范围。在古代的经济水平和交通条件下，爱琴海地区分散的城市和国家有相当大的独立发展条件，星罗棋布的岛屿和沿海的地理形成了众多新的城邦国家。地理决定了城邦制国家，城邦制国家的公民是自由民。古希腊多山，地质只适于种植葡萄和橄榄，不能自给自足，商业首先在占据地理优势的克里特岛发展起来。商业几乎全来自海上，环地中海的地理特色使我们有时把西方文明称作海洋文明。自由民、商业构成的社会基础，在哲学上才能演绎出原子论的西方思维。

古希腊哲学为科学准备了一个未来发展的世界。古希腊人在纯粹知识上的贡献非凡，他们首创了哲学。哲学和科学原是不分的，诞生于公元前6世纪初。[①] 世界的本原和万物的本原是古代哲学家关心的中心问

①　〔英〕罗素：《西方哲学史》上卷，何兆武、李约瑟译，北京，商务印书馆，1963，第24～25页。

题。他们试图从形形色色具体事物中寻找普遍的、一般的东西作为万物的本原。哲学的任务就是要为这个世界寻找一个不变的本原。哲学的思维、哲学的智慧、哲学的话语都围绕着宇宙万物的世界。这个宇宙万物的世界是什么？人类要认识它，这是人类思维启程的第一步。

哲学是从泰勒斯开始的，他的"世界由水构成"蕴含的就是"世界是真实存在的"哲学本质。这是不证自明的本体论原则。他以水理解宇宙的整体性，以水为原质，其他一切都是由水构成的。大地也漂浮在水上。水是世界之本，万物由水构成。以今天的观点看，泰勒斯提出了一个假说。但根据宇宙大爆炸学说我们知道，水中的氢是最初形成的物质原子，不仅存在于宇宙之中，在地球上也以水的形式载育万物。泰勒斯在哲学上的重大功绩在于他不用传统的宗教来解释万物的起源，即不把万物看作是由神所创造的；他提出水为万物的始基，实际上是企图用物质来说明世界的同一性。①

泰勒斯把神赋予物质本身，赋予宇宙万物。他的"万物充满着神灵"是肯定物质所具有的神奇创造性。这里的"神灵"并不是超自然的精神实体，而是物质本身所具有的创造力，他实际上是肯定了自然的内在创造力。阿那克西曼德认为世界的本原是无限者。一切都生自无限者，一切都灭入无限者。他的后继者阿那克西美尼认为，这个"无限者"就是气。气无所不在，因而无限。这是对物质创造力生生不息的解读，打击了传统的宗教迷信。宇宙不断发展变化，变化的原因是物质本身的变化，是内在的创造力体现。

赫拉克利特对世界本原的理解更为深刻，认为宇宙是一团活火。火的创造就是它的毁灭，而它的毁灭也就是它创造的表现。万物是由火转换的，火与万物的转换是有规律的，这个规律就是逻各斯（logos）。以今天的科学观点看来，赫拉克利特提出了宇宙演化的科学假说。这与现代宇宙大爆炸有类似之处，大爆炸宇宙演化论让人类拥有了一个共同的宇宙故事。这个"火"与今天科学所理解的能量有类似之处。赫拉克利特的哲学以"火"理解宇宙的整体性。当赫拉克里特提出"逻各斯"时，哲学的思维已经跳出早期试图从自然物中找到一个万物之本的思维。"逻各斯"本来的意义是"话语"或者"被表达出来的道理"，或者说是"人讲述对自然的认识"，这隐含着"认识是必然的"内在逻辑，大大深化了哲学的思维水平。"认识是必然的"属于认识论原则。

---

① 全增嘏：《西方哲学史》上册，上海，上海人民出版社，1983，第34页。

随着古希腊哲学的发展，人类抽象的思维能力把宇宙万物抽象为真实存在的本体。毕达哥拉斯将数作为万物的本原，把事物的量的规律看成是质的规律，以数的和谐解说宇宙万物的和谐。他把数从万物中抽象出来。巴门尼德把"存在"从具体的感性事物中抽象出来。从人类认识发展史看，形成这样一个概念是一种进步，因为它表现了人类认识从个别向一般的进步，体现了人类抽象思维能力的提高。① 从此"存在"步入抽象的逻辑过程，成为逻辑的起点，不只是物质世界的时间开端。这也使哲学开辟了一条纯思维的学问之路。"世界存在"的本体论原则和"认识是必然的"认识论原则在巴门尼德的"存在"上实现了统一。

原子论是从泰勒斯开始的古希腊自然哲学发展的最高成就。古希腊的留基伯和他的学生德谟克利特认为，原子构成万物，一切事物的本原是"原子"和"虚空"。原子是不可分的物质微粒，是绝对的充实体，每个原子中间没有任何空隙，所以原子不可再分，不可穿透。原子数量无限，性质相同，即只有量的差别，而无质的差别，只有形状、体积大小和位置排列的不同。原子处于永恒的运动中，运动是原子的固有属性。万事万物都产生于原子的机械运动。人类思维抽象出原子，这是哲学在古希腊发展的极致，原子是思维透过千变万化的现象把握的不变的本体。

但是这种古希腊原子论却包含了机械论和形而上学的观点。把原子与"虚空"对立，把原子与"虚空"机械地分割开来，这是不理解物质与空间的真正关系所导致的。物质与空间密切联系，不可分割，空间是物质的存在形式。另外，用原子的机械运动解释一切，却难以说明自然界的丰富多彩。这种机械性、形而上学性也随着近代牛顿之后的科学发展得到了延续。

德谟克利特代表生机勃勃的古希腊哲学思维的发展。这时的古希腊哲学努力认识世界、认识自然，探求"世界是什么"，要获得关于自然世界的知识。古希腊哲学家相信世界是由物质构成的，而且这种构成有一个合理的结构。这种结构是可知的，这种结构相对简单并容易理解。人类的思维可以通过理性认识世界，把握世界。所以，哲学的外在主题表现为认识世界，获取新的知识。可是，还有内在的逻辑问题需要哲学解决。哲学预设了人类思维中有认识自然的理性，那么理性何以能够把握世界，把握过程，把握不变的本体，这实际是理性自身的必然性。

"理性何以必然"这一问题就是思辨哲学在接下来的逻辑发展中需要

---

① 全增嘏：《西方哲学史》上册，上海，上海人民出版社，1983，第72页。

解决的。所以苏格拉底、柏拉图和亚里士多德使哲学从自然转向人、理念和信仰。罗素认为，德谟克利特之后的哲学的错误就在于和宇宙对比之下不恰当地强调了人。① 可是，"理性何以必然"的理性原则是哲学的逻辑进程中不可回避的思维难题。哲学对这一原则的探寻迷失了将近2000 年的时间。

怀疑主义对客观世界是否存在、人是否能认识客观真理表示怀疑。"我们是如何知道的"成为智者派进行的研究，从而削弱了获得新知识的探索。普罗泰戈拉的相对主义观点认为，认识只能来源于感觉，理性只是感觉的延伸，与感觉并无任何区别。② 感觉体验到的宇宙万物是变化不定的，可是一切认识都以这个千变万化的世界为基础，是对这个世界的认识，认识主体只能以自己感觉到的作为自己认识的依据。这个认识对象的流变和不固定就等于没有给认识主体一个可靠的认识根据，这样，人的认识只是其主观感觉。不同的认识主体感觉不同，不同时间、不同地点的认识主体感觉也不一样，因此，所得到的认识的知识就是主观的、相对的、不确定的。认识源于感觉，不同认识主体感觉都不一样，那么对于同一事物就产生了不同的认识，由此也导致对客观事物的否定。相对主义在这里一方面否认了主观性所具有的普遍意义，没有看到主观与主观之间的关系；另一方面也割断了主观与客观的关系，进而否定了客观存在。这样，普罗泰戈拉那里就出现了主观与客观的二元论，产生了新的怀疑论。

苏格拉底渴望地等待自己死亡，以便自己最终能够用理性的力量从感觉世界的烦恼和扭曲中解放出来。对理性的这种偏好和信赖，以及对感官的蔑视和忽略，使得哲学推理的结果不可能接近自然世界中真实的生态关系和过程。③ 后来，柏拉图否定感性世界而偏重那个自我创造出来的纯粹思维的世界。他认为经验世界确实是不存在的，因为变化和成长使得某个时段的非存在成为必然。④ 柏拉图推崇人类理性所属的理念世界的真实。接下来，亚里士多德把目的当作科学的基本观念，将目的

---

① 〔英〕罗素：《西方哲学史》上卷，何兆武、李约瑟译，北京，商务印书馆，1963，第107 页。

② 〔德〕艾尔弗雷德·韦伯：《西洋哲学史》，詹文浒译，上海，华东师范大学出版社，2007，第43 页。

③ 〔美〕尤金·哈格洛夫：《环境伦理学基础》，杨通进、江娅、郭辉译，重庆，重庆出版社，2007，第29 页。

④ 〔美〕尤金·哈格洛夫：《环境伦理学基础》，杨通进、江娅、郭辉译，重庆，重庆出版社，2007，第27 页。

作为信仰。尽管柏拉图和亚里士多德是天才，但他们的思想却有缺点。从他们那时候起，生气就萎缩了，而流俗的迷信便逐渐兴起。[①] 以至于后来哲学直接沦为宗教的附庸，成了宗教的婢女。一直到文艺复兴，哲学才又获得了苏格拉底前所特有的那种生气和独立性。正是由于古希腊哲学在和宇宙对比之下不恰当地强调了人，当时的伦理才会把关注的中心聚焦于探求人生意义、至善与幸福。

第四节　哲学内在逻辑的开始：关系普遍存在

对古希腊哲学的分析已经阐明了它所关注的主题。从古希腊哲学对世界的认识中可以肯定，世界是真实存在的，这是哲学的本体论。而柏拉图等人对人的理性的推崇所造成的问题属于哲学认识论领域。从本体论和认识论意义上的哲学自明性原则考察，可以看出关系是普遍存在的，世界是过程的。这是对哲学内在逻辑进程的解读。

最基本的哲学自明原则，即是认识论意义上的"认识必然可能"和本体论意义上的"世界是真实存在的"。首先必须被确立的哲学自明原则是认识论意义上的"认识必然可能"。这是认识论成立的自身合理性所要求的，也是认识论确立的前提。认识论要表明认识从何而来，以及对认识本身进行认识，那么它就必须首先保证认识的可能性。如果认识是不可能的，那么认识论本身将是不可能的。因而，"认识必然可能"这一原则对于认识论是最直接的，也是自明的。古希腊哲学的存在就是"认识必然可能"这一原则不证自明的根据。从本体论意义上说，"世界是真实存在的"也是自明的原则。任何本体论的阐释，都是以给定的真实世界为前提和对象的。本体论的成立就已经直接地确立了"世界是真实存在的"这一前提，这一前提必然已经作为自明的原则被包含在本体论之中了。古希腊哲学家对宇宙万物的解读就说明世界是真实存在的。无论是万物由水构成、由火构成，还是由原子构成，都是以真实存在的世界为前提的。"认识必然可能"和"世界是真实存在的"这两个原则，已经直接和自明地被包含在哲学对世界的解释之中了，缺少其中任何一个，都会导致哲学无法真正解释世界。正是在确立这两个自明原则的基础上，才能建立关于认识如何获得的认识论和关于世界存在合理性的本体论。

认识论的自明原则和本体论的自明原则之间有着一致性的衔接。从

---

① 〔英〕罗素：《西方哲学史》上卷，何兆武、李约瑟译，北京，商务印书馆，1963，第107页。

抽象的意义上说，认识是一种沟通。认识活动的实现必然要有认识主体和认识对象，认识活动是通过思维将认识主体与认识对象之间的沟通表现出来的结果。如果认识主体和认识对象都是实在的事物，那么这种沟通就意味着实在事物之间的沟通。某一认识主体的认识对象可以是一种思想或一种认识，而这时候对作为认识对象的思想或认识的认识，也是一种沟通。认识主体和认识对象可以是同一事物，在这种情况下发生的认识就是自我认识。自我认识不是没有认识对象，而是认识主体将自身看作认识对象。总之，从最根本的意义上说，认识的形成必然意味着认识主体和认识对象之间进行了沟通。

事物之间的沟通是普遍的。实在事物之间的沟通是形成认识的前提，没有实在事物之间的沟通便不可能有认识。这种沟通是与认识相关的沟通，那么，认识之外的沟通是否存在，关系到沟通的普遍性的成立。可是，如果事物之间的沟通不是普遍的，那么就说明存在不能沟通的事物。我们不能与之沟通的事物是不可认识的，而不能认识之物是不可知物。[①]"不可知物"的存在是一种自相矛盾，可也证明了沟通的普遍性。"不可知物"的矛盾是：一方面，"不可知物"这一概念意味着有的事物是我们不可能认识的；另一方面，当我们肯定这样的事物存在的时候，我们又对"不可知物"有了认识。存在是事物本性的一部分，说某事物存在，这本身就表达了一种认识。如果说某事物是不可知的，那它就应该是绝对不可知的[②]，任何人都绝对不可能知道它存在。也就是说，有了不能沟通的事物，事物之间沟通的普遍必然性就不成立了，也就出现了"不可知物"的矛盾。认为"不可知物"存在，是由于否认了"事物之间的沟通的普遍必然性"，所以要解决这一矛盾就要确立"事物之间的沟通是有普遍必然性的"这一原则。

于是，一方面，认识论必须保证"认识必然可能"，这一自明原则已经通过否定"不可知物"的矛盾而必然地确立了；另一方面，"认识必然可能"对于本体论则意味着"事物之间的沟通是普遍的和必然的"，即关系是普遍存在的，这样就达成了认识论和本体论之间的衔接。

---

① 〔英〕怀特海：《过程与实在：宇宙论研究》，杨富斌译，北京，中国城市出版社，2003，第5页。

② 〔英〕斯退士：《黑格尔哲学》，鲍训吾译，石家庄，河北人民出版社，1986，第42页。

第五节 过程性原则的必然性：理性把握不变的本体

对哲学的内在逻辑进程的基本理解需要通过关系原则、过程原则、有机原则来阐明。在这一章我们只侧重于关系原则和过程原则的解读。这也是人类思维的历史内涵决定的。对关系的普遍存在原则的分析，让我们解决了认识论和本体论之间的衔接逻辑，对过程的必然性原则的解读可以让我们看到，理性思维对不变的本体把握的哲学逻辑。

古希腊哲学认为世界是过程的。在前苏格拉底的思想中，赫拉克利特的形而上学观点，即"万物流变"，单纯地看来，这暗示人类不具有这样一种能力：可以发现关于实在的确定不变的真理。[①]"万物流变"就意味着认识主体和认识对象都是不断变化着的，假如认识主体在某一时刻形成了关于认识对象的认识，而认识对象这时已经变化了，即便认识主体能表达出某种确定的认识，那也不是同一时刻认识对象的真实状态，这样，即便可以形成确定的认识，也是和实在不符的。为了能够真实地认识实在事物，认识主体就必须使认识不断变化，用以和不断变化的实在事物相符合，但仍无法表明认识主体所得出的认识能够与实在事物的变化同步，这样，变化着的认识主体无法与变化着的实在事物达到真正的沟通。认识主体只能表达出与实在不相关的某种意见，这种意见所表达的只是世界中不断变化的现象，变动不居的现象无法单纯从自身之中获得其真实性，现象和实在事物的真实状态永远是错位的和不一致的。

用近代哲学的术语来说，这便出现了现象与本体的二元论。"万物流变"表明实在事物时刻处在变化之中，这是认识主体感觉到的。单纯地接受"万物流变"的观点，就蕴含着"认识只能来源于感觉"的观点。认识主体感觉到的世界是流变的，这只是不断变化的现象。世界的真，必然具有持续性，具备永恒持续性的真是绝对的真。既然认识无法从不断变化的现象中获得世界的真实性，那么只能认为真实的世界是不变的本体，与变化的现象隔绝存在着。这就是现象与本体的二元对立。由于现象与本体的二元对立隔绝了两者的沟通，因此认识主体就不能透过现象而认识到本体，这样认识只能停留在现象界。现象与本体的二元论便导致了被设定为真实存在的世界的本体是不可知的观点，这就是现象与本体的二元论导致的不可知论。而这种现象与本体的二元论是在肯定"万物流

---

① 刘莘：《怀疑论的魅力》，成都，四川人民出版社，1999，第 262 页。

变"和"认识只能来源于感觉"这两个认识的前提下得出的，故而它所导致的不可知论观点就和这种认识发生了矛盾，陷入这种矛盾之中就导致怀疑论。

要克服这种怀疑论，就要克服现象与本体的二元论，那就必须真正认识到现象与本体的二元论发生的根本所在。本体并不是感觉认识到的，而只是由反思的思维设立的，并且是思维为了克服感觉世界的不真实性和世界真实性之间的矛盾而设立的。感觉认识到的世界是单纯变化的现象，而无法看到变化前后现象之间的关系性，因而感觉无法从现象的单纯变化中获得世界的持续性和真实性，而真实世界必然存在。于是本体被设想出来，作为一种脱离于流变现象的不变存在，成为世界永恒持续性的化身。对立于现象的本体被设定出来的时候，就只是抽象的存在而已。对立于现象的本体只是思维反思得出的纯粹形式的存在，它与现象的对立并不在世界之中，而在认识之中。本体与现象的对立是作为认识形式的纯粹存在和作为认识内容的现象之间的对立。解决本体与现象的对立，是将纯粹形式的存在和关于世界的认识内容统一起来。这一对立的产生，是由于对于感觉认识而言，世界作为现象变化前后的非关系性，这是现象与现象之间的隔绝，也就是世界作为现象的非持续性存在。只要认识到现象之间的关系性，世界就表明自身是持续性的存在，那么世界的真实性就会在现象之间的关系性中得到体现。这样，作为纯粹存在的本体就不是与现象隔离开的，而是已然统一于世界的真实存在之中了。总之，解决本体与现象的二元论的逻辑途径在于表明现象之间的关系性。

世界中实在的事物不是单纯的现象变化，而是过程，理性对过程的把握解决了现象与本体的二元问题。赫拉克利特把实在事物的变化依据称为逻各斯，逻各斯是实在事物变化遵循的不变的灵魂原则或理性规律。它在万物流变中保持着同一性，它是共同性的、普遍的，并且能够被理性所把握。[①] 实在事物的变化具有持续性，也就是过程性，不是隔绝关系的单纯现象的变化，是遵循逻各斯的过程。理性通过把握逻各斯来把握过程性的世界，那么世界就是可以被认识的。认识主体单纯依赖感觉，只能发现实在事物的孤立的不断变化，这样认识到的世界是一个个孤立的现象，感觉不能建立现象之间的关系，一个个孤立的现象不能反映世界的真实本质，无法认识世界的真实，无法把握本体；而理性可以把握本体，从而能透过现象认识到实在事物的变化是过程性的。

---

① 姚介厚：《西方哲学史（学术版）》第二卷，南京，江苏人民出版社，2005，第141～145页。

正是过程性原则，克服了由现象与本体的二元论导致的怀疑论。通过对现象与本体的二元论导致的怀疑论的考察，可以发现这种怀疑论的基本逻辑结构。其基本前提为"万物流变"和"认识只能来源于感觉"；由此前提得出现象与本体的二元对立，进而得出不可知论的观点，这种不可知论和真实世界存在之间的矛盾无法调和，便发生了怀疑论。在赫拉克利特的哲学观点中，世界的过程性观点，超越了单纯的"万物流变"的本体论原则；而认识主体通过理性把握世界的理性原则的观点，则超越了"认识只能来源于感觉"的认识论原则。世界的过程性是由理性把握的，因而这两个观点共同构成过程性原则。世界的过程性表明了现象之间的关系性及世界存在的持续性，这样就避免了现象与本体的二元论，也就克服了由此导致的不可知论。

过程性原则的基本表达为"实在事物是过程"。世界中的实在事物不是单纯变化的现象，而是过程。实在事物变化之间存在着内在关系，并且现象通过内在关系的联结而形成一个整体的过程。实在事物的变化之间存在着相互作用，某一实在事物的变化必然对与之相互关联着的其他实在事物产生影响。实在事物通过相互联系而构成实在的整体。整个实在世界就是永恒的过程，正是在这种永恒的过程之中实在世界体现了其绝对的真实性。虽然实在事物由于变化而表现为现象的不真实性，但是实在事物通过参与到世界的永恒过程之中而获得真实性。

过程性原则是"万物流变"的观点和关系性原则的辩证统一。在关系性原则基础上，过程性原则以关系排解掉了"万物流变"中的不可知论因素，由此确定了过程的必然。理性有能力把握"万物流变"中的真实本体，从而肯定世界的真实性，也表明世界是过程的，确立了过程原则。可是，在这一过程中却预设了理性。理性为什么有能力在变化的过程中把握不变的本体？这是哲学在其思维历史进程中接下来要解决的逻辑问题。为了解决理性自身的必然性问题，苏格拉底、柏拉图和亚里士多德才使哲学从自然转向人、理念和信仰。

古希腊哲学的理性是生态哲学思想产生的障碍。仅仅用理性不可能发现生态关系。生态关系是复杂的、多样的，是特定进化过程中的产物，它们完全能够以许多其他方式出现，因而有偶然性，取决于各种特殊事态构成的环境。[①] 因此，必须依靠细心的观察和实验才能发现生态关系，

---

① 〔美〕尤金·哈格洛夫：《环境伦理学基础》，杨通进、江娅、郭辉译，重庆，重庆出版社，2007，第31页。

而理性的逻辑推理是不能发现复杂的生态关系的。另外，古希腊哲学家对世界简单性的信奉促使他们忽视复杂关系。而且他们相信，复杂的联系和关系可以被分解为一系列简单的联系和关系。这种还原论方法对于现代科学的发展及物理学和化学的发展来说无疑是非常重要的，但它却不是对作为整体的世界的真实研究，也不适用于生态学的研究。① 当一个希腊哲学家观察自然中的火时，火在他心中引发的是关于燃烧的物理学和化学原理问题，而不是关于火对该地区的自然演化史的影响问题。水、火、土、气这四种元素在古希腊自然哲学的道路上，走向了现代的化学，而没有发展出关于生命的复杂的生态学。

---

① 〔美〕尤金·哈格洛夫：《环境伦理学基础》，杨通进、江娅、郭辉译，重庆，重庆出版社，2007，第30页。

第七章　从中世纪走出的哲学：哲学开始把自然交付科学

　　苏格拉底、柏拉图和亚里士多德都是天才，然而，他们却是把哲学引向衰微、引向宗教的肇始者。人只是宇宙整体中的组成部分，他们的哲学撇开养育人类的广大宇宙自然，把他们的天才智慧都集中在人上。苏格拉底强调伦理，柏拉图强调纯粹思维的理念世界，亚里士多德强调目的。哲学不再去努力获得对宇宙自然的新认识，哲学的思维、哲学的智慧、哲学的话语只围绕着人。对于人及人的思维抽象的强调，切断了人与宇宙自然的有机整体联系，看不到自然中丰富多彩的有机关系。在通向神学的路上，人类思维滑向了教父哲学，走向烦琐、空洞、教条的经院哲学。哲学成了神学的婢女。

　　古希腊哲学家没有解决的"理性自身的必然性"问题不仅依然存在，还被上帝的光环掩盖。理性何以存在、理性何以透过现象把握本质，这种问题在经历了宗教哲学的曲折后，又重回哲学的主题。哲学在文艺复兴后转向人、转向自然，继而研究理性、理念、绝对精神，却把自然系统降低为机械存在。

第一节　宗教中的哲学：转向上帝

　　希腊化时代、罗马帝国的产生、西罗马帝国的灭亡，动荡的历史使每个人都不安地生存在动荡的社会之中。为了适应社会的需要，哲学的主题离开对世界本原探究这一起始出发点，开始关注个人生存命运。哲学家的注意力集中于寻求个人幸福，寻找摆脱痛苦的途径，为心灵危机的人们提供自我控制和道德独立的精神支柱。哲学的目标不再是追求智慧，而是追求幸福，哲学伦理化倾向显著。[①] 平衡人的心理、消除人的烦恼、慰藉人的灵魂逐渐成为哲学的功能，也逐渐把哲学从伦理学引向宗教。当人类认识自然世界和社会事物的价值在于认识上帝之时，哲学与宗教结合起来，人类理性思维走向衰落，去论证上帝的存在。哲学的

---

① 杨冬梅：《中世纪哲学的基本问题及路径》，《阴山学刊》2006年第4期。

思维、哲学的智慧、哲学的话语都围着上帝转。

教父哲学认为，上帝统治宇宙万物，是唯一的造物主。他超然于尘世之外，虚无缥缈。他从虚无中创造出世界上的一切事物，是全能的主宰。圣父、圣子、圣灵共同存在于这一个神的本体之中。上帝创造完宇宙万物之后，照着自己的样子创造了人，然后把人放到地球上，将地球放在宇宙的中心，由人来管理地球上的一切。由于亚当和夏娃偷吃禁果，人一出生就有罪，需要信奉上帝来救赎。人生在世，需要承受苦难来赎罪。地心说统治人类思想达 1500 年之久，它认为大地是球形，居于宇宙（太阳系）的中心不动，天体绕地球旋转，这是最早的被神圣化了的人类中心主义思想。

教父哲学拒绝理性。柏拉图没有解决实在（理念世界）与表象（感性世界）的关系问题。教父哲学的奥古斯丁就用基督教教义去论证创造者与被创造者之间的关系。他认为上帝从虚无中创造出世界，根本不需要现存的质料。这是完全抛弃了古代朴素唯物主义。人类的心灵不能理解上帝的创造力，有限的人类没有能力理解无限的上帝。所以，人类只能信仰上帝。[1] 这把柏拉图的理性弃之一旁，排斥理性，完全变成了荒诞神秘的神学。奥古斯丁把柏拉图的理念体系改造成了一个神学体系，宣称上帝是绝对的存在，宇宙一切都是上帝的创造。但是，随着人们对教义提出越来越多的质疑，人们对理性的追求越来越强烈，为了进一步维护教会的权威与教义，教父们也开始把理性与信仰、信仰与哲学结合起来。

作为宗教哲学，经院哲学的根本任务就是为天主教的教条和教义做论证和辩解。经院哲学所研究的对象不是自然界和现实生活中的客观事物，而是超验的世界。这一内容虽然脱离了现实社会，但按其本质来说是思辨的。经院哲学认为自然和人都是上帝创造出来的，上帝超越一切，不是自然的一部分，人也不是自然的一部分，自然是与人无关的"外在物"；人与自然不同质，上帝安排人超越于自然之上并具有支配自然的权力。这是《圣经》与亚里士多德融合的产物。它强调神与自然的分离，否认自然有神的特征。[2] 柏拉图的理念脱离了具体的世界，抽象理念在经院哲学里变为上帝，经院哲学的上帝脱离了现实世界。柏拉图的脱离具体世界的理念的抽象，并不直接否定自然与人的有机联系，而经院哲学却赤裸裸地以上帝的存在否定人与自然的有机联系，否定世界是一个有

---

① 全增嘏：《西方哲学史》上册，上海，上海人民出版社，1983，第 283 页。
② 李蓓：《十三—十七世纪的宗教与科学》，《科学技术与辩证法》2005 年第 4 期。

机整体。从仅仅脱离具体的世界，到脱离现实的世界，这是哲学的衰退之路。

经院哲学奉行神学目的论，是造物主的目的决定了世界万物，决定了世界万物的运动。人的主观创造性、能动性被神圣的上帝所扼杀。人的生存意义、现实幸福与痛苦都由上帝决定。社会的发展也由上帝主宰。把社会历史中的因果性联系归结为冥冥之中的上帝、天命或天意预先安排的结果，历史的过程和结局完全由这种神秘的东西来决定。这种目的论在表面上认为神或上帝是一切事物的原因，其实质是从根本上否定了宇宙万物、人及人类社会都处在一个大的生态系统之中，处在广泛联系的生态关系之中，有其自身的因果性和规律。人生来就有罪，在现世生活中必须承受痛苦来赎罪，人永远匍匐在上帝的脚下，这是上帝的意志，以所谓上帝扼杀人性，割断人与自然的生态关系，其结果是人的感情的麻木，人的完整性与人的主体性的消失，创造力减弱。

经院哲学用理性的分析论证上帝，用逻辑推理来证明上帝即是真理，把对宇宙万物之中真理的探索变成对上帝的追求。人类的理性被经院哲学拿来围着上帝转。经院哲学的代表首推托马斯·阿奎那，他不仅肯定理性在论证和捍卫信仰方面的积极作用，还运用亚里士多德哲学系统地阐述、论证基督教教义，建立起一个融合了各种知识和思想的神学-哲学的大全体系，成为经院哲学的最高成果，也代表着中世纪经院哲学发展的顶峰。[①] 基督教的上帝与本体论中的终极存在、最高本质、最终原因、最终目的、至善理念等是对应的。经院哲学采用思辨逻辑来论证神学自然观并使之系统化。

基督教的伦理把苏格拉底对美德、至善进行追求的伦理转变为扼杀人性的宗教伦理。5 世纪到 15 世纪，封建统治者和教会统治欧洲，以上帝的意志，把顺从、忍耐、节欲作为道德的基本要求，禁锢人的思想，压制并摧残人性，否定人最基本的生存地位。这极端残酷，使得这一时期被称为"中世纪的黑暗"。

从宗教哲学的发展历史看，基督教从排斥理性到容纳理性、向理性主义的回归，给自己内在安置了否定因素。理性与信仰的背离早就酝酿在经院哲学的唯名论与唯实论争论之中。柏拉图的理念是处于经验背后的理性世界，这种唯理主义被唯实论所继承，唯实论认为要用理智认识这个世界，而不是感官，它强调整体。而亚里士多德哲学中的经验主义

---

① 杨冬梅：《中世纪哲学的基本问题及路径》，《阴山学刊》2006 年第 4 期。

被唯名论所继承，唯名论注重个体、强调个别，提倡以经验与观察认识世界中的具体事物，使归纳逻辑得到重视，后来由此发展出自由探索精神。经过了11～13世纪的全盛期后，晚期经院哲学依然肯定上帝的存在，但是反对用理性论证上帝、用理性考量信仰，理性开始踏上了独立发展之路。理性把信仰交还给神学，哲学更多的是去关注自然、科学和逻辑问题，而神学成为纯粹的基督教信仰。哲学与神学的同盟发生崩溃，理性与信仰分裂，导致了经院哲学没落、解体时代的来临。①

第二节　文艺复兴与科学革命：哲学转向人

经过文艺复兴，哲学结束了它对上帝的服务，人类理性开始思考人本身。14世纪到16世纪，文艺复兴的欧洲，人文主义、自然哲学思想兴起，机械的形而上学世界观开始形成，欧洲哲学的发展步入一个新的历史阶段。文艺复兴的产生决定于当时社会的经济、政治背景，即封建庄园经济的瓦解，资产阶级的产生，教皇权力的衰落和君主政权的加强。

14世纪欧洲连年的战争和瘟疫，对欧洲社会的经济发展产生了重创。欧洲经济衰退，庄园制走向解体，庄园里的农奴纷纷逃往报酬比较高的城市，大批的土地被抛弃。这造成了农村劳动力向城市的流动，加快了城市经济的发展和商业化的进程，农村经济也卷入日益发展起来的商品货币关系之中，使得文艺复兴时期经济制度发生巨大变化，资本主义萌芽得以产生。城市经济比起农村经济具有更大的灵活性，它能够根据社会的需要较快地调节。欧洲出现了最早的资本主义性质的手工工场，富裕市民发展而来的新兴资产阶级与贵族就形成了文艺复兴运动及反宗教的主干力量，推动欧洲社会城市化进程。

随着西方经济结构的变化，欧洲在政治体制上也发生了质的变化。"城市化"生活方式需要与此相适应的反映世俗生活的文学、教育与法律。资产阶级的力量逐步壮大，他们与贵族阶层结盟，反对封建割据，中央集权的君主制国家开始在西欧形成。在这种条件下，天主教的统治与日益兴起的各民族君主国之间的矛盾逐渐尖锐起来。君主在贵族及市民阶层的支持下，开始了教会民族化的进程，同罗马教皇进行了斗争，这一举措促使了教皇权威迅速走向衰落。②

---

① 杨冬梅：《中世纪哲学的基本问题及路径》，《阴山学刊》2006年第4期。

② 刘鹏：《歌剧的诞生——文艺复兴后期欧洲社会背景分析》，《科技信息》2006年第12期。

这一时期的哲学，在反对宗教神学、排除上帝的迷信中弘扬人性，以人和自然为中心。在宗教神学批判中，文艺复兴充分利用了古希腊、古罗马古典文化的思想资源，以复兴古典哲学对传统基督教进行猛烈批判，把人从宗教的束缚中解放出来，还人性于人。以人的情感、理性、意志、自由、尊严批判中世纪的封建等级特权制度，批判宗教的等级序列和教会的蒙昧主义、禁欲说教，鼓励人从上帝的脚下站立起来。面向自然、面向人生的人文主义以唯物主义哲学批判宗教神学世界观，开辟了欧洲哲学发展的一个新的历史阶段。

在批判宗教神学的过程中，人文主义思想家还在解决神与自然、人与自然关系问题上，批判了中世纪的精神与肉体二元对立，批判了禁欲主义，颂扬人性的伟大。灵魂并不是像基督教所说是不死的，灵魂会随着肉体的死亡而死亡。彭波那齐在他的论证中提出灵魂是会死灭的。[1]基督教认为，只有灵魂脱离同原先肉体的结合才能达到完美的幸福境地。对此，爱拉斯谟批判道，"当一个心灵渴望离开自己的肉体、不去运用他的身体器官时，你会毫不犹豫地、精确地把这种状态叫做疯癫"，"信教就是发疯"[2]。

针对基督教对人性的扼杀，对人的奴役，对人的愚弄，文艺复兴的哲学家宣扬人的情感、意志和尊严，指出人应该全面发展。他们认为人是万能的，人可以按照他的意志做他所愿意做的一切，他有他自己的尊严，因为他高于万物；他有他自己的价值，因为上帝创造人时，就把人放在没有限制没有约束的地位上。人的现世生活是重要的，因为人不是罪人，而是上帝创造他来欣赏自己的杰作的。[3]

文艺复兴复兴了古典哲学，使自然哲学冲破封建宗教的束缚，为科学独立发展创造了条件。首先，自然哲学家批判传统宗教神学的宇宙观，反对神学中的等级序列。库萨的尼古拉以他的哲学观点提出自然科学猜测，反驳基督教的地球中心说。他认为，宇宙是单一的，不为任何其他的宇宙所限制，因此，宇宙从空间上说是无限的。宇宙没有中心，所以也没有"在上"与"在下"，没有什么"高贵的星球"与"卑贱的星球"之分。实际上，他反驳了基督教神学的地球中心论、地球是卑贱的星球等

① 全增嘏：《西方哲学史》上册，上海，上海人民出版社，1983，第364页。
② 北京大学哲学系外国哲学史教研室：《西方哲学原著选读》上卷，北京，商务印书馆，1981，第319页。
③ 全增嘏：《西方哲学史》上册，上海，上海人民出版社，1983，第365～366页。

观点。①

真正建立起全新宇宙观的是哥白尼。他的《天体运行论》揭开了科学革命的篇章，向宗教发出挑战，使科学从宗教的束缚中解放出来。他的学说触及了当时人们心中一个神圣而敏感的问题：无论是罗马教会还是当时的新教，都认为世界是为人的安适和利益而创造的，人受到了上帝的特殊恩宠，人居住的星体自然是宇宙的中心。哥白尼的天文学让地球从宇宙中心变成一个自转并绕日旋转的星球，他的体系在数学形式方面极其简单，第一次正确地描述了水星、金星、地球、火星、土星、木星轨道实际的顺序和位置，指出它们的轨道大致在一个平面上，公转方向也是一致的，月球是地球的卫星，和地球一起绕日旋转。因而这个学说就成了近现代天文学和天体力学的真正出发点。既然宗教所说的地球是宇宙的中心是荒谬的，那么所有的宗教信条还有多少能够相信的呢？哥白尼重新揭示了宇宙，揭示了天与地的关系，不仅摧毁了统治近千年的地球中心说，对天文学有重要意义，还在意识形态领域重创了宗教迷信，以科学革命反对宗教，使科学从此冲破宗教的束缚，走上独立发展的道路。

科学革命使科学获得独立发展，人类思维也冲开了宗教的紧箍咒，开始自由地认识世界和宇宙。文艺复兴的哲学作为自然哲学，关注自然的物质实用性、物质构造的空间性和时间性，关注宇宙的统一性，提出了与正统神学完全不同甚至对立的观点，突破了封建神学传统的宇宙观，摧毁了封建神学的理论基础。② 它们认为，物质运动变化不需要借助外力和外因，也就是不需要世界外的上帝。宇宙万物是其自身的发展变化，物质永恒存在于自身的运动变化之中，宇宙、自然界、神是等同的。布鲁诺以"万物有灵论"或者说"生机论"来否定上帝的安排，肯定宇宙自然的自我创造能力。

既然事物运动变化的原因在物质自身，那么，研究问题就应从客观事物的本身出发，从研究事物本身的性质出发。这是自然哲学对中世纪的神学和经院哲学的错误与荒谬的抨击。达·芬奇就强调要向自然学习，求知首先在于行动，在实践和实验中认真观察记录，获取知识。自然哲学提出了与神学完全不同的认识论观点，把人、人类理性及认识从神学的压迫下解放出来。

---

① 全增嘏：《西方哲学史》上册，上海，上海人民出版社，1983，第 379 页。
② 冯英：《论文艺复兴时期的人文主义哲学》，《求索》2006 年第 9 期。

　　文艺复兴的自然哲学，虽然认为自然物质运动变化的原因在于内部，但是这种运动只是机械运动，服从机械的自然法则。这时，机械的形而上学世界观开始出现在人类思维里。达·芬奇就认为天体是一架服从于确定的自然规律的机器。[①] 文艺复兴时期自然观的中心点就是，否定自然界是有机体，自然是只服从机械运动的自然法则的机械自然，只能从物理学的角度去分析自然界的运动。自然界缺少睿智，自然是人研究的客观对象。的确，文艺复兴时期，社会生活的各个方面都带有自然的特色，人的意识不断地从各种各样的自然物中发现自然性。就是作为与自然相对的主体的人，绘画大师也要抓住其瞬间自然永恒的美。

　　文艺复兴和科学革命摧毁了中世纪的宗教伦理，关爱人、关注自然的伦理得以产生。文艺复兴时期，欧洲国家出现了很多自然科学家，他们不仅有很多自然科学发现和成果，而且在科学研究中用理论和实验阐述他们的研究成果，并运用哲学进行理论说明，同时也有一批自然哲学家出现在那一时代。弗兰西斯·培根就是其中著名的代表人物。从中世纪到近代的历史转变中，培根是承上启下的关键人物之一。他主张人与自然分离，主张人应该是自然界的主人。他积极倡导学习自然，开发科学知识，利用自然，使之为人类服务。同时，他也否定了完全脱离科学和生活经验的基督教伦理学的虚伪说教，为资产阶级哲学和人道主义的伦理学的形成和发展开辟了道路。[②] 这一时期有很多巨人出现在人类历史舞台上。他们的自然哲学思想具有重大而深远的影响。在摧毁中世纪宗教神学的壁垒之后，这种思想使哲学把目光投向现实世界，关注人，关注眼前真实的自然，哲学从虚无缥缈的上帝光环中转移出来，来到人世间。从此以后，哲学作为神学婢女的时代终结了。

第三节　机械哲学：哲学不再指向人而转向意识、思维

　　经过文艺复兴，人从神的脚下站了起来，从宗教的束缚下解放了出来，人的思维可以自由地认识宇宙自然，这样才有科学革命，使科学获得独立的自由发展。科学的产生与发展，涉及的主体是人，人的思维直接对自然进行认识，那么，涉及的认识对象就是自然。从此之后，哲学有了自己的新主题：人、自然。随着科学的发展，哲学也开始把认识自

---

①　全增嘏：《西方哲学史》上册，上海，上海人民出版社，1983，第386页。

②　许欧泳：《环境伦理学》，北京，中国环境科学出版社，2002，第53页。

然的使命逐渐交付给科学。

随着科学的独立发展，沿着哲学所开启的视野，科学开始肩负认识自然的使命。在批判经院哲学的基础上，培根认为，在过去漫长的时间里，人类认识进展缓慢的根本原因就在于认识脱离了自然。要促进认识的发展，取得改造自然的胜利，必须面向自然，认识自然。① 自然从宗教神学的牢狱中解放出来，成了人类认识的对象。自然是可以认识的，经历科学革命的科学，以其独立自由的发展，展开对自然的广泛认识。16～17 世纪，牛顿在伽利略、开普勒等人研究的基础上建立了经典力学体系，走上了实证科学的道路。他们的科学发现、发明与所创立的形而上学和机械论的哲学自然观、科学方法论，占据统治地位 400 多年。牛顿力学正确地反映了宏观物体的机械运动规律，为机械形而上学自然观提供了自然科学基础。

机械唯物主义认为，宇宙万物都是由物质组成的；原子是构成物质的基本微粒，它不可再分，原子的数量和组成结构决定了物质的性质；物质具有惯性，自己不会发生改变，物质运动只能靠外力；物质的运动只有位置变化的机械运动，遵从机械决定论；整个自然界甚至人都是一架机器。人与自然相分离，人处于自然之外，与自然对立。自然的任何事物、任何运动最终都可以用机械运动来解释说明。无论是人类社会、人、动物还是其他事物，都可以还原为机械运动，宇宙万物的千变万化无非是位置的移动，其组成由原子数量多少和空间位置的变化来决定。这样，文艺复兴解放了自然，自然冲破了万能的神的牢狱，可是，又被送进了机械的房间。在这个房间里，自然被肢解、分割，伽利略、牛顿之后的科学逐渐把自然划分得越来越细。在越来越狭隘的研究领域中，每一门具体的科学展开了自己学科的深入研究。作为整体的自然在科学发展的视野里消失了。

把自然看成可以分解的各个部分的机械观点割断了自然有机的生态联系。培根在具体说明世界万物的构成时就认为，我们的目的不在于把自然归结为一些抽象，而是在于把它分解为许多部分。② 这里的分解，意味着自然之间的关系可以割断，物质微粒机械地构成宇宙万物。虽然这里隐含着机械的概念，可是，古希腊哲学的世界物质统一性的观点在这里得到了继承和发展。霍布斯又进一步发展了培根的思想，把培根唯

---

① 全增嘏：《西方哲学史》上册，上海，上海人民出版社，1983，第 468 页。
② 全增嘏：《西方哲学史》上册，上海，上海人民出版社，1983，第 462 页。

物主义又进一步系统化。在他看来，世界上唯一真实存在的只有由物质构成的物体。物体分为两类：一是"自然的物体"，属于"自然界的作品"；二是"国家"，是由人民的意志与契约造成的。这是人类思维对物质统一性的认识。

机械唯物主义原子论虽然继承了世界统一于物质的思想，但是，原子的"独立不可分"培养了个体意识，这种个体意识也是人得以彰显理性的基础。用这种原子论的自然观看人与自然的关系，只能看到人类的相对独立性，而看不到人类对自然的终极意义上的依赖性；认为人存在于自然之外，而不把人与自然视为一个密不可分的整体；认识不到人对自然的伤害同时也是对人自己的伤害；不把人看成"人-社会-自然"复合生态系统中的一员。近代自然科学的发展，特别是近代机械物理学的发展，成就了诸如观察、实验分析、还原等科学研究的基本方法。这些方法使人们只看到部分，看不到整体，看不到自然界存在的广泛联系，不了解自然界的有机关系。把自然的一切运动都归结为机械运动。这种形而上学的思维方法的根本缺陷，就是直接否认自然的有机整体性。

第四节 笛卡儿的二元论、天赋理念

既然世界统一于物质，那么对于这个物质世界，人类思维是否能够认识？思维与这个物质世界又是什么关系？思维的理性何以存在？近代哲学按照其内在逻辑进程，需要确立有机原则来解决主观与客观以及感觉与理性的关系问题，也就是解决理性的必然性问题。人类思维的历史进程步入近代哲学，发现了有机原则的逻辑必然性。有机原则在人类思维逻辑进程中的确立，解决了理性存在的根据问题。

哲学对于"理性何以存在"的回答与研究，围绕着"人"这个主题的进步和发展。人的思维何以能够存在，理性何以能够与感觉沟通及理性存在的根据，就是笛卡儿哲学的主题任务。笛卡儿借由"我思，故我在"这个具有第一性的、基本的、理性的真理含义的命题，[①] 用"天赋观念"克服相对主义的怀疑论。从认识论维度来讲，"我思"意味着思维的直接性，它是明晰的和自明的，一定也是真实的（故我在），那么和思维一样明晰的事物也一定真实。这种对于思维所具有的明晰观念是由其自身推导出来的。笛卡儿将其称为天赋观念。天赋观念完全不同于感觉经验，它是

---

① 〔德〕文德尔班：《哲学史教程》下卷，罗达仁译，北京，商务印书馆，1987，第537页。

先验的，不是依靠后天的感觉或经验得来的。天赋的观念不与感觉经验隔绝，可以运用于感觉经验过程中。由于先验性天赋观念是绝对的认识，它所保证的理性会取得确定的认识，完全不同于感觉，不会像感觉那样陷入相对的窘境。理性与感觉又不完全隔绝，感觉通过理性表达自身，没有理性，感觉也无法成为认识。

然而，笛卡儿哲学的天赋观念并没有很好地解决理性存在的根据，只是空洞的抽象，他在人类思维的逻辑进程中设立了物质与心灵两个实体的二元论障碍。作为真实存在的实体是不依赖其他存在的存在。思维的实体或心灵实体和物质实体同时存在。物质实体与思维实体完全不同，不发生关系。物体的根本属性是广延性，占有空间，心灵的根本属性是思维。有广延的东西不可能思维，能思维的东西必无广延性；思维、意识不以物质为转移，不是物质的产物，物质也绝无产生意识、思维的能力。物质和意识，思维和存在，二者泾渭分明，我们这个世界就是这样的二元构成。这样，笛卡儿生成了他的二元论。思维和物质之间不发生沟通，各自孤立地存在，这样，思维不能认识物质，出现了新的不可知论。由于认识是由思维实体产生的，思维和物质又不能沟通，于是物质便是一种不可知的存在。

实体在笛卡儿那里是"一个不依赖其他任何东西而自身存在的东西"①。从他的原意上讲这个实体应该是上帝。客观物质的存在依赖上帝的力量，随着上帝的支配而存在或消失，② 因为客观物质只具有广延性，没有思想，不能思维，心灵存在于物质之外，物质孤悬于心灵之外，这样，"无心"的物质就没有了活力和创造力，"无身"的心灵丧失了存在的生态根基，失去了生存的土壤。笛卡儿的心灵世界在总体层面上被等同于人类，在个体层面上则又被等同于自我。意识锋利地切割整个宇宙，将其分为思考的存在和无心的自然、思考的主体和"它的"身体，而这随后又被发展成有意识的存在和机械部件。③

哲学逻辑的进程在人类思维中需要有机原则的确立来解决笛卡儿哲学留下的问题。笛卡儿哲学对理性的必然根据问题的解决导致了物质实体与心灵实体的二元对立和新的不可知论。因而，从近代哲学的逻辑进

---

① 北京大学哲学系外国哲学史教研室：《西方哲学原著选读》上卷，北京，商务印书馆，1981，第369页。

② 〔美〕尤金·哈格洛夫：《环境伦理学基础》，杨通进、江娅、郭辉译，重庆，重庆出版社，2007，第47页。

③ 〔澳〕薇尔·普鲁姆德：《女性主义与对自然的主宰》，马天杰、李丽丽译，重庆，重庆出版社，2007，第118页。

程中看有机原则的逻辑必然性，需要从笛卡儿哲学奠定的思维原则和其内在矛盾开始，进而在人类思维进程中分析笛卡儿哲学思想的承继及其内在矛盾的解决。

笛卡儿之后，哲学兴趣的焦点不再指向人，而是指向了意识。① 富有希望的文艺复兴的开端被片面强调意识、思维、理性的哲学所终结。笛卡儿的二元论是对基督教有关人与自然观点的继承。由于人的特殊性，基督教把人与自然严格分离开来，把人同自然对立起来。笛卡儿把具有思维属性的精神实体和具有广延属性的肉体实体严格区分，使思想从自然的一切联系中脱离开来。② 思维高于存在，意识高于物质。作为人的思想在笛卡儿那里完全摆脱了自然的联系和根源，为后来人类的理性膨胀打开了大门。他的主客二分的"二元论"观点及人的主体性原则，使征服自然、改造自然、主宰自然的形而上学机械自然观成为西方文化的核心。

在这种主客二分的世界里，伦理学引导人类的道德踏上了控制自然的征途。人是能动的主体，成了自然的主人，自然是被动的客体。在牛顿物理学观念影响下，自然本身不具有自己运动的能力，甚至需要自然之外的神圣上帝的"第一推动"之后才能开启它的运动状态。自然是消极的、被动的、惰性的。而作为主体的人，从上帝的压迫下解放出来，又因为具有崇高的理性，自己要做自然的上帝、控制自然，自然依然在人的等级序列之下。即使人文浪漫主义与自然科学的生物学成就有助于恢复自然的生命特质，感性的自然生命依然比理性的人性低一等。

第五节　康德、黑格尔：哲学转向理性、忽略自然

笛卡儿体系中物质概念由于过度依赖上帝的干预而被放弃。经验主义的贝克莱认为，客观物质是一种不必要的假设，第一属性和第二属性一样，都是主观的。休谟继而指出，严格地说，我们所能够知道的仅仅是已经存在的感觉或印象。尽管康德在他对休谟的回答中试图保留物质世界的概念，把它作为不可知的本体世界，但被康德所影响的 19 世纪哲学家们还是从他们自己的哲学中把对外在世界的参照省略掉了。这样，与康德的愿望相反，他的哲学导致了长达 70 余年的理念论，其中大多数

---

① 郑慧子：《走向自然的伦理》，北京，人民出版社，2006，第 40 页。

② 〔德〕汉斯·萨克塞：《生态哲学》，文韬、佩云译，北京，东方出版社，1991，第47 页。

的哲学家和哲学派别都认为，存在的仅仅是精神实体，外在世界是不存在的。① 康德和黑格尔在探讨理性根据的过程中，否定了自然机体的创造性、人的创造性，把绝对精神看作终极原因。

德国古典哲学家从康德开始，经过黑格尔到费尔巴哈终结，虽然发展了思辨哲学，但是却坚定地推崇以人为目的的伦理道德。在西方近代，康德通过《道德形而上学奠基》《道德形而上学》以及《纯粹理性批判》第一次从哲学方面系统阐述伦理学学说。他认为，人的行为无论是对自己还是对他人，总应该把人当作目的。由于世界上的一切只对人有价值，单纯的东西离开人就没有价值可言。② 康德的人性论伦理体系属于人与自然主客二分的哲学伦理观。他将整个宇宙自然的"意义"系于人性，宇宙万物为了人而存在，甚至整个自然的运动是"自然向人的生成"。人是整个自然界的最终目的。③ 理性变得独立自主，上帝变得苍白了，人取代了上帝成了自然的主人。上帝创造自然之后，人管理自然，成为自然的主人。这实质也是基督教等级序列的延续。这种主客二分导致的等级序列，不仅使人脱离自然界，而且使人视自然为原始、蛮荒。自然为人所管理，为人所利用，自然是供人发展自身的材料。自然的生态性被扼杀了。

康德以人的理性思维研究自然，他对理性思维的高度推崇消解了自然的生态本质，否定了自然的生态基础。康德推崇"人"的思维，认为正是理性思维才使人成为人，而不是由于自然界的发展和演化。康德认为，在科学认识过程中，经验知识离不开感性材料，可是更需要理性思维所具有的知性能力来规范、整理和把握这些材料。他把"人"的思维逐渐扩大成系统，以此来回答"科学知识何以可能"的问题。任何知识都是"我思"的原始自发的统觉能力的运用范畴，将感性材料"统摄"为一个井然有序的"对象"的结果。④ 那么一切都成了"人"的思维，没有了生态整体的存在，无论是自然还是社会都是如此。他的统觉能动性使得主体的人只能把握现象的对象（此岸世界），而不能把握真正的客体（彼岸世界），只能认识现象，不能认识本质。有创造力的极其复杂的生态自然就被康德排除了，它的生态本质也被忽略掉了。

---

① 〔美〕尤金·哈格洛夫：《环境伦理学基础》，杨通进、江娅、郭辉译，重庆，重庆出版社，2007，第48页。

② 许欧泳：《环境伦理学》，北京，中国环境科学出版社，2002，第53页。

③ 全增嘏：《西方哲学史》下册，上海，上海人民出版社，1983，第118页。

④ 杨祖陶：《德国古典哲学逻辑进程（修订版）》，武汉，武汉大学出版社，2003，第22页。

康德的此岸世界和彼岸世界的思想割断了世界的联系性，关系的普遍性原则在这里不成立了。康德看待世界的联系时认为我们不能经验空间、时间、实体、实在，包括因果关系，而仅仅能经验我们心灵的体验。这种体验不是出自"彼岸"的世界，而是出自"此岸"的我们，我们是通过自己的感觉体验认识世界的。这个世界的原本真实状态我们难以知晓。我们体验到了什么，世界就是什么，这个体验只是我们对这个世界所能感觉到的一部分，我们却认为这就是世界整体。这样，此岸世界和彼岸世界把自然整体的有机联系割断了，人和自然的联系也割断了，所认识的世界成了"人"的世界，所认识的自然成了"人"的自然。人对自然的认识是在"此岸"的认识，只是片面地揭示了自然。

康德思想具有过程性，可是只有思维的主动过程，没有客观物质的自然过程。康德的过程是主体显现客体的过程，客观内容是主体在经验过程中追求的目的；经验是主体的认识，认识是一种过程，认识过程是获得知识的必需。认识过程必经三个阶段：直观中的把握性综合、想象中的再生性综合、概念中的认知性综合。康德认为在主体显现客体的过程中，客体通过"感觉—直觉—思想"这一过程，使其以概念的形式呈现。因此康德才说"没有内容的思想是空洞的，没有概念的直觉是盲目的"。这样，只有人的思维才能真正显现大自然。由于人类存在，自然才获得了存在，自然不是有机体，没有创造性，它只是机械的存在，不具有价值。所以，康德要"人为自然立法"，以人类中心主义的价值观否定自然的生态性。康德的此岸、彼岸世界的区分本来是想保持世界物质的客观性，可是却扼杀了客观的物质自然。

沿着康德思维的逻辑，黑格尔彻底脱离自然界，在他看来，不仅自然不是机体，不是生态系统，没有生态创造性，人这个生命有机体的创造性、生态性也消失了。整个宇宙万物以及人和人类社会都完全变成了绝对精神的运动。自然界、人类社会、人类思维都成了绝对精神展现其创造力的成就。只有绝对精神有创造力，它控制着一切。在思维历史进程中，在探讨理性存在的根据、理性何以认识和把握自然的过程中，哲学走上了黑格尔的绝对精神之路。

黑格尔认为精神主体即实体，客体只能依附于主体存在。主体代表着能动性，意味着创造力，它一定以其有机整体为承载基础，这个基础对理性思维而言就是人的身体，对于自然而言就是自然界的有机生态系统。可是，黑格尔否定这一点，他认为，实体就是能动性，就是主体，是一种能量，它本身就是自己的基础，这种能量是不需要任何基础和依靠的，相反，宇宙万物及人和社会都以它为依靠。这个实体就是绝对精神，作为一种理念，它是脱离生态系统的精神的实体。具有能动性和创造性的精神实体，在黑格尔那里丧失了物质基础，脱离了宇宙万物、脱离了人和社会，否定自然生态系统整体的创造性，当然也否定人的创造性。无论是主观世界还是客观世界都是绝对精神创立的，它们都成了理念的外化形式。黑格尔的绝对精神终结了所有的生态思想，否定了自然和人的生态本质存在。

黑格尔把作为自然整体的生态系统扼杀在他的绝对精神的过程之中。富有联系、内涵丰富的绝对精神，活跃在一种精神运动的过程中。黑格尔的《精神现象学》把这一过程划分为从低到高的六个阶段——意识、自我意识、理性、精神、宗教、绝对知识，绝对知识是最高级阶段。这是一个不断强化思维的过程，是纯思维的运动过程。显现的是思维的过程性、连续性和联系性，根本没有自然物质性的生态基础，一切都是思维中的事物，精神实体的过程。精神实体是活的，能动的，运动变化的，既设定自身，也实现自身，并在辩证运动过程中完善自己。可是，这一过程抹杀了自然的生态创造性和自然的生态过程。我们知道，对于动物、人类和文化，虽然不能把它们简化为物理性质的物质存在，可是离开了它们的躯体，我们就不能对其认真研究。① 黑格尔的绝对精神抛弃了一切可能的躯体，完全背离生态思想的过程。绝对精神扼杀了自然、社会和人的现实生态本真。

黑格尔思想中具有能动性和创造性，但是其最终归宿是绝对精神，绝对精神成了能动性和创造性的坟墓，也阻碍着有机生态思想的发展。由于绝对精神，宇宙万物中无论是主体还是客体都是具有能动性的过程，都有着内在发展动力和创造力。可是他们最终都要回归绝对精神，这个精神实体终结了它们的能动力，终结了它们的创造力，生态的展现没有获得持续发展。黑格尔使能动的实践活动成了思维产生存在、主体创造客体的中介，但由于他预先把客观存在当作"客观思维"，就使这种能动的实践和创造限制在纯粹精神和思维本身的领域，而和感性的人类现实生活绝缘。② 绝对精神在黑格尔那里取代了人类和自然而成为主体，这个主体原本是哲学家抽象思维的结果，现在却变成脱离人和自然的异化

---

① Konopka A："A Renewal of Husserl's Critique of Naturalism：Towards the Via Media of Ecological Phenomenology"，*Environmental Philosophy*，2008，5（1），p. 48.

② 杨祖陶：《德国古典哲学逻辑进程（修订版）》，武汉，武汉大学出版社，2003，第32页。

了的主体，具有了反生态的意蕴。

　　自笛卡儿以来的思维到了康德和黑格尔这里达到顶峰，在主体中的能动、过程、联系等我们均已看到，但是，自然的创造性被他们抹杀了，思维或是绝对理念、精神成为一切的主宰。大自然系统的过程被绝对精神的运动过程所替代。自然再也不是普遍联系的有机体，自然只是局部的关联、自然物的机械集合。近代的哲学认识论从孤立的自然物本身出发认识事物、认识自然，而不是从事物的关系结构出发认识事物，将事物放在事物所处的关系网络中认识其存在的本质和规律。① 认识自然世界的生态认识论，有待随着有机原则的呈现而逐步展开。

---

① 曹孟勤：《生态认识论探究》，《自然辩证法研究》2018 年第 10 期。

第八章　走向未来的行动的哲学：改变世界

世界是真实存在的，这个世界是可以认识的，因为世界是关系的、过程的，人的理性可以把握、认识这个真实存在的千变万化的世界。那么理性何以认识这个世界？笛卡儿在解决这一问题时坚持主客二元论，对主体理性的强调，使哲学以理性为中心主题。可是世界本来就是一个整体，从笛卡儿的逻辑中可以推出有机性原则的逻辑必然性，有机哲学研究这个世界的整体。达尔文进化论揭示了这个整体世界中生物的发展进化和关系，创造进化论、突现进化论关注世界整体发展进化的动因，马克思以实践的哲学系统研究社会的发展，技术哲学更是标志着哲学转向行动。

第一节　有机原则的逻辑必然性

哲学的逻辑进程在寻找理性的必然性的努力中，推动了有机原则确立的逻辑。笛卡儿哲学作为近代哲学的开端，揭示了理性存在的必然根据，却导致了物质实体与心灵实体的二元对立。在化解物质与心灵二元对立的过程中，近代哲学的发展表明了有机原则的逻辑必然性。笛卡儿的"我思，故我在"导致心灵与物质的二元矛盾，为了从思维过渡到实在，需要确立"思维必须有一个实在的存在者"这一命题作为逻辑前提。虽然这一命题属于非自明的假设，可是为了解决物质与心灵的实体二元矛盾，既确保世界的实在性也确保世界的可认识性，就必须保证思维在对存在的同一性的把握中，能够展现实在，即思维可以认识实在。实在能够展现出思维能力，思维的同一性内在于实在中。

从思维对存在的同一性把握中展现实在可以推出实在不是机械的物质。笛卡儿哲学认为，对于思维来说是清晰明确的观念，那它一定是真实的观念。如果这样清晰明确的观念就是实在的完全展现，那么实在必然就是机械的物质。可是，根据关系原则，认识是思维对实在之间沟通的展现。实在并不能完全展现在思维里，没有展现的存在作为潜在方面有待未来去认识，这也是认识的可能性。既然实在不是完全的展现，那它就不是机械的存在。另外，"我思，故我在"的提出就是因为对"我在怀疑"产生了怀疑。怀疑，本身就是思维产生的，怀疑的存在一方面对思维来说是清晰明确的，怀疑是思维的能力，思维明确地怀疑；另一方面也说明对思维来说不明确的是怀疑的内容，即怀疑思维的主体是否真实存在，对思维不明确的是思维主体是否作为实在而真实存在。这也说明思维具有能动性。

从思维的能动性可以推出实在就是有机体，从而确立有机原则。思维本身生成的怀疑就是思维能动性的一种体现，具有能动性的思维。由于其本身就是一种实在，那么它必然是具有能动性的实在。如果想认识实在，思维的能动性应在实在的同一性中展现出来，这样实在也具有了能动性。内在于实在中的能动性会随着自然实在展开的过程逐渐从潜在中展现出来，这个实在就是有机体。实在是有机体，这就是有机原则。有机原则确定实在是一个具有能动性、创造性的有机整体。

有机原则回答了"理性何以把握不变的本体"这一问题，解决了过程原则所遇到的理性之必然性的困难。物质与心灵统一于有机体中，在有机整体中以有机联系克服了物质与心灵的二元论矛盾，以有机一元论为理性的存在提供了必然的根据。有机原则肯定创造性，有机体的创造性让理性有能力把握本体，支持了理性的必然性的根据。有机原则解决了物质与心灵二元论所导致的不可知论问题。有机原则肯定每一个个体都是有机体，有机原则在解决了理性之必然性的同时，也说明思维个体是有机体，有机体既有能力把世界看作过程，也有能力认识世界的过程，这是有机原则中的创造性的能力。二元论所导致的不可知论在有机原则这里得到了化解。

第二节 有机哲学：哲学转向整体、能动

对牛顿物理学及其背后的宇宙观——机械哲学的批判，以及对二元论的批判，使不同于机械哲学的有机哲学出现在哲学体系中。荷兰哲学家斯宾诺莎的唯一实体以唯物主义一元论批判笛卡儿的二元论，建立起完整的唯物主义自然观。他以实体表达万物存在，认为实体是独立自在的，不依赖于他物而存在。实体是自己说明自己的，不需要借助别的事物、概念来说明。实体只有一个，其产生和存在的原因只能在自身。"每一个自在的事物莫不努力保持其存在。"[①]实体是无限的、永恒的。斯宾

---

① 〔荷〕斯宾诺莎：《伦理学》，贺麟译，北京，商务印书馆，2017，第104页。

诺莎以实体说明自然，认为实体有"属性"和"样式"。实体有无限多的属性，无限的实体总是体现为各种具体的个别事物。自然中的每一事物均具有广延和思想两种属性。只有这两种属性能被人认识。这是对笛卡儿的二元论的批判：把物质和心灵看作并存于实体之内的广延、思想两种属性，而不是两个单独的存在。斯宾诺莎看到了物质和思维的统一，但是还没有论及谁是第一性、谁是第二性的问题。"样式"是实体的体现者，无限的实体在各个方面都是不被限定的，然而它又通过具体事物的各种特殊状态来体现自己的存在。"样式"的千差万别决定于它们的"自然倾向"(conatus)，"自然倾向"就是努力坚持其存在。这种自然倾向原则给关系提供了基本说明，每一个"自然倾向"由肉体、精神及与其他"样式"的相互作用所决定。[1] 作为样式的个别事物，只能存在于作为实体的整个自然界之中，但其产生和存在却直接导源于其他具体事物。[2] 这是对自然整体性、自然中广泛的联系和关系的生态认识。我们可以用有机体来比照说明斯宾诺莎的实体，"自然倾向"原则就是关系原则的意蕴。

斯宾诺莎的实体是唯一的，这个唯一的实体是自然整体。物质和心灵只是这种唯一实体的属性，它们本身不是实体。在唯一实体的有机整体中，实在与思维就不是隔绝的，而是有机联系的。世界的实在性和世界的可认识性在斯宾诺莎的唯一实体中有机统一了。可是，思维和物质仅仅是实体的属性，是从实体中抽象出来的，而作为唯一实体的自然整体在斯宾诺莎那里也是抽象出来的，那么实在性和可认识性的统一同样也是抽象中的统一。因此斯宾诺莎哲学的认识论属于唯物主义的唯理论。思维的具体和物质的具体如何产生联系，以及具体的思维个体如何能够认识实在的问题依然存在。因此，如何由抽象过渡到具体就是接下来的哲学要解决的。这一问题的存在，意味着抽象与具体之间的隔绝，意味着一种二元论，同时也有不可知论的因素。解决物质与心灵的二元论问题时，一方面要保证世界实在的真实性，另一方面也要保证其可认识性。斯宾诺莎的唯一实体论没有在思辨哲学所要求的逻辑必然中解决物质与心灵的二元论问题，而且还出现了新的抽象与具体的二元论。

德国哲学家莱布尼茨主张单子是构成世界万物的基础。单子没有部分，不占空间，充满整个宇宙，类似客观的精神。不同的单子具有不同的知觉能力。各种物体之所以彼此相异，正是因为构成它们的单子具有

---

① Stephano O："Spinoza, Ecology, and Immanent Ethics：Beside Moral Considerability"，*Environmental Philosophy*，2017，14(2)，p. 319.

② 全增嘏：《西方哲学史》上册，上海，上海人民出版社，1983，第537页。

高低不等的知觉能力。这样，一切事物原则上都具有知觉能力或灵魂。这种客观唯心主义观点产生的背景是机械唯物主义在西欧广泛盛行。莱布尼茨以"单子"批判机械唯物主义，他认为，机械观点只把占有一定空间的广延性看作物质的唯一特性，只从量上看问题无法说明事物在质上所存在的差异性和多样性。另外，机械唯物主义把物质当作僵死的、惰性的、只能由外界推动的实体。莱布尼茨强调，单子是本身具有能动性的实体，能动性是一般实体的本质。① 这种"能动"在斯宾诺莎那里被称为"自然倾向"。物质具有活动性、能动性的观点对笛卡儿的观点是一种批判和否定。单子能动性的阐述出现在人类思维的历史进程中，是哲学对"能动"的关注，哲学关注单子的"行动"——能动，这是哲学内在逻辑步伐迈向"行动"的开始。哲学开始转向行动。

莱布尼茨还用预定的和谐来说明单子和单子之间的关系，他认为，上帝在创造单子（事物）的时候，对于每一个单子（事物）以后的发展内容和发展历程都预先规定好了。每一个单子（事物）以后发生的一切变化只不过是把原先潜藏在其自身概念中的内容不断地展现出来而已。② 虽然这里有向宗教神学的妥协，但是，更多的是对原初创造性的肯定。正如现代科学混沌理论之中的初始值所呈现的创造性一样。莱布尼茨用预定和谐去解释反映宇宙中各种各样预定事件的单子概念。怀特海也使用了类似的概念，却弱化了单子的概念的意义，将其改造成"统一于时空中的事件"③。

斯宾诺莎和莱布尼茨只是以其哲学的思维批判机械论观点，这种批判包含着与机械观念相对的有机思想，他们的哲学还不是完整意义上的有机哲学，也没有成为后来哲学发展的主流。哲学家怀特海可以说是创立了完整意义的有机哲学，尤其是他的有机的自然观，是一种意义深远的生态学。怀特海把"单子"发展为"事件"，继承了斯宾诺莎的"样态"，而"唯一实体"是将其自身个别化为相互联系的众多样态的唯一本原活动。④ 这样，事实就是过程，这是怀特海创造性的有机哲学的概念。莱布尼茨在更深层次上的关系实在论思想是其核心所在⑤，"关系"的概念也被怀特海所继承。莱布尼茨被现代的过程哲学视为奠基人。关系、事

---

① 全增嘏：《西方哲学史》上册，上海，上海人民出版社，1983，第588页。

② 全增嘏：《西方哲学史》上册，上海，上海人民出版社，1983，第583页。

③ 〔日〕田中裕：《怀特海——有机哲学》，包国光译，石家庄：河北教育出版社，2001，第70页。

④ 〔日〕田中裕：《怀特海——有机哲学》，包国光译，石家庄：河北教育出版社，2001，第70页。

⑤ 张璐：《论莱布尼茨的关系实在论》，《科学技术哲学研究》2018年第5期。

件、过程、创造性，以及对时间、空间与众不同的理解，不仅属于怀特海的有机哲学，也属于过程哲学理论基础的组成。

第三节 以生物进化论解析有机原则：生物进化的过程

人类思维对生物行动的关注是思维逻辑进程的继续发展。达尔文的生物进化论以物竞天择、适者生存来解读生物进化发展的行为，在生命的生物领域揭示了有机原则。生物进化论以生物物种的进化说明生命的能动性，这是继单子行动（相当于物质能动）之后对生命能动性的关注。有机原则所强调的能动有着丰富的内涵，它是物质能动性、生命能动性、心灵能动性的揭示。生物进化论作为过程逻辑开始的科学基础，意味着思维开始转向生物的"行动"——生物进化过程。

从古希腊哲学逻辑中我们挖掘出其内在的关系性原则、过程性原则，过程性原则留下的理性根据的困难，引出后来笛卡儿的主客二元论，在对二元论的克服中，有机原则的逻辑必然性为我们所揭示。有机思想在哲学的历史中为斯宾诺莎和莱布尼茨所运用，去解决过程原则所遇到的问题。这是三个统一的理性原则，它们不仅表明了真实客观存在的世界的实在性，也表明了真实客观的世界是可以认识的。

关系原则、过程原则、有机原则虽然是三个具体的理性原则，然而只是抽象的具体。它们是思辨中的具体，缺乏现实的支撑，至此，还只是哲学逻辑进程的思辨。接下来在人类思维历史进程中所面临的任务就是要阐明思维何以能够从具体实在中得出抽象并进而以抽象来解释世界。正如怀特海所认为的，从共相出发究竟能确立多么具体的个别事实，这种追问是完全错误的。[1] 因为世界从来不是抽象的，而是具体的。在达尔文之前，哲学的理性原则都还没有和关于世界或关于自然的具体经验相融合，只是停留于抽象之中。德国哲学家谢林就认为，整个近代欧洲哲学自从笛卡儿以来，就具有一种普遍的缺陷，即无视自然的存在，以至于缺乏有生命力的根据。[2] 有生命力的哲学，就要在对自然的具体解释中展现自身。

在哲学的历史逻辑进程中，作为科学基础的达尔文生物进化论，使

---

① 〔英〕怀特海：《过程与实在：宇宙论研究》，杨富斌译，北京，中国城市出版社，2003，第34页。

② 〔德〕谢林：《对人类自由的本质及其相关对象的哲学研究》，邓安庆译，北京，商务印书馆，2008，第69页。

关系原则、过程原则、有机原则具有了现实基础，开始获得有生命力的根据，等到达尔文进化论思想被普遍接受后，关系原则、过程原则、有机原则的过程思想成为经验的也成为现实的。达尔文以"物竞天择，适者生存"解读了生物与环境的关系，解释了生物有机体的进化发展过程。生物有机体以自身的进化改变来适应外面的无机环境。这种自身的进化改变是生物有机体的能动性，是生命的能动性。

进化是创造性的进化，是创造性的过程，贯彻过程原则。进化论思想所要求的可以进化的存在者，一定是能动的、有生机的、有创造力的生命有机体，绝对不可能是惰性的机械物质。进化的生命有机体以其创造性展现进化的过程，实现过程原则的现实根据和有机原则的现实意义。但是，能动的机体进化的能力从何而来，变化的动因是什么，生物进化论却没有说明。进化、变异动因的缺失是达尔文生物进化论的不足。

达尔文没有把过程原则、有机原则贯彻到底。进化只是生命领域的进化，进化论并没有被贯彻为一种普遍的原则，应用到一切实在领域。物理学上的物质依然是机械的、惰性的。所以，其进化论蕴含着明显的机械唯物主义因素。由于认为"进化是由偶然性的作用而发生的"，这个偶然存在着上帝创造的可能，因而也就蕴含着支持上帝存在的目的论因素，不能彻底否定目的论。

另外，达尔文的进化论所揭示的生物机体进化的能动性是有局限的。生物对于外部的无机环境的无能为力才使得自己发生进化来适应这个环境。生物主体的能动性竟然对外部的无机环境、机械环境无能为力，有机体的能动性竟然受到机械的限制，这样，其创造力就受到了限制。有机的生命体改变不了机械的环境，所以只能改变自身去适应它。有机体的创造力改变不了外部的机械环境，这不仅意味着创造力产生了缺陷，而且还设立了生物有机体与外部的机械环境的二元对立。

这种生物有机体与外部机械环境的对立，使得达尔文进化论产生了最根本的缺陷，他主要阐明生物机体的发展进化行为，生物所处的外界无机环境依然是机械的，这样就没有把有机原则贯彻到物质存在领域。有机原则在生物进化论里没能上升到解释世界的普遍原则的高度。"物竞天择，适者生存"只是适应环境，这种机械的环境给物种生存提供物质基础，机械的环境决定了有机的生命。有机体能够创造它们自己的环境的这种创造性被忽视。[①] 这样，无机环境与有机生命（物质与心灵）的二元

---

① Whitehead A N: *Science and the Modern World*，New York: The Free Press, 1967, p. 111.

矛盾内在于生物进化论之中，这一缺陷是接下来的哲学思维所必须继续面对和克服的。哲学逻辑进程的主要线索沿着对物质与心灵二元对立的矛盾的克服，走向生态哲学逻辑之路。达尔文进化论之后，经由亨利·柏格森的创造进化论和劳埃德·摩根的突现进化论，最后进展到怀特海的过程哲学，哲学的内在逻辑不断丰富和发展。

生态哲学逻辑进程的显在是从达尔文开始的，它以思辨结果的过程思想在生物进化论中呈现为现实性。在达尔文之前，过程原则一直都是思维的原则，并内在于哲学逻辑进程中，生物进化论启动了过程原则现实性的进程。可是，由于它内部的缺陷，过程原则走入现实的进程受到了限制，有机原则没有贯彻到无机物质环境。哲学必须按照其内在逻辑的要求向前发展，过程的根本性决定了过程原则现实性不可终止，有机原则的普遍性也说明能动的创造性普遍存在，创造进化论和突现进化论就是生态哲学逻辑在人类思维逻辑进程中的继续与展开。

创造进化论和突现进化论体现了生态哲学的过程性与关系性思想，发展了达尔文的逻辑进程。它们在不同程度上蕴含了生态哲学思想，这些思想都属于进化自然观。自从达尔文的生物进化论作为一种自然科学理论被确立以来，哲学自然观不可避免地转变为进化自然观。创造进化论和突现进化论就是沿着达尔文的生物进化论所确立的进化自然观继续发展的。作为自然哲学理论的创造进化论和突现进化论具有不同的内在矛盾。尽管如此，创造进化论和突现进化论都在不同程度上发展了进化自然观，都在不同程度上体现了生态哲学的过程性与关系性思想。

第四节　创造进化论中的生态哲学思想：生命的冲动

"生命的冲动"就是对生命的行动的关注，是哲学转向生命的动因。法国哲学家亨利·柏格森用"创造性进化"来解决生物进化论中进化、变异动因的缺失，进化是创造性过程，"生命的冲动"是启动过程的动因，遵循过程原则。正如英国学者柯林伍德所说，把进化的观念作为生物学的基本观念这个思想阶段，在柏格森的研究中达到顶点。① 创造进化论为生态哲学的发展做出了重要的贡献，在哲学逻辑进程中开创着进化过程，贯彻着过程原则。

柏格森的"创造性进化"填补了生物进化论中有关进化是如何发生的

---

① 〔英〕柯林伍德：《自然的观念》，吴国盛译，北京，北京大学出版社，2006，第152页。

缺失。生物进化论没有阐述从一个低层次的物种进化到高层次的物种是如何发生的，物种的变异是如何能够发生也是达尔文进化论遗留的问题。这样生物进化论的本质缺陷就是不能说明低级过程向高级过程的飞跃，也就不能透彻说明进化的发生。进化的发生一定有一个可以进化的实体，这个实体能进化必然具有能动性。能动性是生命的特征，是心灵的特质，绝不是机械的僵化物质。这样，柏格森强调可以进化的存在者一定是能动的有机体，进化就是其创造性的进化。

在柏格森的"创造进化论"中，"生命冲动"作为进化过程中的动力，保证进化过程的持续与创造。每一生命个体绵延的时间本质和运动的空间延展属性都以"生命冲动"为创造力。"生命冲动"是所有生命体作为生命的内在关键本质。在进化过程中，"生命冲动"驱动所有的有机体朝着更复杂和更高级目标持续不断地发展和进化。在柏格森看来，生命冲动驱动着一切事物进化。由于作为进化的动因的生命冲动是创造性的，因而柏格森把进化看作是一个创造性的过程。世界的创造性是过去的真实性与未来的可能性的交融。①

"创造性进化"揭示了过程中的动因。它意味着宇宙中生命态对物质态的超越，展现为生物阶段式进步的进化轨迹。② 在柏格森的创造进化论中，进化所展现出来的"生命冲动"是有生机的、活跃的能动趋势，它反抗被动趋势，克服阻力，并尽可能征服一切要素共同加入进化过程。整个宇宙是两种反向的运动，即向上攀登的生命和往下降落的物质。③柏格森把"生命冲动"看作与意识一样的形而上的存在，生命是一个过程，意味着自由和创造，生命就是以"生命冲动"利用物质相对的适应性，潜入惰性的、具有不确定性的任何无限小的部分中，使之有利于自由并由此产生创造，是不断创造和增值的行动。而物质正好相反，它是惰性的，不具思维，意味着熵增的不断破坏，是消耗的运动，退化、向下的过程。物质除了在进化过程中的阻碍作用，也能让生命感觉到自己的力量，也能使生命加强这种力量。

柏格森以他这种有关物质和意识的观念解决达尔文进化论存在的无机环境与有机生命的矛盾。他以生命的冲动说明意识潜入无限小的部分之中来论证物质和意识统一于过程之中。这应该是反对机械论、反对目

---

① John B, Cobb J R: *God and the World*, Eugene: Wipf and Stock Publishers, 2000, p.57.

② 刘利：《柏格森生命哲学的直生论解读》，《自然辩证法通讯》2018年第6期。

③ 〔英〕罗素：《西方哲学史》下卷，马元德译，北京，商务印书馆，1976，第348页。

的论的生机论。因为物质和意识完全不同并具有显著差别，意识不能还原成机械的物质，机械论是错误的；生命冲动所彰显的创造力会出现意想不到的成就，各种可能性都有成为现实的趋势，结果不可预测、意想不到，根本就不存在目的，目的论也是错误的。生物进化论中无机环境与有机生命的对立在柏格森的生机论中消解了。

柏格森的创造进化论思想沿着哲学的内在逻辑发展，将实在看作是有机体，生命即是实在。创造进化论中的生命具有创造力，生命概念则对应着创造性，生命的概念意味着过程和实在的统一。这就是说，生命就是实在，生命就是过程，生命的冲动就是创造力的展现，从而表明实在就是具有创造力的有机体。机械的物质只存在于思维之中，是思维的虚构而已，现实中并不存在。有机原则得到了普遍的贯彻，解决了达尔文生物进化论留下的问题，否定了无机环境中的物质只是机械存在。

过程原则、有机原则在柏格森哲学里贯彻到底，可是关系原则的遵循却存在问题，使得创造进化论存在着内在的不一致。作为有机生命体的生命冲动在自然的进化中展现着过程，创造着自然机体及它们的运动规律，这是生命的创造作用，可是作为非生命的物质以反抗的力量存在于进化过程中。虽然它以"阻碍的作用或激励的影响"对生命起作用，但是它却是与生命相对的甚至是理性虚构的存在。这样非生命的物质就存在于生命之外，外在于生命而不是内在于生命之中，创造进化论思想里就具有了生命与物质的二元对立。这种"内"与"外"的不同存在切断了关系，生命与实在的同一性没有在创造进化论中达成，这否定了关系原则，也和"实在是有机体"的观念相违背。哲学接下来的任务就是必须把物质纳入对实在的有机解释之中。

生命与物质相对立是柏格森创造进化论的思想的缺陷，创造进化论把物质排除在有机体之外，把精神只赋予生命，创造性的有机生命整体没有真正地吸收物质概念。突现进化论在接下来的逻辑进程中就尝试把物质和生命纳入统一有机体的过程。

第五节　突现进化论：物质、生命、心灵的能动过程

突现进化论沿着创造进化论的逻辑继续着生态哲学的逻辑进程，它丰富了生态哲学中的关系性原则，转向物质、生命、心灵的能动——行动。其主要代表人物有动物行为学家康韦·劳埃德·摩根、哲学家塞缪

尔·亚历山大和昆虫学家威廉·惠勒等人。① 突现进化论对物质、生命、心灵三个层次的能动过程的解读，把物质纳入有机整体的过程之中，弥补了创造进化论留下的缺陷。为了说明自然进化过程中产生的飞跃，摩根提出了"突现"（emergence，这个词也有人翻译成"突创"）概念。突现指的是当原有的构成单元或质体形成新事物时，不单是原有性质的简单合成，而是产生一种全新的性质，即新的关系与结构突现出现，这种性质在合成之前不能预测，合成之后即突现，突现之后进化为连续的发展过程。这样就可以说明发展过程的连续性和质的飞跃。②

突现论中的突现就是旧成分有机合成新的存在时突然出现了旧成分不能预测的新关系。首先以每一构成单位的稳定存在为基础，然后这些单独的部分以各自不同的有机联系生成一个全新的整体，即产生突现物。突现物在其构成部分的稳定性之外有自己特有的稳定性，这意味着突现物获得存在。突现物是一切进化的本质，它作为一种"连续性的中断"，是进化过程出现了"关键性的转向"，产生了新的关系。这种新的关系的特质就在于其不可预测性，因此突现物获得存在之前我们无法推测、难以预料。

突现论中每一突现物都有自己的结构。每一存在都以一定的结构作为稳定的整体。结构意味着各个组成部分之间具有的关系和各组成部分本身共同具有的关系整体，也就是关系和关系者的有机结构体。每一突现物的结构都不同于其组成物的结构，外在于又补加于其组成物的结构。由低级到高级的进化上升过程就是从一种结构格式的种类突生出更高一级的结构格式的种类，以新的组织结构展现着突现物的突现。

每一突现物都有自己特有的功能，突现物的功能不仅不是组成部分所具有的，也不是他们的功能的简单加和，而是全新性质的功能。作为新的稳定单位，突现物不仅具有新的组织结构，更具有新的特性、性能和功能。一方面，高级的突现物源自低级层面的组成部分并以其为存在基础，高级的突现物包含其组成部分，不能离开其组成部分而独立存在。也就是说，心灵包含生命，生命包含物质。另一方面，高级的突现物具有低级层面的组成部分所不具有的功能和性质，并且对其组成有支配作用，即高级具有支配低级的能力。这样，心灵支配生命，生命影响物质。进化过程中已经突现了崭新的事物，其稳定性使其不能退回到原始的低

---

① 谢爱华：《突现论中的哲学问题》，北京，中央民族大学出版社，2006，第53页。

② 张华夏：《层次突现进化论及其在现代自然哲学中的地位》，《自然辩证法研究》1994年第8期。

级状态，所以心灵虽然由物质构成，却不决定于物质，心灵的特性不能由物质的特性所决定。由于高级由低级组合而来，又具有低级所不具有的特有功能，所以心灵虽然在层次上高于物质，但并不存在心灵与物质的对立。这样，突现进化论为我们展现了"物质—生命—心灵"的有机统一整体，把物质也纳入有机过程之中，彻底贯彻关系原则。

由于突现物的特定功能，新的行为、新的模式出现了，随之生成新的法则和运行规律。突现论认为，每一突现物不但是一种物体，而且也是一种因果关系的力量。一旦低等级单位参与了突现物的组织，其行为也就受其制约了。每一突现物都有一类组织或一类统一体，并且突现物整体大于各个分开部分的总和，这样存在者并不都能还原为运动中的物质。① 这种突现论的观念赋予物质的实在性以时间维度的意义，克服了机械唯物主义的缺陷。机械唯物主义只承认物质实在性，这是空间上存在的意义，缺乏时间上的认可，所以会认为世界上没有真正的新物质。"物质—生命—心灵"以一种因果关系的力量存在于时空逻辑的过程之中。突现者的出现，不是先前者的机械后果，而是遵循新的规律在新的法则下突然出现新的稳定的组织结构，并具有新的特性和功能。

突现进化论从时-空入手说明突现进化过程，把物质和生命纳入其中，从而克服了创造进化论中生命与物质的对立。突现进化论认为，时-空是连续的、涵括一切事物的普遍的架构。同一性、差异性、存在、关系、因果性和运动等范畴是时-空本身的基本特性，并不依赖心灵。② 突现进化论以有机性丰富了关系思想。过程原则、关系原则在突现进化论中以时-空的展开解读而得到了很好的体现，以关系的有机性解释世界。由于空间是物质存在的属性，所以空间是另一种意义上的物质，而时间的流逝需要心灵来把握，那么时间作为组织原则即是心灵。时间、空间相互依存，密不可分，物质和心灵在其更加原初的意义上具有统一性。每一存在既有时间的维度，也有空间的维度。物质作为时空的最先突现物，以时空的"点-瞬间"突现出来。一个物质粒子即是"点-瞬间"的一个运动格式，物质的突现产生有机体，物质也存在于这个有机体内，作为其组成部分而存在，虽然物质表现为无机的特征，但是物质的部分组合而成的整体则是有机的。生命是有机体的时间方面，而物质则是有机体

① 〔美〕阿尔奇·巴姆：《有机哲学与世界哲学》，江苏省社会科学院哲学研究所巴姆比较哲学研究室编译，成都，四川人民出版社，1998，第284～288页。
② 〔美〕梯利：《西方哲学史》，葛力译，北京，商务印书馆，1995，第694～695页。

的空间方面。① 在一系列突现中，进化过程从低级的物质开始，到有机体的生成，然后心灵突现，物质不再和生命的心灵对立，物质和心灵都是生命存在的一个方面。因此，突现进化论解决了创造进化论思想中生命与物质的矛盾。突现进化论认为，在物质之中有一种未曾料到的创造力创造了生命，又同样地创造了人类、人类意识。这彰显了物质和生命的创造性关系。生态哲学思想中的有机论观点在突现进化论中变得更加具体了。在过程原则基础之上，关系性原则被丰富了。

突现进化论对生态哲学发展做出重要贡献，在逻辑上解决了创造进化论的生命与物质对立的逻辑问题，可它也有着逻辑上的不完善。虽然生命有机体和心灵的存在不是脱离物质的，可是突现进化论认为，生命有机体和心灵却有其自身与物质不同的自然法则，生命有机体和物质之间的内在关系被割断了，增加了新的隔离。突现进化论过于关注新质，没有把握新质与旧质之间的内在一致性关系，没有把关系原则贯彻到底。这一难题在后续的哲学逻辑进程中得到了解决。

第六节　马克思的实践哲学：哲学走向人类生态学

自然科学经过 400 多年的独立发展，把不断划分、不断解剖的自然揭示给我们，从而从分析的层面回答了哲学上关于世界是什么的悠久问题。一方面，科学发展的朝气蓬勃，使得关注理性成了哲学的主流。沿着康德的理性和笛卡儿的二元论，哲学走上了 20 世纪的分析哲学和现象学之路。另一方面，每一门科学都有自己独特的研究领域，伴随着新学科分化的产生，每一领域独特的研究问题使得科学表现为划界清晰的理论学科。这种科学的发展使得传统哲学家们也想把哲学转变为一个划界清晰的理论学科。他们要将哲学变成科学之科学，变成一个学科，和蓬勃发展的自然科学相比，他们认为哲学也要有自己的私有领地。由此，他们把注意力聚焦于那些专门化的、不可思议的智力难题的哲学批判上，如研究词语与对象之间的相关联系。但是这种研究却远离了共同和紧迫的真实世界的问题。② 智力难题也好，词语与现象的联系也好，都是和人的理性、逻辑思维有紧密联系的。这就是说，20 世纪的主流哲学热衷于人之思。这是文艺复兴之后哲学转向人的继续，然而却不是关注整体

---

① 〔英〕柯林伍德：《自然的观念》，吴国盛译，北京，北京大学出版社，2006，第 177～179 页。

② 郑慧子：《走向自然的伦理》，北京，人民出版社，2006，第 8 页。

的、生态的人，不是关注人如何行动，而只是关注人的思维、思辨或意识，甚至是人的逻辑语言符号。

传统哲学失去了世界观和方法论功能，意味着哲学走向终结。到 20 世纪，哲学已经被传统的学院派改变成一种严格的、狭隘的、像科学一样的学科，他们认为哲学对于其他科学并无优先性。[①] 哲学成了一个学科，而不是作为世界观和方法论本身的哲学。哲学转变为关于人的经验的科学，古希腊的自然哲学家，转变为今天的科学家。今天的哲学家则转变为各种具体科学中的哲学家，正如今日的哲学圈中已经存在的科学哲学家、社会科学哲学家、历史哲学家和艺术哲学家等。[②] 人则通过技术把自身确立在世界中，技术的制作和塑造以多种多样的方式来改变世界。无论在何处，所有一切的实现都是以科学对具体存在者领域的开拓为基础和尺度的。[③] 存在论的哲学被今天诸科学门类取代接管，哲学消解于技术化的诸科学门类。然而，这属于哲学历史阶段使命的完成，不是哲学的完结，而是哲学新使命的开始。哲学具有为科学开辟发展领域的功能，古希腊哲学就已经显露出这一决定性特征，哲学为科学打开世界的大门，科学就在哲学指引下开疆辟土地发展。在发展过程中，科学从哲学那里分离出来并走向独立。这一进程看似是哲学的解体，其实属于哲学之完成。[④] 科学历史，尤其是近代以来，其实质就是各门科学部门相继从哲学当中独立出来并发展的历史。这是对自然的成功解读，对存在的认识。科学的成功不是哲学的终结，哲学之思永远不会熄灭，这是哲学时代使命的完成，更是未来新的使命的开始。

马克思、恩格斯也提出过"消灭哲学"，其真实的内涵不是终结哲学，而是赋予哲学新的使命。只是解释世界而不是着重改变世界，这是哲学功能的巨大缺陷，消灭哲学就是要消灭这种缺陷。这种缺陷使得历史上各种哲学除了对现实不满、对现实进行批判，没有让自己的哲学发展成一种为创立新的世界而奋斗的哲学。它们的社会理想，往往是不满现在，怀念过去，不是通过实际地改变现实而走向未来。[⑤] 在西方哲学发展的历程中，从古希腊直到马克思生活的 19 世纪，这个漫长的时期我们大致

---

① 丛杭青、陈夕朦、文芬荣、黄宝臣：《哲学学科研究组织模式的科学化倾向——从科学计量的视角看》，《科学学研究》2016 年第 3 期。

② 郑慧子：《走向自然的伦理》，北京，人民出版社，2006，第 18 页。

③ 《海德格尔选集》，孙周兴选编，上海，上海三联书店，1996，第 1244 页。

④ 《海德格尔选集》，孙周兴选编，上海，上海三联书店，1996，第 1244 页。

⑤ 陈先达：《哲学中的问题与问题中的哲学》，《中国社会科学》2006 年第 2 期。

可以把它看成是"解释"的哲学发生、发展和基本完成的时期。① 从古希腊开创的自然哲学，经历了文艺复兴，到现代科学的产生和发展，人类对自然的认识经历了前所未有的进步。特别是现代科学的高度发展，"解释世界"这一哲学使命作为一种完成，已经全部转交于科学。

改变世界的功能是马克思主义哲学比以往哲学的进步所在。马克思主义哲学不仅具有科学解释世界的功能，更重要的是它强调哲学改变世界的现实作用。《关于费尔巴哈的提纲》里阐述了哲学功能，《德意志意识形态》中也有关于实践的唯物主义本质的论证，这些都充分表明马克思"消灭哲学"和创立新哲学的真正意图。马克思认为，哲学是武装和解放无产阶级"大脑"的工具，是无产阶级的精神武器，这阐明了他所说的"消灭哲学"的真实意义。② 马克思以其实践的哲学消灭旧的"解释哲学"的哲学传统，开启了"行动哲学"的哲学功能。马克思的实践哲学，即人类通过实践不仅合规律地改变世界，而且也通过实践来改变自身，哲学本质上就是一个实践真正的人的过程。③

马克思、恩格斯创立辩证自然观。18 世纪下半叶至 19 世纪，由于自然科学的全面发展，划时代发现开拓了人类认识的视野。马克思、恩格斯科学地总结了当时自然科学的最新成就，继承了古希腊自然观中的辩证法观点，克服了机械唯物主义自然观的形而上学性质，批判地继承了德国古典哲学思想特别是黑格尔的辩证法思想，创立了辩证唯物主义自然观。辩证唯物主义自然观认为，自然界不仅存在着，而且演化发展着，自然界存在着普遍的联系，包括人类在内的自然界是无数过程的集合体。我们在这里所讲的生态哲学，就是在辩证唯物主义自然观指导下的生态哲学、环境哲学，是以马克思主义为理论基础而深入发展和深化的生态哲学、环境哲学，或者说人类生态学。

一般认为，马克思、恩格斯有关环境哲学的基本观点和具体论述散见于各个时期的著作中。把这些散见的思想和观点联系起来，它们又是比较系统和成体系的。人类与环境的辩证关系的论证与研究是马克思、恩格斯环境哲学思想的基本点，对近代生态破坏和环境污染的发生、类型、状况、危害的具体分析是其有关环境现实问题剖析的内容，而对于近代生态破坏和环境污染的认识根源、阶级根源和社会根源，马克思、恩格斯也做了深入论证。在探索减少环境污染、保持生态平衡的基本途

---

① 郑慧子：《走向自然的伦理》，北京，人民出版社，2006，第 21 页。
② 陈先达：《哲学中的问题与问题中的哲学》，《中国社会科学》2006 年第 2 期。
③ 郑慧子：《走向自然的伦理》，北京，人民出版社，2006，第 24 页。

径的基础上，马克思、恩格斯研究了人类成为环境主人的基本条件。①
这确实是对马克思、恩格斯有关人与环境思想的系统概括，可是，我们
不同意马克思、恩格斯的生态哲学思想散见于他们的著作中的说法。从
整体上来说，马克思、恩格斯系统研究了经济领域的社会生态关系，这
是有关人与社会的生态哲学，而有关自然的"自然辩证法"由于众所周知
的缘故，恩格斯还没有来得及把它变成系统的理论。

　　在对人、自然与社会三者之间的关系进行深入分析的过程中，马克
思、恩格斯研究人类社会发展规律，提出了社会生态学和人类生态学方
面的科学思想，为人类的前途和命运，也为我们认识人与自然的关系提
供了理论基础。这是马克思哲学所具有的解释世界的功能。马克思、恩
格斯在本体论意义上明确了自然界的优先性和人的自然性。自然界是客
观实在的，自然界先于人类历史而存在，是人类得以生存的基础和前提。
自然不会因为人类的出现或人类生产活动的中断而发生改变。同时，"人
直接地是自然存在物"②。人是自然界长期演化的产物，人具有自然物质
性。人首先是自然生成物和"自然存在物"，并在此基础上成为以实践为
本质的"社会存在物"。人生存在社会生态系统之中，也生存在自然生态
系统之中，自然生态系统的历史发展与社会生态系统的历史发展相互联
系、相互制约，马克思、恩格斯以此为基础，在自然史和人类史剖析中
阐述其环境哲学、生态哲学思想。

　　劳动使人与自然建立关系，这是马克思"改变自然"的行动的哲学。
改变世界的行动的哲学使马克思哲学不同于以往仅仅具有解释世界功能
的旧哲学。人通过制造的工具在劳动中与周围的自然建立联系，进而改
造并占有自然。马克思认为人与自然的关系是有机统一的并且也是复杂
的，人类通过劳动实现"物质变换"。"物质变换"是一个典型的生态学的
科学概念，指的是生物与自然环境之间进行的以物质、能量和信息交换
为基本内容的有机联系。因此，"物质变换"的含义要比劳动的含义广泛
得多。用"物质变换"来定义劳动，便意味着把劳动过程纳入伟大的自然
联系的网络中去。劳动是"有机的身体"与"无机的身体"的统一，是主体
与客体的统一，又是遵守客观规律与改变自然形式的统一。③ 劳动的哲
学本质就是关系。

　　① 　王树恩、陈士俊、贾敏：《近代生态破坏与环境污染的发生、类型、状况与危害——马
克思恩格斯对环境哲学思想的系统研究》，《社会科学战线》2000 年第 2 期。
　　② 　《马克思恩格斯文集》第 1 卷，北京，人民出版社，2009，第 209 页。
　　③ 　徐民华：《论马克思主义生态思想》，《江苏行政学院学报》2006 年第 6 期。

劳动是社会与自然的相互关系中最重要的形式，是人的创造力在此过程中的展现。社会的劳动，首先是人与自然界进行物质交换的一种特殊过程，是一种以社会在自然环境中的存在本身为支柱的特殊的社会新陈代谢过程。劳动使社会自身的状态最终发生变化，形成物质基础，并以特殊的人工环境的形式表现出来。① 劳动不仅使人进化，也使社会进步。劳动，也就是人的活动，是社会生态系统有序发展的关键，同时也是自然生态系统健康发展的决定因素。人通过劳动，融入人与自然、人与人、人与社会的大的生态关系中，就是创造有序。在这个过程中人也得到了发展。"社会是人同自然界的完成了的本质的统一，是自然界的真正复活，是人的实现了的自然主义和自然界的实现了的人道主义。"②

马克思、恩格斯还批判地指出环境危机的根源是资本主义的生产方式，根源是资本主义社会内在的矛盾。资本主义生产方式在其生产、分配、交换和消费过程中加速资源的消费与枯竭，导致大量的废弃物及严重的污染，资本是资源枯竭、生态破坏的罪魁祸首，自然的用途仅仅是资本要通过它获取剩余价值。③ 为了谋求更大的剩余价值，资本家以先进的技术、机器设备提高向自然索取的能力，把工人变成了机器设备技术的附属品，产生了技术异化、劳动异化，引起环境污染、生态破坏。资本主义制度的社会矛盾根源就在于社会制度本身。马克思以这种对资本主义的批判建立了完整而系统的社会生态学。恩格斯未完成的伟大著作《自然辩证法》通过自然生态系统的运动规律揭示有关自然、有关人对自然的认识、有关人与自然的哲学思想。马克思、恩格斯的贡献就是共同开创了辩证唯物主义哲学，使人类思维历程中的哲学转向自然、人、社会组成的大的生态整体。马克思、恩格斯开启了行动哲学的大门，使哲学走上了通向现代生态哲学、环境哲学的道路。

第七节　萨克塞生态哲学：自然、技术、社会

汉斯·萨克塞是德国化学家、技术哲学家，他的生态哲学，是运用生态哲学的基本原理研究自然、技术、人与社会。技术涉及人类如何做、

---

① 〔苏〕马尔科夫：《社会生态学》，雒启珂、刘志明、张耀平译，北京，中国环境科学出版社，1989，第 3 页。

② 《马克思恩格斯文集》第 1 卷，北京，人民出版社，2009，第 187 页。

③ 陈墀成：《马克思恩格斯的生态哲学思想及其当代价值》，《辽东学院学报（社会科学版）》2007 年第 1 期。

如何行动，所以萨克塞的哲学是转向行动的哲学。在自然这个大的生态系统中，通过对人类发展史、社会发展史和技术发展史的研究，阐述技术同人类生活的密切生态关系：技术使人同自然界发生联系，又由于其本身的专业化的发展，而要求人类相互联系和协作，从而导致社会的形成。

自然从它诞生以来已经走过了极其漫长的道路。在不同时期里，人类对自然的理解不同，其意义也在一次次地发生变化。人类的天赋、能力和性格都是在自然之中经过漫长、稳步的进化而形成的。在人完成了从动物到人的最原始过渡的时候，自然是人类学习的榜样。人通过观察自己的对立面设想自己的生活。随着历史的发展，人类的文化产生了一场深刻的变化，到了新石器时代，人们开始学着去利用自然、模仿自然、引导自然。这时，人类服从自然。到了农业社会，自然变成了具有秩序、和谐美好的领域。自然给人提供了农业生产的物质成果和精神成果，人不再同自然斗争。春天大地复苏唤起了生的希望，秋天金灿灿的收获是自然给人类的馈赠。到了工业社会，自然的概念获得了新内涵。从漫长的远古走到今天，人学会了引导自然，人使自然做出了没有人的作用而不可能做出的贡献。人对自然的认识飞速发展。自然成为人的认识对象、改造对象。自然不再仅仅是田野上生长的东西，自然是人类接触到的一切事物。自然是机器，这是牛顿力学和工业技术胜利的结果，把机械的话语应用于对自然的揭示。事实上，自然不是机器，自然是生机勃勃的自然。

萨克塞以其哲学的思维对自然的进化进行了深刻的论述分析。他认为，自然科学从把自然看成是静止的，到认为自然是生机勃勃的，标志着对自然的研究发生了具有决定意义的变化。从宇宙大爆炸到今天，所有的物体都蕴藏着变化的倾向，并且也以不同速度在变化着。热力学第二定律——熵定律，具有广泛的适用性。它所描述的自然规律是指，一切差异的均衡要求朝着分子不规则的最终状态前进。与此相反，生物学家描述的是形态的上升：从无机物，经过植物和动物，直到人，由低级向高级向前进化。萨克塞认为，物理学家和生物学家只不过是从不同的方面来观察同一个现象的。①他认为，不存在单纯的形态组成，总是伴随以分解来打破这种组成。新陈代谢是生物的基本特征，它带来秩序，也产生混乱，熵定律依然保持不变。熵定律不是规定个别的反应道路，它

---

① 〔德〕汉斯·萨克塞：《生态哲学》，文韬、佩云译，北京，东方出版社，1991，第11页。

感兴趣的是最终状态，它感兴趣的只是推动力。自然从宇宙大爆炸的诞生起，已经走过了极其漫长的道路，它必须寻找最佳的路。进化是一个过程，在这一过程中，我们的研究看不见开始状态的形态，伴随着冷却和熵增加的进程，进化转变到我们能够看得见的形体领域。① 进化的过程是需要时间的。没有什么是自动消失的，进化是经过无数的尝试和一切可能的试验才有的必然经历。大自然经历了艰难曲折才完成了这一进化过程，在充满着试错的过程中，大自然是用个体来进行试验的。数十亿的个体作为失误的牺牲品而灭亡。自然被看成是特别平和之物，是虔诚的自我欺骗。② 我们对自然的认识进步了，今天我们不再把自然看成是永恒不变之物，而是理解为一种过程。

在萨克塞的生态哲学里，技术作为纽带，一方面连接人与社会，另一方面连接人与自然。技术越发展就越走向专业化，产生出划分越来越细的各个技术专业领域，分工专业化、精细化要求人与人之间的相互联系和协作，这就导致社会的形成。既然技术是连接人与自然的中介，那么技术与自然、技术与人、技术与社会的关系就是萨克塞生态哲学要阐述和揭示的。技术正成为影响社会发展的重要因素，从政治、经济、文化到人们的日常生活，无不渗透着技术的力量。技术本质论、技术价值论、技术发展模式论、技术与社会，以及技术与人类未来等问题成为人类当前迫切需要研究的问题。这就使技术破天荒地迅速成为当代哲学研究乃至社会科学研究中的一个重要主题。哲学转向了技术。在人类思维的历史进程中，近代哲学的变革被称为"认识论转向"，现代哲学的变革被称为"语言转向"，由此，对于当代这场正在进行的哲学变革，我们不妨称之为"技术转向"。③ 技术转向的实质就是哲学开始转向人的行动、人的实践，只不过是一种特殊的行动、特殊的实践。技术哲学是对技术的哲学反思，是人类寻求对技术的解读，这是人类思维的历史进程中的逻辑必然，是技术为人利用也给人类带来困境的现实给哲学提出的研究主题。

从技术与人的关系来看，技术是人通向自然之路。作为我们身体器官功能的外移和延伸，技术是我们器官功能的完善，以便扩大和增强感觉和行为的范围。通过感觉和行为过程，自然和技术相互结合起来。④

---

① 〔德〕汉斯·萨克塞：《生态哲学》，文韬、佩云译，北京，东方出版社，1991，第 14 页。
② 〔德〕汉斯·萨克塞：《生态哲学》，文韬、佩云译，北京，东方出版社，1991，第 17 页。
③ 王琛：《美学向感性论的转向——访岩城见一教授》，《哲学动态》2008 年第 8 期。
④ 〔德〕汉斯·萨克塞：《生态哲学》，文韬、佩云译，北京，东方出版社，1991，第 35 页。

技术帮助感觉感受并认识自然，促动行为顺应自然，与自然同步律动。这样，人以技术为手段和工具，可以更好地认识和改造自然。顺应自然规律的技术也帮助人类取得了一系列成就，铺设了人类通向自然之路。技术不是对自然的征服，而是对自然的顺从，它把人、社会、自然有机联系为一个整体。

技术在通向自然、达到人类目的的过程中，不是直接走向目标，而是通过运用工具这条迂回之路。选择迂回之路，是因为能够比较容易、比较快地达到目的。随着技术的进步，迂回之路越来越长、越来越远，越需要认识自然。人类要想发展技术，必须认识和运用自然规律。因此，技术进步的前提是人与自然的对话。人与自然的对话推进技术发展，对于技术所取得的成就，萨克塞把它归为自然的进步。他认为："正是自然自己在这里起作用，它造就了灵活的、具有适应能力的进化器官——脑，这是人体内的自然，它同体外的自然一起将进化向前推进。"①技术的进步也是自然进步的结果。

萨克塞把技术发展的特点看成是人的进化。首先，既然是人的进化，那么速度就非常快。所以发展的加速也是代沟形成的原因。地球上，只要有人的存在，就有推动进化的人。我们都生活在同一个地球上，需要相互交谈、相互理解，这就是说，我们必须用知识来造就加速发展的因素。逃离社会者忽略了现存事物之间的关联。②技术的发展使人组成了团体，使人成为社会动物，作为社会关系中的人而生存。其次，脑所推进的技术的进步，是将自然进化过程在人和人类社会中继续下去。用萨克塞的话来讲，就是"脑将自然的事业进行下去，可是这个过程基本上是不流血的"③。那么，用技术进化的观点看，强迫、剥削、暴力都意味着倒退回以往的历史阶段。可是，死亡的存在，却是优胜劣汰的选择手段，死亡是进化所创造的战略原则，其目的在于使天赋条件达到最佳程度。再次，就技术属于体外器官而言，这个器官是可以转借的。由此导致了技术分工。分工使我们可以从别人的劳动、别人的智慧中得到好处。萨克塞认为，工具的可转借性使劳动分工和劳动专门化如此有效益，以至于技术在其职能分工的发展道路上步子越来越大。这就导致不管在身体方面还是智力方面，个人越来越成为超个体的系统的一个部分，

---

① 〔德〕汉斯·萨克塞：《生态哲学》，文韬、佩云译，北京，东方出版社，1991，第38页。
② 〔德〕汉斯·萨克塞：《生态哲学》，文韬、佩云译，北京，东方出版社，1991，第41页。
③ 〔德〕汉斯·萨克塞：《生态哲学》，文韬、佩云译，北京，东方出版社，1991，第42页。

人类文明的成就要归功于超个体系统的合作。① 这是对技术与社会的理解。

从技术与自然的关系看，技术和人都属于自然大生态系统中的组成，人是这个系统中的成员，技术关系到人的行为，被人用来与自然建立关系。"无论是哲学还是神学似乎都没有想到人们对自然的行为可以是好的也可能是坏的。"②这里，萨克塞所指的哲学应该是西方那种纯理性的哲学。而生态哲学就是要研究人在自然生态系统中的地位与作用，研究人的行为对自然的害与益。然而，由于建立在原子论基础上的个体意识和人类理性的膨胀，技术的进步不仅产生了技术异化，也危害了自然。人生存在自然环境中，通过技术利用自然为人类提供资源。资源并不是无限的，环境也不是永恒不变的。技术为人类带来大量物质财富的同时，也引发了一系列的生态危机。

萨克塞的生态哲学对技术展开了三个社会维度的批评，这就是政治批评、结果批评、浪漫主义批评。技术的政治批评揭露了社会不平等的技术根源。由于技术系统本身的复杂性，它要求生产中的劳动必须分工，劳动分工必然使社会分工。这样，在技术的需求下，一个不平等的社会产生了。萨克塞指出，正是技术使人类在政治生活中产生了不平等。等级体制、法律制度、统治制度等维持着社会不平等的运行，也适应了技术的要求。技术的结果批评剖析了生态危机的根源。为了满足人的需要和追求，技术飞速发展，过度消耗自然资源，大量排放污染物，损害生态系统，影响生态平衡，引发环境问题，产生生态危机并威胁人类的生存与发展。技术的浪漫主义批评指出了人性问题的技术根源。技术越发展，人就越依赖技术，技术生存正逐步控制社会中的每一个人。技术无孔不入地渗透与发展，如果没有技术，很多人难以生存下去。在这一过程中伴随的就是人逐步丧失了自我，逐步失去知觉和情感，在技术为之安排的技术框架里机械地行动和做事。③ 技术使人变得机械、麻木、冷酷和无情。

萨克塞的生态哲学，以整体性的思维研究自然、技术、人和社会组成的整个的生态关系网中的过程关系。人类无论多么出色和优秀，也只是地球生态系统中的成员。自然不会因为人类的出类拔萃就只为人类而存在。自然、技术、人和社会以广泛的关联而存在。

---

① 〔德〕汉斯·萨克塞：《生态哲学》，文韬、佩云译，北京，东方出版社，1991，第43页。
② 〔德〕汉斯·萨克塞：《生态哲学》，文韬、佩云译，北京，东方出版社，1991，第59页。
③ 郝利琼、赵玲：《萨克塞的生态哲学思想探析》，《吉林师范大学学报（人文社会科学版）》2005年第2期。

第九章　具有更彻底生态性的过程哲学

哲学的脚步走到过程哲学，非常好地体现了历史与逻辑的统一。沿着有机原则的提出、发展与完善的历史进程，过程哲学的创始人怀特海直接就把自己的哲学称为有机哲学。从有机哲学、过程哲学的名称就可以看出，这不只是有机原则的发展与完善，同时还是关系原则、过程原则、有机原则的历史与逻辑的统一。如果仅仅从有机原则的脉络来讲，本章应该放在第八章的最后，作为第八章的最后一节；但从关系原则、过程原则、有机原则这三大原则的整体来讲，本章的内容就是在第六～八章基础之上的逻辑与历史的统一与继续。

过程哲学具有更彻底的生态性，它认为，人类与自然连接成密不可分的有机整体，人类与自然、地球共同体密切联系，一同协同进化和生存发展，共同处于能量流动的过程之中。它和以往只关注细节、强调理性的哲学不同。它揭示过程的根本性、关系的普遍性。建设性后现代主义把它看作一切新思想的渊源。用于解决生态危机的一切生态思想都源于过程哲学。过程哲学被看作生态思想的元哲学。处在酝酿与发展中的生态哲学，其自身与传统思辨哲学之间的关联与差异，可以通过解读过程哲学来理解。要解读过程思想和过程哲学，首先需要追溯过程思想的缘起，然后解读过程哲学的思想内涵，再探讨为什么过程哲学具有更彻底的生态性。

第一节　过程哲学的缘起

过程哲学最早的思想来源是古希腊哲学。从广义上说，过程哲学是指一切包含过程思想的古今中外的哲学。今天我们所谈的过程哲学，是指由哲学家阿尔弗雷德·诺斯·怀特海所开创，并由查尔斯·哈茨霍恩和小约翰·科布等人传承与发展的一种哲学。这是狭义上的过程哲学。

过程哲学是一种思辨哲学，也是一种自然哲学，思辨哲学与自然哲学有机统一并表现为过程哲学，这一特征也使过程哲学成为更彻底的生态哲学，从而彰显出其内在生命力。过程哲学就是生态哲学。对过程哲学的解读需要从广义上把它放在哲学史的背景下研究，因此，对过程哲学的完整解读离不开人类思维的历史过程，本篇"思维整体中的生态哲学思想"是理解过程哲学的基础，而对过程哲学的解读也是人类思维历史中的现代内涵。

在人类历史的时间过程中，过程哲学的学术共同体里有着诸多生态思想家。今天的过程哲学是深受哲学家怀特海和哈茨霍恩哲学影响的西方现代哲学。怀特海与创立大地伦理的奥尔多·利奥波德属于同一时代的人。怀特海称自己的哲学是有机哲学，利奥波德被认为是美国新环境理论的创始者。他们的理论有相同的生态哲学的本质。只不过利奥波德直接行进在环境伦理学之路上，在他之后的法国人阿尔贝特·施韦泽是敬畏生命伦理的倡导者，生物中心论伦理学的创始人。挪威著名哲学家阿伦·奈斯提出深层生态学，美国生态思想家托马斯·柏励提出"生态纪"，霍尔姆斯·罗尔斯顿倡导荒野的哲学。他们是同属于生态哲学共同体内的伟大思想家。利奥波德及其之后的思想家的理论观点我们将在第三篇"生态（环境）伦理学"中深入探讨，在这里我们要聚焦具有更彻底生态性的过程哲学，作为当代正蓬勃发展的哲学，它是建设性后现代主义的哲学基础，是对有机哲学的深刻把握。在国外，过程哲学被看作是一切新思想的渊源。作为一种强调个体之间相互依赖的宇宙观，过程思想关注社会、政治、经济、生态公正等问题，并向一切领域渗透。过程哲学倡导个人的、全球的环境责任，倡导尊重性别、伦理、文化和种族多样性，倡导非暴力，倡导生态与经济的可持续性。在广泛联系的基础上，从事过程哲学研究的共同体内，有哲学家、伦理学家、经济学家、教育学家、物理学家、女权主义者、生态主义者等。这也充分反映了过程哲学相互依赖的宇宙观。

具体地说，狭义的过程哲学起源于 20 世纪 20 年代中期，即怀特海晚年在哈佛大学讲授哲学的时期。也可以换一种说法，过程哲学起源于怀特海的有机体哲学。经历了哈茨霍恩、芝加哥学派和小约翰·科布、大卫·格里芬的发展，进入 21 世纪，过程哲学和建设性后现代主义与马克思主义深度契合，直接激发并促成了"有机马克思主义"的诞生，迄今已成为现代西方蓬勃发展的学派，并成为建设性后现代主义的组成部分。因此怀特海被推崇为建设性后现代主义的奠基人。哈茨霍恩于 1925—1928 年在哈佛大学作为怀特海的助手研究哲学。1928—1955 年他受聘于芝加哥大学。他无疑是怀特海哲学的精神传人，而且对芝加哥学派的影响尤为强烈。尽管过程哲学起源于 20 世纪 20 年代中期怀特海在哈佛大学授课时期，但芝加哥大学（在那里产生了芝加哥学派）却是怀特海和哈茨霍恩思想发挥影响的中心。小约翰·科布就是芝加哥神学院的毕业生。

小约翰·科布和大卫·格里芬于 1973 年创立了过程研究中心。科布本人尽管也是芝加哥学派的重要成员，但他和他的学生格里芬密切合作，使克莱蒙特的过程研究中心成为当今世界过程思想研究领域最活跃的中心。该中心鼓励对怀特海和哈茨霍恩及相关思想家的过程哲学进行研究和思考，致力于对这一世界观在其他领域的思想和实践中的应用和检验。

国外学者普遍认为怀特海是过程哲学的奠基人，属于第一代，哈茨霍恩是过程哲学的第二代传人，小约翰·科布是第三代传人，大卫·格里芬是第四代传人。笔者认为，怀特海和哈茨霍恩只是属于过程哲学的奠基人，真正的第一代是小约翰·科布，第二代是大卫·格里芬。他们不仅是过程中心的创始人，也是将过程哲学发扬光大的人。可以说怀特海使过程哲学处于孕育阶段，小约翰·科布和大卫·格里芬使其降生并开始发展。怀特海的哲学是有机哲学，怀特海把他的思想说成是"有机体哲学"，以表明他对世界组成的理解。哈茨霍恩则谈论"社会实在论"，以强调存在着一种密切相关的多元实在者(plurality of real entities)。[①] 怀特海的有机生态思想，使小约翰·科布把现代与后现代的时间分界点定位在怀特海。怀特海的生态思想在生态思想历史中占有重要地位。

第二节　过程哲学的思想内涵

转变和共生是过程哲学所强调的过程。历时性的转变是通常所理解的过程，由此，过程哲学引出客观机遇、主观享受、领悟(或把握)、感受；共生意味着共同创生；过程的根本性强调关系、事件、创造性、经验。

一、过程及其内涵

过程思想源远流长。从古希腊的赫拉克利特认为整个世界都是燃烧与熄灭着的永恒活火，断定"一切皆流，万物皆变"，到黑格尔在西方哲学史上第一次系统地把辩证法提升为思维的普遍规律，过程思想本身也处在历史的时间之中，从不同的角度得到发展。过程思想的久远之根，在西方可以追溯到赫拉克利特，在东方可以追溯到佛教。佛教的有因必

---

① 〔美〕大卫·雷·格里芬：《后现代精神》，王成兵译，北京，中央编译出版社，1998，"前言"第 2 页。

有果、因果循环，都是过程思想最早、最经典的表述。到了近代，斯宾诺莎以实体来说明世界只有一个，莱布尼茨认为具有能动性的单子构成了宇宙万物这个有机体。19世纪达尔文的进化论揭示生物有机体的进化过程。柏格森的创造进化论以"生命的冲动"解释了生物进化过程的动因，突现进化论解读了"物质—生命—心灵"的能动过程，阐明了从旧质到新质的飞跃。对过程哲学的产生有着杰出贡献的是怀特海和哈茨霍恩。他们对过程哲学赋予了过程思想深刻而丰富的内涵。这种内涵，由于具有生态思想的元哲学性质，使得过程哲学对于解读生态哲学的本体论具有重要意义，因此，接下来我们会发现关于过程哲学的很多理论我们在第一篇"生态本体论"中已经涉及。

过程哲学中的"过程"有两种含义，这实质上也是对时间赋予了两种解读：一种是通常意义上的过去、现在、未来的时间历程——转变（transition）过程，即变化、生成、增长、衰亡的过程，这是时间纵向的继续性，是过程哲学对以往过程思想的把握（prehension），也是它们的共性；另一种是过程哲学思想所赋予的新意，即正在发生着的动态共生（concrescence）活动，在这个共生的过程中，没有时间，又绝非静止。① 转变过程与共生过程的双重强调是过程哲学的思想特色。不具时间性的共生是过程哲学与以往过程思想的不同之处。"不具时间"不是否定时间，是否定僵死的时间，把时间定义为活的。共生过程中没有时间，每一瞬间都是崭新的，都是"现在"，共生创造出具体，产生宇宙万物。共生指每一种现实机遇的生成活动，即多种共生统一为单一的现实机遇。人的经验的瞬间共生远比原子以下的基本粒子的共生要复杂得多。

按怀特海的理解，过程是外在客观机遇（occasion）和内在主观享受（enjoyment）的统一。一方面，过程体现为转变（transition）和共生（concrescence）。转变构成了暂时性，它是一种现实个体向另一种现实个体的转化。现实个体又称为现实机遇或经验机遇。每一个现实个体都是一些转瞬即逝的事件，灭亡就意味着当下的现实个体结束存在并转向下一个事件。另一方面，过程又体现为享受，即领悟（prehension）和感受（feeling）。现在的机遇领悟和感受了先前的机遇，并对全部过去和未来开放。"如果世界的基本单位是事件，如果这样一些经验事件总是存在，而且，

---

① 〔美〕小约翰·科布、大卫·格里芬：《过程神学》，曲跃厚译，北京，中央编译出版社，1998，第4页。

如果每一种经验都包括了接受过去事件的影响，即包含了一种自发性的要素（所以，经验只不过是先前事件的产物），和对后继事件影响的一种贡献，那么时间就总是存在的。"①格里芬在这里所阐述的"接受过去事件的影响"就是指"领悟"，而"对后继事件的影响"就是指后继事件对它的领悟。享受具有主观直接性，过程的每一单位都以享受为特征。这一陈述清楚地表明，每一个这样的单位都有内在价值，即一种自在自为的内在实在，②过程体现为享受。成为现实的也就是成为过程的，怀特海把过程赋予了一种深刻的哲学含义，这正是我们所要深入理解强调的。还有一点要说明的是，"领悟"（prehension）一词的翻译并不准确，没有很好地体现怀特海的思想。这一词在汉语里的翻译也有争议，有的学者翻译成"摄持""摄受"，也有翻译成"抱握"的。prehension 最恰当的翻译应该是"把握"，这样更能恰如其分地接近其本义。所以，应该说"过程又体现为享受，即把握（prehension）和感受（feeling）。现在的机遇把握和感受了先前的机遇，并对全部过去和未来开放"。完整的过程应该是把握过去，享受现在，并对未来开放。

过程哲学认为，享受使过程的每一单位都有着某种主观直接性，都具有内在价值，这使空间并存成为现实。对以往的过程思想来说，"过程"这个词语总是暗示着外在的和客观的事物。而过程哲学所理解的过程，是外在的客观机遇（occasion）和内在的主观享受（enjoyment）的统一。这里需要说明的是，"享受"这一词的翻译并没有很好地体现 enjoyment 的原意，或许汉语里很难找到一个恰当的词与 enjoyment 的含义完全对应。enjoyment 这一英语单词恰如其分地表达了过程的主观直接性。享受是一切活的存在的一个特征，但是，享受的能力则是不同的。一个被还原为放射性岩石、沙粒和水的世界可能是极为贫瘠的。③ 也就是说，每个人的享受能力是不同的，这一点是我们都能理解和接受的。进一步理解，动物也具有享受能力，只是与人的享受能力不同；植物同样也有享受能力，这个能力可能要弱于动物；沙石和水的享受能力可能是最弱的。所以，每一个个体都具有享受能力，"享受"使内在价值得到肯定，使尊重他物有了根据，这样，生态学的态度也就成为可能。尊重自然，

① 〔美〕大卫·格里芬等：《超越解构：建设性后现代哲学的奠基者》，鲍世斌等译，北京，中央编译出版社，2002，第19页。

② 〔美〕小约翰·科布、大卫·格里芬：《过程神学》，曲跃厚译，北京，中央编译出版社，1998，第Ⅲ页。

③ 〔美〕小约翰·科布、大卫·格里芬：《过程神学》，曲跃厚译，北京，中央编译出版社，1998，第158页。

尊重其他物种，尊重人类，进而尊重每一个个体的空间并存，这对于解决环境危机具有现实的意义。每一现实个体都具有过程的享受，都具有内在价值，空间的并列和共存得以肯定。这种空间的宽容性是生态学广泛关联的基础。空间的宽容意味着每一个个体的存在，这样，世界是主体的交流而非客体的堆积这个观点也有了成立的可能。

二、共生

按照我们的深入理解，过程是外在与内在的统一，是个体的参与。这种外在客观机遇和内在主观享受的统一说的是一种相互依存的关系、联系。个体所经历的变化、生成、增长、衰亡的时间历程依然是过程的性质，即转变；过程的共生强调的是共同的参与，共同的创造，共同产生新的事物。

共生（concrescence）又译合生，众缘合生，共同创生；是一种自我创造、共同创造，就是共同创造并产生出全新的内容。共生赋予过程能动的生命力，这就是"没有时间，又绝非静止"之意，即每一刻都是动的，都能创造出崭新的事物，而不是停留在原地保持不变，不是类似很多张静止不动的画片播放出的连续电影。转变所构成的暂时性是历时性，它与共生的"没有时间"形成对照。转变的暂时性、历时性有千千万万个能动的、活跃的共生，共生使个体具有自我创造能力，也一起创造出崭新的世界。所以，过程是能动的、活跃的、自我创造的过程。或许换个角度讲，如果抛却时间、抛却历史，那么所有一切都是鲜活的共生。为了便于领会，我们可以从三个方面来理解共生。第一，共生没有时间是指每一刻都是新的，都在变，都在动，都在发展。第二，从相互联系、关系的角度来理解，共生就是多个事物共同产生，同时产生，发生联系，彼此没有时间先后。第三，可以借助物理学来理解，相对论的高速运动中的时间缩短就有助于理解不具时间的共生。相对论认为，当运动速度达到光速时，时间停止，这是典型的不具时间的运动，不具时间的过程。

不具时间性的共生是过程哲学与以往过程思想的不同之处。转变过程与共生过程的双重强调是过程哲学的思想特色。共生过程，使过程哲学思想具有了空间宽容的可能。按格里芬的理解，"这些构成暂时过程的实在的个体机遇本身就是过程。它们只是其自身瞬间生成的过程。从外在的、暂时的观点看，它们是突然发生的，但在更深层次上，它们又不是被理解为历经了极短的不变的时间的事物，而是被理解为利用这一丁点时间得以生成的事物"①。格里芬的"一丁点时间"是一种比喻性的说明，是为了便于我们的思维能够有所理解。共生的过程中没有时间，绝不表明这是一幅静止的画面。过去是由已经发生的事件构成的，现在是正在发生着的，未来则完全不同，每一瞬间都是崭新的，是动态的共生活动。共生意味着生成具体，生成宇宙万物。

"不具时间"的真实含义是"没有僵死的时间"，"共生"把时间赋予了深刻的新的理解，即"时间是活的"。过程哲学以如下六种时间来描述时间的起源与进化：①非时间（atemporality）；②原生时间（prototemporality）；③原始时间（eotemporality）；④生物时间（biotemporality）；⑤精神时间（nootemporality）；⑥社会时间（sociotemporality）。② 这种对时间的形而上学的理解，超越了现代宇宙论对时间的解析。大爆炸宇宙论认为，从一个奇点的爆炸开始，宇宙诞生，宇宙开始有了自己的年龄——时间，也开始有了自己的空间。按照量子力学理论的分析，奇点是过程中的事件，是人类的思维理解不了的事件。奇点、星云、星系、地球、生命、人类和人类社会，这一宇宙故事是科学给我们提供的共同的理解。这一宇宙故事对时间的理解也只能把握到奇点。可是霍金的《时间简史》又把这种本体概念推到了奇点之前。

三、过程的根本性强调关系、事件、创造性、经验

过程是根本的，关系是永恒的，过程哲学强调的是关系的实在，而非实在的关系。怀特海在《过程与实在》中认为：实体是过程阶段很多可分的部分联结成一个个体。岩石、太阳系、计算机都是个体的聚集体，它们都由原子、分子组成，原子、分子也是如此。每一事物都是经验的机遇或由经验机遇的诸个体构成的。不存在物质实体，存在的是一系列相互联系的事件，物质实体是由一定种类的相互关联的事件系统构成的。过程的宇宙是关系的、联系的，而非原子的或神意的。③ 因此，我们的理解应该是，某种意义上并不存在氢原子，而存在着质子和中子相互作用的关系，还有与核外电子的关系。所以过程思想认为，每一事件都是关系中的事件，环境中的事件，每一事件都蕴含着宇宙的全息图景。正

---

① 〔美〕小约翰·科布、大卫·格里芬：《过程神学》，曲跃厚译，北京，中央编译出版社，1998，第4页。

② 〔美〕大卫·格里芬等：《超越解构：建设性后现代哲学的奠基者》，鲍世斌等译，北京，中央编译出版社，2002，第18页。

③ Moses G J："Process Relatidnal Ecological Theology：Problems and Prospects"，http://nembers. Optusnet. com. au/～gjmoses/ecoth12K. htm.

是由于这一哲学基础，"生态纪"学说认为，宇宙是一个交流的主体，而不是客体的堆积。

当关系被看作是根本的，是关系的实在时，事件就是现实的终极单位。相对运动中实体比事件更真实这种根深蒂固的假定，仍代表着我们时代的大多数人的思想。没有人把会议、比赛、事故、医疗、战争、谈判、出生、死亡等叫作实体，可是它们却真实地存在着。一般来说，事件在形而上学中服从了实体，人们假定，事件最终可以根据分有它们的实体和这些实体的位移得到解释。人们相信，一场谈判最后可以被分解为人的原子构成的运动及其环境（它们共同组成了事件）。① 在机械形而上学中，原子是实体，是三维的，而事件却是四维的。三维的原子不需要时间的流逝，四维的事件需要通过时间发生和延续。在空间中绵延，在时间中持续，由关系构成的事件是过程中的实在。

这正如怀特海所论述的："一个事件可能具有跟它同时发生的其他事件。这就是说：一个事件把跟它同时发生的事件的样态作为现时达成态的展示而反映在本身之中。事件也有过去。这就是说该事件在自身中把先行事件的样态反映出来，并作为记忆混入自身的内容中去。事件还有未来。这就是说，这一事件在自身中反映出未来向现在反射回来的那些位态。换句话说，它反映出由现在决定的那些位态。"② 也就是说，现在的机遇把握和感受了先前的机遇，并对全部过去和未来开放。通俗地说，就是过去的记忆、现在的体现、未来的预示。

所有的现实存在都是一种创造性的过程，这种对实在的进一步解读，是过程哲学根据共生过程对创造性的共生进行阐释。原子核就是质子和中子相互紧密联系、发生关系的创造性过程。"所有的现实存在都是一种能量存在，是一系列复杂能量事件的结合。不存在物质与精神的绝对对立。上帝和我们的精神都是能量事件，正像每一事物都是能量事件一样。"③ 怀特海也把这种能量事件称为经验机遇。这种原子的经验机遇主要不是可分解为属性，而是关系。④ 每一能量事件都有两极：一是物理极，二是精神极。物理极是过去能量事件的纯粹重复；精神极具有主体

① 〔美〕大卫·格里芬等：《超越解构：建设性后现代哲学的奠基者》，鲍世斌等译，北京，中央编译出版社，2002，第235页。

② 〔英〕怀特海：《科学与近代世界》，何钦译，北京，商务印书馆，1959，第71页。

③ Stegall W："A Guide to A. N. Whitehead's Understanding of God and the Universe"，*Creative Transformation*，Spring，1995，p. 3.

④ 〔美〕大卫·格里芬等：《超越解构：建设性后现代哲学的奠基者》，鲍世斌等译，北京，中央编译出版社，2002，第237页。

性，对于最初目的，未来将怎样发展有一定的决定性，这就是大卫·格里芬所说的创造性的自决，即自我创造过程。现实的存在是一种高级的创造过程，在其中，过去的事件被结合进现在的事件里，也将被未来事件所占有。[①]"过去……现在……未来……"，这里实质是在阐述一种"继续前进"的过程。"继续前进"不仅意味着过程，也成为"创造性"，动词"创造"（create）在字典中的意义，就是"产生、引起、生产"。任何存在物都不能与创造性概念相分离。存在物至少是某种具体的、能把它自己的特殊性注入创造性之中的形式。[②]由此，我们可以深刻领会创造性的普遍原则，理解走向"生态纪"所倡导的创造性。

第三节　解读过程哲学的彻底生态性

过程哲学具有更彻底的生态性，它强调世界是一个有机整体，在这个整体中，关系是实在的；过程是根本的，对转变过程与共生过程的双重强调丰富了这个有机整体的内涵。

过程哲学的范式告诉我们，关系的实在、事件、经验、自我创造过程使过程哲学以整体的自然、关系的自然彻底打碎了机械的形而上学观念，深化了对科学中自然的物质概念的理解。关系的实在转变了机械的形而上学的实在的关系，事件、经验打碎机械的形而上学的实体，自我创造找到了事物的内在原因，即地球与太阳是自我旋转起来的，而不是牛顿的上帝"第一推动"造成的。过程哲学接受有关过程、关系方面的科学发现，把时间定义为一种经验机遇向另一种经验机遇的转变。非生命事物是具有主体性意识的、创造性的、活的个体中的抽象。生命具有目的性、创造性和过程的享受。[③]过程思想以怀特海的哲学为基础，背离了传统哲学对单个实体的构想，把固定不动的物质实在看作一系列经验的运动，认为世界是一个整体。

万物都是相互关联的，关系模式使世界成为一个整体。二元论把世界划分为主、客两个世界，又进一步把世界划分为各个组成部分，然后把每一部分当作机器部件分别加以研究。一个机器的个别部分的运作很

---

①　Cobb J B：*God and the World*，Eugene：Wipf and Stock，1998，p. 57.

②　〔英〕怀特海：《过程与实在：宇宙论研究》，杨富斌译，北京，中国城市出版社，2003，第 388 页。

③　〔澳〕伯奇、〔美〕柯布：《生命的解放》，邹诗鹏、麻晓晴译，北京，中国科学技术出版社，2015，第 194～200 页。

大程度上不受它们在整体中的作用的影响。由于这种心理模式，大学也把实在划分为各个片段，并研究每一个片段，似乎它是彼此孤立地存在的，并能孤立地被理解。人们很少注意到整体的不同特征。二分和片段(bifurcation and fragmentation)歪曲了实在，事实上，万物都是相互关联的①，在关系中构成一个整体。关系也是经验机遇。这也是一种泛经验论。过程哲学以创造性自决的自我创造过程，终止了上帝的绝对创造，把上帝从第一推动的宝座上拉了下来，由此也引出我们对过程神学的理解与把握。

　　上帝原本是人类精神的产物，是思维和意识所创造的形而上的存在。过程哲学的上帝观解构了绝对的、刚性的、机械的上帝，这种机械上帝的神学观隐含着环境危机、生态危机的深刻根源，对于生态危机有着不可推卸的责任。因此，过程哲学的上帝观对于解决生态危机有着重要意义。过程思想带来了一场神学运动——过程神学。它持自然主义的万有在神论(naturalistic panentheism)，认为世界在神之中，而神又在世界之中，世界的状况既不是来自神的单方面的行为，也不是来自被创造之物，而是来自神与被创造之物的共同创造性。②

　　过程思想认为，上帝永远不能单独创造，创造是上帝与被创造物的共同创造。在这种持续创造中，上帝的作用是随着每一能量事件的自我创造，把最初的目的赋予每一能量事件。③ 所以，过程神学拒绝"无"的创造，上帝不能单独从无中创造出世界。过程神学肯定了一种基于混沌的创造教义。绝对的混沌是这样一种状态，其中除了很低等的现实偶尔发生外，什么也不存在。一个不朽的个体就是一系列机遇，每一机遇在这一系列先前的机遇中所继承的东西要比它从其环境的其他现实中所继承的东西更有意义。在一种混沌的秩序状态中，每一个机遇都可能同等地从全部先前邻近的现实中承继下来。基于这种混沌的创造秩序的第一阶段就是事物的发展和不朽的个体。④ 这种混沌也有内在价值，因为仍存在一些现实的机遇。只是所享受的价值必定很小。所以，宇宙中的

---

　　① 〔美〕大卫·格里芬等：《超越解构：建设性后现代哲学的奠基者》，鲍世斌等译，北京，中央编译出版社，2002，第233页。

　　② 〔美〕大卫·雷·格里芬：《后现代精神》，王成兵译，北京，中央编译出版社，1995，第26页。

　　③ Stegall W："A Guide to A. N. Whitehead's Understanding of God and the Universe"，*Creative Transformation*，Spring，1995，p.4.

　　④ 〔美〕小约翰·科布、大卫·格里芬：《过程神学》，曲跃厚译，北京，中央编译出版社，1998，第63页。

各个实体不全是被决定的，在一定程度上都有自决性。这就是说，世界在神之中，而神又在世界之中，这是一种神与世界融为一体的生态观念。

过程是根本的，它揭示了过程哲学的生态性。自然的演化从物理过程，到生物、生态过程，再到人和人类社会，这是一个流畅的过程，没有任何断裂。所有现实的事物没有固定不变的。一切都是流动的、过程中的，只有抽象是永恒的。另外，在这个流畅的过程中，关系是普遍存在的，每一个个体都是由前一级个体之间的关系事件构成的，关系是具有构成性的。也正是由于关系的普遍存在，才使过程成为流畅的过程、根本的过程。这是相互依存的生态基础。

因此，过程哲学寻求的是一种后现代主义的生态学世界观，即承认人类与自然的复杂的相互关系，因而承认事物之间相互依赖。后现代生态学的世界观是一种系统的、整体的世界观，在充分有效利用自然资源的同时，又善待自然，反对那种大规模地破坏其他生物并因此破坏其享受及未来人类享受的"进步"形式。① 这种世界观认为宇宙是一个生态整体，地球也是一个生态共同体，人类社会也是地球上的一个生态系统——社会生态系统。每一个个体都是宇宙生态系统中的一员。

这种世界观强调，事物不能从与其他事物的关系中分离出去。② 因为过程的根本性使存在是由一系列相互联系的事件构成的，所以联系是普遍的。过程思想提出，在宇宙的演化和生物的进化过程中，每一单独的实体处在不同的环境之中，它们也因此改变、变化、演化和发展。任何一个实体都凭借与其他实体的外部依赖关系而存在。宇宙的演化和生物的进化都是结构中的变化，正如质子与中子形成氢原子一样。氢中的质子与中子发现它们所处的环境与它们单独存在时的环境不同，因此也就有不同于它们单独存在时的关系。质子的主要聚集体积不同于它在氢原子中的聚集体积。大脑中的细胞不同于不在大脑中的细胞。这就是最基本水平的生态学。

每一现实个体都是过程的参与者，这也是过程的根本性的一种体现。因此，查理斯·贝奇（Charles Birch）认为③，过程生态学有理由尊

---

① 〔美〕小约翰·科布、大卫·格里芬：《过程神学》，曲跃厚译，北京，中央编译出版社，1998，第159页。

② 〔美〕大卫·格里芬编：《后现代科学：科学魅力的再现》，马季方译，北京，中央编译出版社，1995，第149页。

③ Birch C："Process Thought：Its Value and Meaning to Me"，*Process Studies*，1990，19 (4)，p. 224.

敬自然中的每一个个体，不管是青蛙还是人类，因为它们不仅仅是客体，也是主体，参与过程的主体。非人类中心的伦理是开放性的，这对保护自然的生态哲学具有重要意义。"人"不是测量万物的尺度。每一生物除了工具价值外，对于它们自己也具有内在价值。这种认识暗示着对于非人类要给予一定程度的公正、权力与同情。每一生命、每一非生命都有权参与到过程之中，这既是过程根本性所要求的，也是过程根本性所赋予的。

对于生态危机，过程哲学认为，自然的变化和历史的变化一直是密切相关的。气候的变化导致了人口的迁徙，而且人的活动改变了土地的状况。西方人缩短了时间规模，导致了解决当前问题的应急方案，为短期利益而不断掠夺各种资源，引起全球危机。[①] 要解决环境危机、生态危机，需要彻底的生态主义，这是过程哲学的思想，也是后现代的组成部分。

有机马克思主义是通过融合过程哲学思想、马克思主义，创造出一种新的生态实践方式，以此来为我们应对全球生态危机寻找一种替代选择。有机马克思主义的有机生态思维认为合作和共同体应该是价值的追求，而不应该只以个体和竞争作为价值的判断，共同体的健康决定了个体的健康。有远见的有机马克思主义还认为整个世界是复杂而又不确定的，一个有机体的变化将会给整个系统带来未知的结果，就如作为全球主要生产方式的资本主义已经给世界带来了巨大的破坏。有机马克思主义批判了世界性的生产方式，更为了广大人民群众的利益，批判了资本主义"自由市场"中的自由。正是对资本主义固有局限性的认识，才助推越来越多的运动把社会主义重新定义为生态社会主义。[②] 有机马克思主义作为生态危机时代的新选择，将会阻止资本主义毁灭性的进步，为建设生态文明贡献一份力量。

过程哲学属于生态哲学，是有关生态的哲学理论基础的发展。过程的根本性和关系的普遍性，是过程哲学对生态观的内在核心本质的把握，由此过程哲学也成为"生态纪"的哲学基础。在这种生态观念中，一切价值和一切相互依赖的关系都将得到重视和尊重。正如格里芬所提倡的："我们必须轻轻地走过这个世界，仅仅使用我们必须使用的东西，为我们

---

① 〔美〕小约翰·科布、大卫·格里芬：《过程神学》，曲跃厚译，北京，中央编译出版社，1998，第154页。

② 〔美〕菲利普·克莱顿、贾斯廷·海因泽克：《有机马克思主义——生态灾难与资本主义的替代选择》，孟献丽、于桂凤、张丽霞译，北京，人民出版社，2015，第194页。

的邻居和后代保持生态平衡，这些意识将成为常识。"①这种意识也是走向生态纪的最基本条件。在宇宙的过程之中进行生态性的思考，是一种更彻底的生态主义。

过程的根本性和联系的广泛性涉及现实中的所有层次，甚至精神和意识也是一种能量存在、能量事件，体现了过程哲学的生态广泛性。这样，不同层次的相互依赖，不同个体的相互依赖，特别是人与自然的相互依赖，在过程哲学思想里具有本体论意义。正如科布和格里芬所强调的："生态学告诉我们，生态系统中每一个事件都可能是由偶然事件之复杂的相互关联而形成的。"②相互关联、相互依存是解决全球危机所必需的。

① 〔美〕大卫·雷·格里芬：《后现代精神》，王成兵译，北京，中央编译出版社，1998，第227页。
② 〔美〕小约翰·科布、大卫·格里芬：《过程神学》，曲跃厚译，北京，中央编译出版社，1998，第164页。

第三篇

生态（环境）伦理学

生态（环境）哲学是哲学转向人的实践、人的行动的产物。关注世界、关注思维、关注人的行动是哲学的进程。哲学在关注世界、关注人的思维之后，关注人的行动就是发展的必然。转向行动的关注就是关注伦理道德。环境伦理、生态道德就是人的行为规范，因此，环境哲学才会在环境伦理学领域里率先发展起来。

环境伦理学把人的道德关怀扩展到生态环境。道德是伦理学的研究主题，它所涉及的行为具有利他性，可是道德高尚的人具有生存优势，这是自然演化的成就，也揭示了道德利他也利己。道德是行为准则，是人们在社会中活动时应遵守的普遍规则，是引导人们做出选择和行动的价值标准。价值是道德哲学的基础。由价值导出的权利使得自然价值、自然权利成为生态伦理学、环境伦理学的基础理论研究的内容。这种研究内含着关系原则、过程原则、有机原则的运用。

西方环境伦理学从人与自然关系的角度研究伦理问题，主要有四大理论派别：人类中心主义、关怀动物的动物解放与动物权利论、生命平等的生物中心主义、生态整体主义。它们都关心人类的可持续发展，认可人类道德对象扩展属于人类道德的完善。它们所依据的理论不同，但都不同程度地承认生命和自然界的价值。它们的道德目标不同，道德原则和规范也不一样，但是都认为保护环境、维护生物多样性和生态系统平衡是符合人类利益的。本篇首先解读生态伦理学的由来与内涵，特别是对伦理、道德做出生态解读，追溯其产生的生态本原；然后解析道德优越者生存，分析自然的价值，研究自然的权利；最后阐述生态伦理的流派。

第十章　生态伦理学的由来与内涵

　　生态伦理学的内涵首先要涉及伦理、道德的内涵，不仅包括对伦理、道德的概念界定，也包括道德的本质及由来，还有生态伦理学的由来以及生态伦理学的研究对象、研究内容等，这些都属于生态伦理学的基础知识。这种基础知识虽然有的内容属于常识，但是作为研究前提对其进行逻辑阐述却是我们回避不了的。再有就是从生态维度解析道德伦理，能给我们带来深刻的理解。

第一节　由伦理、道德的内涵探究其生态由来

　　生态伦理或环境伦理涉及的最基本的词语是伦理、道德，我们先从语言上解读。"伦理"就是指人类在社会中，处理人与人之间关系时所应当遵循的道德行为准则。"伦"本义为"类""辈"，引申为"人际关系"；"理"本义为"治玉""玉石的纹路"，引申为"规律""规则"，是指处理人们之间相互关系应当遵循的道德和规范。ethic（伦理）是指人与人之间的相处原则。在西方文化中，"伦理"一词由希腊文 ethos 演绎而来。这个词在当时只表示惯常的住所、共同居住地，有时也理解为风俗、性格，但还不具有伦理的意思。直到公元前 4 世纪，亚里士多德使名词 ethos 成为一个形容词 ethikos，才使它具有道德品性和道德规范的意义。亚里士多德最先赋予其伦理和德行的含义。

　　伦理，作为社会技术准则，是过程得以持续的自然法则。按传统的理解，伦理是人与人之间的人伦常理。我们认为，它也是自然演化过程中自然规律的继续。伦理不属于社会技术，是制定社会技术规则的准则。如果把自然技术与自然科学做类比，那么在一定程度上社会技术可以和伦理学做类比。在自然演化中，遵循自然规律的行为、事物才能融入发展过程。自然以千百万次无情的代价把违背自然规律者淘汰出发展过程。人类是自然演变过程中高度有序的产物，是遵循自然规律过程中的必然。为了人与人的共同体能够继续融入自然的发展过程，在遵循自然规律的基础上，人与人之间既自然又自觉地遵循一种关系准则，即伦理。伦理是人与人之间的关系，是尽量依循自然规律、有利于人类共同体生存和

发展的关系准则。自然规律在自然演化过程中采取的是自然生存规则，这个规则是残酷的。生存者稍稍背离自然规律，立刻被淘汰出自然过程。人类的规律是保护弱势群体，这是人的伦理，高于自然生存法则，有利于人类整体的生存，所以人类才能繁衍和兴旺。人类个体虽然脆弱，但在遵循伦理的整体之中每一个个体都有坚强的韧性。

　　"道"与"德"是两个既相互区别又相互联系的概念。道有"道路""道理"之意，引申为规律，主要是指世界的本原、万物的本体及世界万事万物运动变化的法则、规律。"德"主要是指由本原"道"产生、受本体"道"决定的万事万物，遵从法律之"道"的自然品性或行为规范。"德"在汉语里最早应该是"行"的意思，当时指的是具体的行为，"德"是内心所得，通过行为表现出来；德是自身的品性，没有外在的强迫。① 道德是一种社会制定或认可的行为应该如何的规范。道德也就是道德规范。这样道德便正如休谟所说，无非是人们所制定的一种契约，具有主观任意性，因而虽然无所谓真假，却具有优良与恶劣或正确与错误之分。② 老子说，"道可道，非常道"，那意思无非是说，"道"并非指的是一条具体的道路，而是一个抽象出来的概念。本义是客观真理，即自然界的构造、运动、变化等规律。而"德"的本义为顺应自然、社会和人类客观需要去做事。在不违背自然发展的前提下，去发展自然，发展社会，发展自己的事业。在西方文化中，"道德"一词起源于 mores，本义是指风尚、习俗，后来演变为内在本性、性格、品德等意思，引申其义，拉丁语又产生出 moralitas 一词，表现在英语中为 morality。现代意义上的道德比较注重人性及其完善，强调人生准则和人生修养等。道德就是为了维护我们的幸福而逐渐约定俗成的一些行为规范。

　　道德是行为准则，是人们在社会中活动时应遵守的普遍规则，是引导人们做出选择和行动的价值符号。道德的性质包括两点：第一，道德判断必须基于充足的理由；第二，道德要求公平地考虑每一个个体的利益。③ 这时，涉及了三个密不可分而又根本不同的概念：道德（道德规范）、道德价值、道德判断（道德价值判断）。道德（道德规范）是人制定或约定的，但是道德价值却不是人制定或约定的，一切价值都不是人制定或约定的。道德规范是道德价值规范，道德判断是道德价值判断。道德

---

　　① 高国希：《道德哲学》，上海，复旦大学出版社，2005，第44～46页。

　　② 王海明、孙英：《美德伦理学》，北京，北京大学出版社，2011，第2页。

　　③ 〔美〕詹姆斯·雷切尔斯：《道德的理由（第5版）》，杨宗元译，北京，中国人民大学出版社，2009，第1页。

价值规范是道德价值在行为中的体现，是道德价值的规范形式。道德价值判断是道德价值在大脑中的反映，是道德价值的思想形式。① 符合道德价值的道德判断就是真理，反之就是谬误。与道德价值相符的道德规范就是优良的、正确的、对的道德规范；反之就是恶劣的、错误的道德规范。道德价值判断指导道德规范制定，也就是说只有属于真理的道德价值判断才能够指导制定出优良的、正确的道德规范。这种优良的、正确的道德规范也就是我们常说的美德。

　　道德的出现和发展是自然选择和遗传共同作用的结果，是自然进化在人类社会中的继续。道德通过利他的行为将共同体团结起来，获得更大的生存能力。道德规范虽然是人制定或者约定的，但是随意制定、约定的道德规范很多都是错误的；而优良的道德规范则会因为其与道德价值吻合，通过自然选择被保留下来，并以遗传的方式传递下去。当某种本能使一些动物聚居在一起而成为一个整体时，与同伴分开会使它们感觉到不安稳；遇到危险，它们会彼此警告，并在与敌人攻守时彼此帮助。猿猴甚至原始人也通过自然选择和遗传取得了这些品质。当两个居住在同一片地区的原始人的部落开始进行竞争的时候，如果其中的一个拥有更大数量的勇敢、富有同情心、忠贞不二的成员，随时准备彼此警告，随时守望相助，这个部落就更趋向于胜利而征服另一个。自私自利和总是争吵的人是团结不起来的，而没有团结便一事无成。② 同一部落中的具有这些品质的人在数量上不断增加并日益复杂，逐渐地每个人都会意识到如果他帮助别人，他也会受到别人的帮助。这种不太纯粹的动机使得他们养成了帮助别人的习惯，并遗传下去。利奥波德把道德理解为"对生存竞争的行为自由的一种限制"。达尔文的进化论对此做了解释。达尔文认为，道德或伦理行为的基础是感情。这种感情又起源于某些动物对其幼崽的长期关怀。由于这种情感有助于这类动物的后代的顺利成长，它就被当作该物种的一种心理原型而被进化选择留下来。这种情感使得人类祖先能够组成某种小型家庭或民族团体。在进化的漫长岁月中，这些类似的社会情感或社会本能肯定得到了强化。

　　其实道德并不是要求道德者一味付出不求回报，当我们从生态学的角度看待道德，就会发现自己的利益是和他人的利益紧紧结合在一起的。整个宇宙是一个整体，是将一切生物联系在一起的大系统。系统可以被

---

① 王海明、孙英：《美德伦理学》，北京，北京大学出版社，2011，第3页。
② 〔英〕达尔文：《人类的由来》，潘光旦、胡寿文译，北京，商务印书馆，2008，第201页。

定义为"是由相互作用和互相依赖的若干组成部分结合的具有特定功能的有机整体"①。自然界的物质系统具有普遍性。不仅整个自然界构成一个系统，自然界中的一切对象都是系统或自成系统。宇宙万物就是一个大的生态系统，自然是一个生态系统，社会是一个生态系统，人类本身也是一个生态系统。

整个自然界就是一个大的生态系统，道德的利他也使得生存在由己和他构成的生态系统中的自己获益。过去人类中心主义认为，人与自然之间只有一种组合，认为人是理所当然的"己"，自然通常被当作"他"。这种观点当然是错误的，人与自然之间，己与他之间是双向的，人是自然的一部分，具有自然的属性和特点。例如，水体约占地球表面积的70%，水约占人体组成的70%，这被看成是妙不可言的巧合。大地伦理学认为，人、动物植物、山川河流与大地都是一个共同体。作为一个共同体的成员，人不仅对共同体中的其他成员而且对共同体的本身负有道德义务。人类的道德不仅仅应该存在于人与人、人与社会，同样也应该存在于人与动物、植物，人与自然之间。当自然的一切都因人的行为而获益，整个自然就获益，那人类作为自然的一部分，怎么能不获益。

社会是由己和他构成的，整个社会就是自然生态系统中的一个小系统，己与他是可以相互转化的，道德的利他也是伦理上的利己。社会性是人的基本属性。每一个人都处在一定的社会关系网络之中，社会道德对每个人的身份和角色在特定的场合都有特殊的规定，并要求一定角色和一定身份的人按照一定的道德行为模式去做。② 每一个人在自己的生活中是主体的"己"，在他人的生活中就是"他"。每一个"己"都离不开无数的"他"的支撑。当个体扮演不好自己的"己"时，同时，也使他人生活中的"他"受到了损害。同样，当我们损害他人时，也就是损害了我们生活中的"他"，损害了我们的社会关系网络，也就是损害我们自己。同样，当我们按照应有的道德行为模式去做时，能够为他人产生积极的效应。他人获益，我们自身的社会关系网络就是好的，自己处在良好的关系中，自己就获得了利益。当整个社会都能够按应有的道德行为模式去做的话，整个社会就是一个大的、好的关系网络，人作为社会的一部分，也会获益。

现在通常认为，"道德"和"伦理"从词源上看基本相通，一般也都以

---

① 陈昌曙：《自然辩证法概论新编》，沈阳，东北大学出版社，2001，第 54 页。
② 刘长欣：《论道德的利己价值》，《东岳论丛》2003 年第 2 期。

相同的内涵来运用，可以相互替代。但是，在伦理思想史上，道德侧重于人们之间实际的道德行为和道德关系，伦理则指有关这种行为和关系的道理。正是在这种意义上，伦理学在西方则被称为道德哲学（moral philosophy），或道德科学（moral science）。

第二节　生态伦理学及其由来

伦理学（ethics）是关于道德的科学，以道德现象为研究对象，是道德思想、道德观点的系统化、理论化。不仅包括道德意识现象（如个人的道德情感等），而且包括道德活动现象（如道德行为等）及道德规范现象等。中国古代对道德的研究自成体系，但是在汉语里，19世纪后才开始使用伦理学这一专有名词。伦理学以道德为研究对象，研究道德的本质、起源、发展和道德规范体系，研究道德水平同物质生活水平之间的关系，研究道德的最高原则和道德评价的标准，探讨道德的教育与修养，以及人生的意义、人的价值和生活态度等问题。马克思主义伦理学建立在历史唯物主义基础之上，揭示道德的发展规律，将道德作为社会历史现象加以研究，强调阶级性，研究社会中道德的阶级性及道德实践在伦理学理论中的意义，着重探索道德现象中的普遍性和根本性的问题。

从伦理学研究的范围和方法来看，一般把伦理学分为理论伦理学、实践伦理学、描述伦理学、规范伦理学和应用伦理学。根据经验描述的方法，仅仅从社会状况再现道德的描述伦理学，包括道德心理学、道德社会学、道德人类学等；根据价值分析法，侧重论证、制定和实施道德规范的研究属于规范伦理学；根据逻辑语言分析的方法，侧重于从语义学和逻辑学的方面来反映道德语言特点和逻辑特征的是描述伦理学下的元伦理学。

生态伦理和环境伦理一般在相同意义上通用。把生态或环境与伦理结合起来，主要是因为环境问题。环境问题由来已久，它几乎是和大规模的农业开垦以及城市的建立同时出现的。但环境问题真正成为一个严峻的问题是在18世纪工业革命以后。随着科学技术的发展，到20世纪，人类开发自然的广度和深度空前扩展。环境污染、能源资源短缺、生态问题等一系列危机，威胁着全人类生存与发展，成为全球问题。人们对环境与发展、环境与伦理的思考，就是在这样的背景下展开的。

生态伦理的由来不仅是因为环境问题，也是哲学本身发展的必然。哲学在探讨了世界本体论之后回答了世界是什么的问题，哲学对人类思维的关注回答了人类怎样认识这个世界的问题。今天，世界是什么的问题已经由现代科学揭示得淋漓尽致。哲学的本体论有了雄厚的基础。哲学是时代精神的精华，不同的时代哲学有着不同的关注主题。哥白尼之前，哲学的主题表现为主体围着世界转；哥白尼之后，文艺复兴使人的地位得到了提升，哲学主题的表现是世界围着主体转，关心的是人的精神、人的意识、世界怎样为人服务。在知道了世界是什么、人怎么样认识世界之后，就是人应该怎样行动从而建立人与自然关系的问题，这就是关于人的行动的哲学，人的行动与环境的关系的主题成为生态伦理学的重要研究内容。生态伦理学的出现是哲学转向生态、转向环境，即哲学范式转变的产物。主要是理论框架和概念体系的转换，是本体论、认识论、方法论和价值论的理论框架转变，最重要的是它的基本概念转变。

传统的伦理学主要涉及人与人之间的社会关系，并以建立合理的人际道德规范为目标。然而，全球生态危机告诉我们，伦理学必须延伸至自然界，必须拓展到人与自然关系的研究。这种研究的重点在于研究自然的价值、人在自然中的地位、人对自然的权利和义务等问题。从伦理学发展趋势看，人际伦理规范必须建立在人与自然和谐的基础之上，并且要受到人与自然和谐原则的矫正和检验。

伦理、道德直接涉及人的行为规范，人是在自然之中、天地之间以自己的行为与自然建立联系的。生态（环境）伦理就是要通过伦理、道德使人的行为对自然环境有利，从而保护自然环境。伦理、道德对环境的保护作用，也只能通过引导社会心理，通过与法律、政治、文化等社会意识形态之间的相互渗透和相互补充，丰富人类社会的精神文明，改进人类社会发展方式来实现。

生态伦理是生态哲学把伦理、道德看作人与自然、文化与自然相互作用的产物，把人的伦理与自然化的伦理结合起来，形成一种新的、可持续发展的生态世界观。生态（环境）伦理是以生态世界观为基础的人的行为规范，生态伦理学、环境伦理学就是以生态世界观为基础的道德学，一门关于世界观（自然观）、人生观、价值观和道德观的学说。它是自然价值哲学，因为它是从自然价值导出道德，对道德主体、道德代理者有约束力。作为一种伦理信念，生态（环境）伦理是自然哲学与生存哲学的结合。

第三节　生态伦理学的研究对象和内容

生态伦理学是环境哲学的构成之一，属于环境哲学的一个分支，它们之间的关系就如同伦理学与哲学一样。生态伦理学是在有关生态思想及其理论体系维度内，在分析人与人的关系、人与环境的关系的过程中，研究相关的伦理规范及其理论基础，运用生态学的理论、观念、思维探索相关的伦理学问题。

生态伦理学是研究人类与其自身赖以生存发展的生存环境系统间的道德关系的学说，它涉及伦理的扩展。生态伦理学和环境伦理学基本在相同的意义上运用，是在自然生态系统、社会生态系统之中研究人与自然、社会之间道德关系的系统学说。生态伦理学是研究人、社会、自然三者相互作用产生的道德现象的学说。生态伦理学的研究揭示了人的道德观念如何通过道德规范的制约而影响人的行为，它要求我们从哲学的高度重新反省人类与自然之间的关系，认识人类对自然环境以及自然生态系统中各种动植物的责任。① 生态（环境）伦理学是伦理学与环境科学交叉融合的综合性学科。人类生存发展活动与所生存的生态系统产生激烈的冲突，为了协调人与自然的关系，让人类与生态系统共同生存与发展，生态（环境）伦理学肩负着可持续发展的重任。人类与生态环境系统之间的冲突，产生了一系列问题，如环境污染、生态失衡、物种濒危等，表面看来是生态环境出了问题，属于自然问题，可是实质上这却是一个社会问题，是人类行为所导致的结果。问题的最终解决，必须通过对人类主体的生态（环境）伦理进行思考，这不仅涉及人与人、人与社会的伦理道德，也涉及人与自然的伦理道德。因此环境伦理真正的进步意义，就在于把人类的人际关系道德扩展到了整个人类的生存环境系统，伦理不再只是人类之间的伦理，也不仅仅是人与自然界关系的伦理。

对于生态（环境）伦理学的研究对象，需要详细说明的是，生态（环境）伦理学是关于伦理道德关系的学说。它的研究对象是人与自然生态组成的系统之间、人与社会组成的生态系统之间、社会生态系统与自然生态系统之间的伦理道德关系，其研究内容不仅包括生态伦理学本身的产生，还有与环境道德修养有关的道德行为主体和客体的相互作用关系，也涉及相关的道德体系、行为规范、相关准则、评价、教育等。道德规范直接涉及权利义务，而准则、评价及权利义务的基础是自然价值，教育和个人环境道德修养涉及生态（环境）伦理实践。因此，除了生态（环境）伦理学的产生，生态（环境）伦理的道德体系之外，生态（环境）伦理还应涉及三个研究领域——自然价值、自然权利、生态伦理实践或环境伦

① 卢风、肖巍：《应用伦理学导论》，北京，当代中国出版社，2002，第 70 页。

理实践。

西方生态伦理学者从关系和义务这两个方面来定义生态（环境）伦理学。这两种定义的差异只是理论叙述的逻辑起点和研究视角的差异，不是生态（环境）伦理学研究对象的差异。[①] 无论怎样定义生态伦理学，任何一种生态伦理都要解决自然价值问题、自然权利问题、人对人的义务与人对自然的义务发生冲突的问题，并且还要为解决这些问题提供完整的生态世界观和方法论。

首先，从个人来讲，生态伦理学应教人学会如何生存及明白生存的意义。人，首先作为一个生物个体而存在，其生物本能的行动目的是实现自己的生物生存，满足自己的生存利益。可是，人又是一个社会存在个体，社会中个体的人之间的关系构成社会环境，个体之间的关系构成社会生态系统。在自然生态系统和社会生态系统有机平稳运行的情况下，人类个体的生存利益和社会利益共同处于有机整体之中，即在利益一致的共同体中，个体利益和社会利益一致。可是在复杂的情况下，经常会出现微观层面上具体行动引起个体利益和社会利益的激烈冲突，而私利的个体就会采取不利于社会整体利益的违背道德的行为。可是，严重背离社会整体利益的不道德行为，必将使这个个体被社会所抛弃，从而使其难以在社会中生存，失去社会利益。所以，生态伦理学要教人如何提高人生境界，怎样协调这种道德关系。生态伦理学是提高人生境界之学，教人如何生存之学，是一门研究人生观、价值观、道德观的学问。因此，道德优越者生存必然成为生态伦理学的研究内容。道德优越者生存意指道德行为高尚的人有生存优势。

其次，从人与人关系所构成的社会而言，不仅社会本身是一个社会生态系统，社会还以自然生态系统为基础，其中还包括了一个介于两者之间的人工系统。当然这个人工系统也可以包含在广义的社会环境系统之中。传统伦理学阐释了社会生态系统中的人际道德关系。人类今天主要是生活在人工环境之中，这个人工系统是技术体系的建构。因此生态道德真正的进步意义，就在于把人类的人际关系道德，扩展到由技术体系构建的人工系统，也扩大到自然界。因此，科学技术伦理、人与自然关系伦理，都关系到整个人类生存环境系统，也必然是生态（环境）伦理的研究内容。

再次，从自然界来看，人类所在的地球生态系统是处于我们所在的

---

① 林红梅：《生态伦理学概论》，北京，中央编译出版社，2008，第29页。

宇宙背景之下的，这个巨大共同体的运行、演化规律非常复杂。有很多自然规律我们没有完全掌握和认识，也有很多是因我们的认识能力有限而无法了解和掌握的。在这种情况下，如果人类对自然施加的不道德行为使自然出现负反馈，这种负反馈是出乎意料的和随机的。为了能够加入自然和谐一致的律动以与自然共存，我们可以从调控对自然的道德行为入手，追求与自然共存。在今天的宇宙背景下，在地球共同体之中，人类如何调整自己的道德行为，与自然共同组成一个整体，共同走向生态的未来，这就是生态伦理学研究另一方面内容。

最后，生态伦理学是哲学，是关于行动的哲学。生存在地球共同体中的人，本身也是地球共同体的一员。为了共同体的繁荣发展，人类必须承担起伟大的工作。因此，作为道德行为主体的生态或环境意识、观念、情感、信念应该是生态伦理学的研究内容，其中包括了生态或环境道德原则、道德规范等一系列人类主观内省性的生态伦理学理论性内容。这就涉及生态道德或环境道德评价与教育，也涉及了对环境政策、法规等的生态道德基础的研究。

第十一章　道德优越者生存：
以有机原则为基础的协同展现

道德是伦理学的研究主题，生态伦理学亦是提高人生境界之学，教人如何生存。道德涉及人的行为，是自私自利、竞争能力强的人有生存优势，还是好人有生存优势（道德优越者生存）？道德是自然演化的继续，道德优越者生存是进化发展的必然，肯定利他行为是自然演化而来，利他有利于社会整体的进化，[①] 这是生态伦理的重要内容。道德优越者生存体现了有机原则的深刻内涵，它有着坚实的本体论基础，不只是伦理道德的应用。关系原则、过程原则与有机原则共同的协同作用使得道德优越者生存展现在社会生态系统之中。它可以帮助人类破解现实社会的道德危机、生态危机、生存环境问题等诸多难题。这是人类与地球共同体走向生态生存的希望。

第一节　道德优越者生存：有机原则的展现

道德优越者生存讲的是具有高尚道德行为的个体，在"物竞天择，适者生存"的世界里，具有超越于其他个体的生存优势。道德优越者生存与"物竞天择，适者生存"形成对照。源于达尔文《物种起源》的"物竞天择，适者生存"的生物进化论，强调个体为自己生存而具有竞争、斗争能力，拥有这种利己能力的强者具有生存优势，而道德优越者生存却是阐述具有利他道德行为的个体在生存竞争中具有生存优势。虽然观点完全不同，但是，道德优越者生存却是在"物竞天择，适者生存"基础上进化发展的必然，也是有机原则的创造性展现。它既体现了有机原则的创造，又是关系原则、过程原则共同作用的成就。

既然道德优越者生存体现了有机原则的创造，那么有机原则的内涵就需要深入解读。有机，从词义上直接解读就是有组织。有机原则的内涵首先强调的是整体。自然是一个整体，即有机体，构成这个整体、有

---

① Woodford P: "The Evolution of Altruism and Its Significance for Environmental Ethics", *Environmental Ethics*, 2017, 39(4), p. 413.

机体的每一个个体不是混乱地堆积，而是有机地组织在一起（"有机"即"有组织"）的，每一个个体有机地构成其所在的整体，每一个个体都有各自的生态位，有着特定的位置，发挥着特定的功能；每一个个体是能动的、主动的，不是被动的；由此，每一个个体都是主体，都是活的，有生命的，只是生命的程度不同而已；每一个个体都有创造性，以它们各自的创造性参与着有机整体的共生。每一个个体的创造性行为，通过协同发生作用，从而使有机体产生质的创造性的飞跃，不仅保障过程的持续，进化也由此产生。协同可以这样理解，即每一个个体组织起来的作用、效果比个体分别独立行动作用、效果总和更大时，协同作用就已经发挥了创造力。这样，有机体就具有了个体单独存在时完全没有的创造力，也就是产生了质的飞跃，过程步入更高级的发展阶段。

道德优越者生存超越了达尔文在《物种起源》中所阐述的"物竞天择，适者生存"的理论。"物竞天择，适者生存"是达尔文《物种起源》中所阐述的自然选择学说，这是青年时期达尔文对生物界的认识，强调斗争、竞争和自私、利己是发展进化的根本动力。这种观点被社会达尔文主义应用于对资本主义市场经济的解释中，认为理性的人都是为自己利益最大化的自私个体，以自私的伦理否定利他的道德。生存竞争是生物进化论的"物竞天择，适者生存"观点所提出的，主要强调生物的进化以竞争为主，强调个体选择、利己的观点，不承认利他与群体。道德优越者生存恰恰是肯定了利他的道德，否定了自私的竞争是唯一的发展进化动力。

道德优越者生存肯定了有机原则所蕴含的世界是一个整体的观点。"物竞天择，适者生存"的生物进化论，强调利己，利己性的观点没有认识到整个生物界是一个大的统一体，在这个统一体中，每个物种与其他物种相互关联，每个物种的生存都是以其他物种的存在和周围环境为其生存、发展的资源的。这是生物生存的依据，即自然是一个庞大的有机整体。在地球共同体复杂的生态系统之中，"物竞天择，适者生存"确实是不可争辩的事实，个体与个体之间，物种与物种之间，竞争、斗争必然存在。但是，近百年的生态学研究的成果说明，在自然界中，任何生命个体或物种都处于一定的生态系统的有机构成之中，物种是处于生态系统中的物种，生态系统是由物种所构成的生态系统。由于系统的关联性和复杂性，生态系统中个体的进化必定受到系统中其他个体和环境的影响，这种影响可以是促进也可以是限制。这样，进化既可以表现为达尔文的生存斗争，也可以是个体与其他个体及环境之间的协同进化，即物种与其他物种及其环境的协同进化。因此我们说自然选择的过程就是在利他和利己间转化和平衡的过程，是追求和谐与稳定的过程。

道德优越者生存强调自然选择是整体选择，突出有机原则的有机整体思想。生物进化论以自由竞争强调个体选择，忽视了生物之间群体的重要性。它是从个体的立场上进行选择的，只要有利于自身的发展就不必去管整体的发展，整体是由个体所构成的，个体发展了，发展的个体所构成的整体自然而然就会自行发展了。这样，作为生物进化核心观点的自然选择说就与整体完全无关了，生物进化是个体自行的发展。但生物系统是一个大的整体，生物物种的个体是整体中的一个个体，而整体是由个体所构成的整体，不存在脱离整体的个体，也不存在自身就是一个统一的整体的物种。生物系统的各个不同部分之间就如同一个生物机体内部一样没有哪部分能被单独抽出来而不改变其自身特征和整体特征，一切事物都是与其他事物联系在一起的。在一个大的系统中，个体的分量几乎是不存在的，而社会群落或者种间群落是最为重要的。因此要在大自然中维持生存与发展就需要通过群体的选择来得到延续。道德行为是利他的行为，其本质也就是利于其所在的整体，对整体有利，在自然选择中这个整体就具有生存优势，被选择固定下来，从而这一整体中的个体的生存优势就有了基础。

道德优越者生存强调了有机原则中的能动、主动的思想。生物进化论只看到生物的进化斗争能力，而且是被动的竞争、被迫的竞争，这忽视了生物的能动性。达尔文认为生物的进化只有生存竞争这唯一的方法，因为生物是被动的，无自主创造性，只能被动地接受而不能能动地去进行选择，但物种的进化除了相互竞争之外还有另外一种生存方式，即共同生存。道德优越者生存正是肯定了这种共同生存。每个生物个体都是一个过程的存在，都与其周围的万事万物息息相关，这是与周围事物处于斗争、摩擦、和谐、共存中的一个过程。在这一过程中，物种发挥主动性，通过环境适应和创造，不断地产生出原先所不具有的新质。合作、利他行为的出现就是这种新质。主动地利他，能动地合作成就了道德优越者生存，伦理道德在自然演化进程中显现出来。

道德优越者生存是对有机原则中生命创造性的解读。生物的进化以竞争为唯一的、根本的动力，生物之间只存在竞争的关系。生物进化论揭示了生物多以过剩繁殖来追求物种的生存，这种倾向造成生存空间和食物资源不足或有限，所以生物为了生存就必须竞争以获取所需要的资源。争夺空间、争夺食物、消灭竞争对手从而获得生存，这种斗争成了生存的根本。可是，生物除了斗争能力还有创造能力。在生物进化过程中，除了竞争，有机体生命还有建构生态位的创造能力、适应能力、迁移能力等。① 竞争不是生物进化的根本的、唯一的原因。"物竞天择，适者生存"，想成为"适者"，竞争不是唯一的出路。生态学告诉我们，即使是生活在相似生态位的物种也可以在相互调节、适应的基础上达到其生存的目的，可以实现生物的生存与多样发展。生物的进化与发展是在与周围环境联系的基础上所产生的自主生存，如果周围的环境发生了变化，那么生物的创造性就会随着自然的变化而产生。应对复杂环境的能力扩展了适应其生存的生态位。② 道德优越者生存，正是生命展现其创造力的结果。合作、利他行为就是生命的创造力在自然演化进程中的展现，道德出现在演化进程的高级阶段。

那么伦理道德是怎么来的？协同而来。这是有机原则的彰显，道德优越者生存以利他道德的利己功能论证了道德行为个体的生存优势。生物进化论指出，生物是利己的，没看到生物之间的利他性。达尔文自然选择学说的核心观点是生物本能是利己的，自然选择的途径、动力和方向是利己的，只有利己的变异才是可被选择和被保留的变异。对于生物界广泛存在、复杂而又多样的利他主义行为，达尔文将其排除在生物本能之外并否定其在自然选择和生物进化中发挥作用。③ 但是在动物之间却又存在着利他行为，多数生物都以群体的方式生活。群体的生活方式涉及有机原则中的整体思想，个体利他行为有利于其所在的整体中的每一其他个体的生存，进而有利于这个整体的生存，而整体以及其他个体的回馈不仅仅有利于这个个体，而且还会产生更大的利益，这就是个体、其他个体、整体的协同发展。这种协同发展就会产生质的飞跃，就会使道德行为的个体具有更大的优势，所以，道德优越者生存。

第二节　道德优越者生存的本体论剖析

道德优越者生存是在"物竞天择，适者生存"基础上进化发展的必然，是有机原则在关系原则、过程原则基础上与之共同创造的。对于这种观

---

① Bateson P: "New Thinking about Biological Evolution", *Biological Journal of the Linnean Society*, 2014, 112(2), p. 273.

② Bateson P: "New Thinking about Biological Evolution", *Biological Journal of the Linnean Society*, 2014, 112(2), p. 272.

③ 杨国利：《达尔文功利主义自然选择学说新解》，《自然辩证法研究》2009 年第 6 期。

点，很多人认可它的伦理道德意义、教育意义，而不承认其具有本体论意义。因为理解其本体论意义的确是一个难题。另外，道德行为是直接利他的，道德行为人需要付出，这就直接会看到或想到道德行为人的牺牲，即对自己不利，把利他的行为和利己对立起来，再加上很多教育和宣传只强调道德的利他与牺牲，很少谈及利己，造成人们对道德的误解，错误地认为只有自私、竞争、斗争才能生存，而道德的行为只能利他，却有害于道德者个体的生存发展。由此产生的危害非常大，不仅使人们存好心、办好事非常难，而且道德滑坡、道德危机的事件频频出现，威胁社会的和谐发展。因此，道德优越者生存的本体论基础的阐明直接关系到它在认识论上的意义及在伦理学上的价值，对于社会朝着有序、和谐的方向发展具有重要意义。

道德本体论的剖析回答了三方面的问题：一是道德是怎么来的；二是为什么道德利他也利己；三是道德行为个体为什么具有最佳生存优势。这三方面的问题涵盖了现实社会中所涉及的下面所有问题：道德的本质是利他，但是，道德优越者生存却是陈述道德利己——如何利己，怎样利己。根据道德优越者生存论，一个好人（道德者）一定具有某种生存优势。为什么道德者会有优势呢？伦理道德是怎么来的呢？道德的利己又是怎么来的呢？我们在对道德优越者生存的本体论剖析中就可以逐步回答这些问题。

自然是一个庞大的整体，这是有机原则的首要内涵。那么理解自然是一个复杂的生态系统就是剖析道德优越者生存的前提。无论是自然生态系统，还是社会生态系统，都是发展进化而来的复杂系统。生命的躯体、思考的大脑、有机的社会……都是复杂系统，它们是自然演化发展而来的，不是神的安排或人的设计，它们都源于构成它们的每一个个体的复杂的有机联系，或者是器官与器官之间、细胞与细胞之间、人与人之间的相互联系、相互制约、相互影响。这种复杂的关系是发展进化而来的，既有关系原则作为基础，也是发展进化过程的结果，体现过程原则。自然生态系统的复杂性可以用物种的多样性来解读。社会生态系统的复杂性可以用经济领域的劳动分工的复杂性来说明，也可以用每一个社会的人所具有的不同生态位在空间上、功能上的复杂性体现来解读。

每一个个体，都追求生存，在复杂的生态系统中都有自己的生态位，这隐含着有机原则中的有组织内涵。每一个个体都追求存在，追求生存，从而构成整体，成就了复杂的生态系统。在庞大的系统整体中，个体占据自己的空间生态位，即有了空间位置；个体也履行着自己的功能义务责任，即具有功能生态位。那么，个体如何选择自己的位置，如何体现自己的功能责任，不仅关系到个体本身的生存，也决定着它所在的整体如何存在与发展。每一生命个体，首先追求存在，然后追求生存，在此基础上就要寻求自由，追求幸福。在"存在—生存—自由—幸福"的发展过程中，生命个体都努力趋向利益、愉快、幸福或善，避免危害、痛苦、不幸或邪恶。这是任何生命个体都拥有的属性，也是道德产生的基础。

过程原则在追求生存的过程中也为道德的产生做着贡献。那么如何生存？这关系到个体的行为，即如何做。关于如何做的策略一定是更有利于个体生存的最有效的策略。最有效的行为而不是利益最大的行为才是对追求生存最具有现实意义的行为。利益最大的行为未必是有效的行为，无效的行为危及生存，当然要选择有效的行为。有效的行为可能不是利益最大的，但对于追求生存却有实际意义，可以保证个体融入过程之中。这里的最有效可以把它称为效能。效能高的策略直接关系到合作、利他行为在演化进程中的出现。竞争、斗争的行为对追求生存有益，未必有效，因为除了竞争、斗争行为，复杂的生态系统中还有其他行为可以实施。在诸多行为中，为了追求生存，一定要采取那个最有效的行为，或者说是效能高的行为。过程原则强调过程的永恒，个体为了生存，为了保证自己的过程融入自然过程之中，选择最有效的行为而不是利益最大的行为才有实际意义。资本主义市场经济片面夸大"物竞天择，适者生存"的斗争法则，把竞争看作唯一的生存手段，不承认还存在着其他行为策略，也就想不到效能最好的合作、利他行为。因此，资本主义市场经济的伦理肯定理性的人都是自私的，都为了自己的利益而作为，根本想不到道德优越者生存的伦理规则的客观性。

选择效能高的行为的决策的基础是生态系统中普遍存在的均衡，均衡、平衡是生态系统稳定的基础，它涉及过程原则中的共生内涵。因为均衡、平衡保证的是同质的稳定发展，而非质的飞跃；质的飞跃并产生新质，意味着转变，是过程原则中的转变内涵。更多同质的稳定发展意味着更多个体的共生。生态系统稳定的发展为所有的个体提供了共生的存在、生存基础。在生态学里，这种稳定的发展被解读为生态平衡，它是普遍的存在，意味着系统以处于平衡或稳定状态来运行，这种存在的稳定性恰恰是了解很多自然事物、自然过程、自然生态系统的核心概念，也是个体生存的最佳追求。生态系统、化学和物理系统，甚至社会系统，无不在寻求稳态。物理学的能量转化与守恒定律表明的是物理运动中的平衡状态，化学中的物质守恒定律表明的是化学反应中的平衡，经济学中有纳什均衡及法律上的公正、公平，等等，都证明了平衡、均衡的普遍存在。

合作和共生是道德的基础，生物的生存和发展也需要合作与共生。这也是过程原则中的共生思想。首先，共生是生态系统稳定的前提条件，而共生是以与其他生物和环境的相互作用来实现的。比如自然生态系统中两个相互竞争的种群或物种，时常会采取减少竞争、利于共存的策略，以减少生态位重叠（niche overlap）的方式应对资源有限的困难，共享资源，追求共生。共生能够降低相互之间的竞争强度，减少负熵能量的消耗。其次，生物的进化过程即使有竞争也只是暂时的，而共生才是长久的。自然界万事万物都是相互联系的，处于一个统一的大系统中，所以要想生存必须有合作，竞争只是合作过程中的一个阶段，如果从较大的时空整体上看竞争也是共生的一种。最后，各个生物间的共生是相互依存的共生。比如在自然群落中，两个物种之间是捕食与被捕食的关系，如果被捕食者灭亡了，那么捕食者也会死。可见，即便是捕食者与被捕食者这种剧烈相互作用的种群之间，也是相互依存的。因此我们说生物的进化是以合作为其主要的发展方式的。

合作和利他是进化的产物，道德的利他本质起源于亲缘选择说，亲缘选择有利于生物的生存，蕴含着过程原则的转变过程思想。亲缘选择主要起源于哺乳动物对其幼崽的关怀。哺乳动物的共同生活是具有实际的情感联系的。哺乳动物能够站在自然界的顶峰，源于其对后代的关怀，与其他食草、食肉的爬行动物不一样，哺乳动物的胎儿在自己的肚子里，这样就可以有较高的出生率。出生后通过悉心的教导，使其获得狩猎与保护自己的本领。哺乳动物对幼崽的关怀使得其可以生存并在丛林中延续下来。一个生物并不是仅仅作为个体而存在，还有血脉、族群之间的联系。[①] 亲缘的关系是有利于动物的生存与延续的。从亲缘选择开始到人类文明的产生，利他、合作行为起着重要的作用，如果没有广泛的合作，人类文明也绝不会形成。虽然动物之间也有很多合作，但是人类是合作行为的冠军：从狩猎社会到民族国家，合作一直是人类社会起决定性作用的组织原则。[②]

合作、利他是追求生存的最有效行为，保证了生命的生存过程，也是生命个体创造力的体现。合作是更好的生存战略，能源危机、环境危

---

① 亚特伍德：《人类简史：我们人类这些年》，北京，九州出版社，2016，第9～10页。
② 黄少安、张苏：《人类的合作及其演进研究》，《中国社会科学》2013年第7期。

机、战争危机的产生都存在合作难题。① 每一个生命个体都追求生存，在追求生存的过程中每一个生命个体都会采取最佳策略，最佳策略不是市场经济所追捧的个体利益最大化，而是最有效。利益最大的无效行为没有意义，保证不了生存。这种最有效的策略就是生态位的最佳体现，也就是在利他的同时也利己，从而否定了以竞争、自私为根本动力的观点。比如，野牛在面临危险时，强壮的自动保护幼小的，这是生物种群内的利他，强壮野牛的付出不是其自身利益最大化的行为，而是有效行为，因为它的付出益于牛群整体的生存，这也是强壮野牛的生存根本。生物的有效性不仅体现在同一生物群体中，而且还体现在不同的物种之间，如犀牛与犀鸟之间。犀鸟以犀牛身上的寄生虫为食，而当敌害到来的时候，犀鸟可以为犀牛报警，相互合作，相互依赖。这一有效性在物理学中得到很好的解读，热力学这样描述生存竞争：生物不仅为了获得生存物质资料进行斗争，更为了对抗熵增而顽强地奋斗。② 熵是热力学用来描述和衡量混乱程度、无序的标志，熵越大越混乱，熵增大使生命走向死亡。生命个体通过食物获得负熵能对抗熵增，这种负熵能是地球生态系统逐级吸收太阳能而获得并存储，以此来对抗熵的增大，追求生存。相对于这种间接、逐级地获得负熵能，合作却是直接消解熵增，合作正是对抗无序、混乱直接的、有效的手段，也是生命共同体追求生存的策略，也源于个体的创造力。

合作、利他行为的产生是利于群体的整体行为，因为自然的生物进化是群体选择的过程。③ 个体是生态系统中的个体，个体只有在整体中才能生存，在群体中生活的个体会体会到安全性与愉悦性，因为在群体生活中群体的功能远远地大于单个物种功能之和。老年达尔文为了解释动物界的利他行为而提出：为了达到有利的目的，自然选择不但适于个体，而且也适于全族。④ 利他行为的产生有利于群体是因为整个世界是一个统一的整体，这也是有机原则所强调的世界是一个整体的思想。生物之间是相互制约与影响的，利他也会有利于自身的发展，从而使整个群体保持和谐与稳定。利他行为最后也利于自己。

上面的剖析，明确了道德是自然演化过程的继续，回答了道德是如

---

① 黄少安、张苏：《人类的合作及其演进研究》，《中国社会科学》2013 年第 7 期。

② Skene K R："Life's a Gas：A Thermodynamic Theory of Biological Evolution"，*Entropy*，2015，17(8)，p. 5527.

③ Hardisty B E："Wilson Revisits Group Selection"，*Journal of Bioeconomics*，2015，17(3)，p. 301.

④ 〔英〕达尔文：《物种起源》，舒德干等译，北京，北京大学出版社，2005，第 155 页。

何产生的问题。还有一系列问题：道德是利他的行为，利他的行为如何利己呢？道德的利己是怎么来的呢？为什么好人有生存优势呢？

我们从合作在群体这个有机整体中的演变入手进行分析。群体中的个体合作与否的抉择内含着关系原则。一个群体内如果都是合作者，那么只要有一个背叛者发起攻击，这个群体就崩溃，就像鹰入鸽群一样。相反，如果一个群体内都是打斗者，就如鹬蚌相争、渔翁得利一样。这两种情况都不是生态系统的稳定状态。背叛者的攻击如果危及生存，个体就会奋起反抗投入战斗，就好像鸽子摇身一变化为战斗力强劲的鹰一样。那么它的行为是针对背叛而产生的，是为了惩罚这种背叛。这样，一个群体中就有三种行为可以选择：合作、背叛、惩罚。群体内存在合作、背叛、惩罚这三种行为，并且这三种行为有机结合的群体才能在自然选择中生存下来。我们今天生存的社会也是这样，世界上不全都是坏人，也不全都是好人，这是我们很多人都公认的。群体之间的这种有机结合表明了生态系统的多样性。

个体通过观看决定所选择的行动，观看的背后隐含着关系原则、有机整体原则。观看把个体与世界联系成一体，观看不仅决定着个体的选择策略，也决定着有机整体的构成。随着生命的繁荣发展，生命进化出敏锐的情感，并且能用他们的神经系统去感知世界，发展自我意识，特别是人类的意识和思维。一个个体是充当鹰还是鸽子，其选择的策略一定有利于其生存。在丛林中观看，当鸽子过多的时候，选择当鹰是聪明的决定；当鹰过多的时候，由于它们陷入代价惨痛的混战，这时候选择当鸽子是明智的决定。这样，社会就进化成既有鹰又有鸽子的共同的社会。观看体现为关系的一种，它把世界连成一个整体。最佳生存策略取决于你周围的人及他们的行为如何。当你的生存取决于他人的行为时，无论你愿意与否，你都已经身处其中了。对于任何一个个体而言，当你只想成为旁观者时，你已经是当事人了。有机原则强调，世界是个整体，没有任何一个个体能置身事外。

由于观看的存在，名誉产生别人帮助你的机会。你的行动决定着他人的行为，"观看"也使合作具有最优的协同效应。整个世界是一个整体，每一个生命都具有感知世界的神经系统，它们可以通过观看决定自己的行动，即每个个体的行动都决定着其他个体如何行动。在动物界，动物可以通过观看其他动物的斗争来决定是斗争还是合作，在人类社会更是如此。人是具有理性的，人们能够通过观看来决定自己在群体中的行为，正如达尔文所说，人在理智能力上逐渐向前推进，使他对行为的后果可以估计得更远，他所取得的知识也一直在增加，由此，他对同类越来越懂得重视，越来越关心他们的幸福，[①] 他的道德标准也就发展得越来越高。这样，诚信、信任，忠诚的名誉、声誉就成为个体的追求，它有益于生存，因为名誉滋生合作，增加别人帮助你的机会。个体的利他行为不仅利他，也促使整体生态系统产生回馈——利己，这种利己效应会大于个体的付出，使得利他的道德产生协同的利己效应。

道德优越者生存符合自然演化规律，是共同体进化的协同结果。道德的利他性可以增进生命整体的利益。每一生命个体都是生存于整体中的个体，道德行为促进生命整体利益，也就促进整体中每一生命个体的利益，付出利他行为的个体也是生存于整体中的个体，他的行为不仅利于其他个体，他自己作为生命整体中的个体也将得到生命整体的利益回馈。这是生命整体回馈给个体的利益。整体功能大于部分功能之和，那么这个道德行为的个体会因为其最初的有限付出而获得整体的宏大回馈，其生存的优越性地位得到了彰显。这是自然规律的肯定，自然整体选择了利于自己以及其他生命存在的个体。

至此，我们已经论证利他的道德是自然演化而来，这种利他行为在过程中得到的回馈也利己，即利他的道德也利己。可是这种利己就会使得个体具有最佳的生存优势吗？好人有生存优势吗？为什么？

利他主义表明世界是个整体，好人一定具有某种生存优势，因为名誉滋生合作。人类群体中的许多人，至少是有些人拥有助人为乐的良好品德，他们在人类整体的生存中一定具有最好的生存优势，因为利他道德的利己性表明，人可以通过理性来决定自己与周围人的关系，而不是"理性的人就等于自私的人"。生存斗争看起来是相当愚蠢的行为。合作是世界统一性与人类理性的智慧的体现，如从博弈论来看，合作的收益就大于背叛的收益。[②] 因为在整个的社会系统中人与人之间不仅有合作与背叛还具有惩罚这一关系，惩罚使得背叛者的收益削减，从而低于合作者的收益。由此可以看出合作是群体得以稳定运行的最佳策略。

好人有生存优势，而且具有最佳的生存优势，还因为世界存在着背叛者和惩罚者。背叛不仅不能像合作那样获得协同的效果，而且还有惩罚使其付出代价。背叛是生态系统行为方式中最不可取的，惩罚是背叛的产物，它也可能是互惠的利他。在生态系统中有的个体为了自身的利

---

① 〔英〕达尔文：《人类的由来》，潘光旦、胡寿文译，北京，商务印书馆，2008，第187页。

② 罗剑锋：《基于演化博弈理论的企业间合作违约惩罚机制》，《系统工程》2012年第1期。

益最大化而做一些违背自然规律之事，威胁了生态系统的平衡。为解决这样的情况，惩罚应运而生，从而使得背叛者会遭到惩罚从而丧失背叛产生的最大利益。为了系统稳定运行，针对背叛行为所产生的惩罚，可能也增加了惩罚的成本，这是惩罚者的付出。背叛者和惩罚者都不具有合作者所拥有的协同效应的收获。如果惩罚者遇到的不是背叛者，而是合作者，那么它就是互惠的利他者。因此，在生态整体中，具有协同效应的只有合作，道德或美德这种利他行为，利于生态整体（如社会），更利于道德行为个体本人，并且这种有利的结果还以协同的效果显现巨大的优势，采取合作的行为个体会以"道德优越者"获得更好的生存，即"道德优越者生存"。

综上所述，对于"道德优越者生存"的本体论论证，体现了关系原则、过程原则、有机原则的共同作用。合作、利他等美德行为终究都会得到回报，并且是协同效应的回报。公平、公正的普遍存在促使背叛行为激发了它的天敌——惩罚。因此名誉、声誉变得十分重要。人们的行为在信息时代可以瞬间传到世界的各个角落，理性的人们会对背叛者进行道德上的谴责，不愿意与之进行社会与经济交往，同时会降低其未来得到帮助或合作的机会，从而降低其未来的收益。

第三节　道德优越者生存的现实挑战：
价值论与伦理意义上的协同展现

道德优越者生存所面对的现实是严重的社会伦理道德滑坡。感恩、爱、诚信、忠诚、合作的利他道德行为，被无情、残忍、欺骗、背叛、争斗等诸多社会事件湮没。这样看起来好像道德优越者生存很难成为真理，可是，进化是整体、族群的进化，不是个体单独就能胜任的。你的进化生存取决于在你身边和你一起进化的人是谁。个体的生存追求一定是在同族中进行的，这才是进化的最佳策略。生存在道德崩塌系统中的个体有三种选择：一是和系统中的其他个体一样陷入惶惶不可终日的生存状态，暴力、欺诈、争斗，最后和这个系统及其他个体在斗争中死亡；二是想办法从这个系统中逃出，每一个个体如果都能成功逃出这个系统，其结局也是这个系统的死亡（正如现实中一个城市如果社会治安不好，没有人愿意去那里居住，有能力的人都要争取去好的城市从而离开那里）；三是这个系统中的每一个个体，努力争取，从自我做起，使这个系统发生质的改变，扭转道德的崩塌，使社会趋向良好的系统，这样，个体和社会都能成功地生存。在这三种选择中，前两种都意味着社会系统的消失，那么，想让社会系统继续存在，就一定有很多个体努力贡献着自己的创造力，以道德的利他建设自己所在的生存系统。也就是说，道德优越者生存是必然的真！

生态危机、道德危机不应该是终结人类的危机，人类有能力克服危机，道德优越者生存是对人类生态位的肯定。人类及其他哺乳动物在地球上获得生态位得益于哺乳动物异于其他物种的对幼崽的关怀与对群体品质的注重，这样的品质使哺乳动物在自然选择过程中被保留下来并得到延续，从而获得自己在地球上的生态位。与此同时，伦理道德也融入文化，展开了自己在地球上的发展历程。在地球上各种不同的文化中，只有有利于人类生存的行为规范或者价值标准才能够传承下来，如基督教中教导人们孝敬父母，不可杀人、偷盗、贪恋别人妻子与财物的教义是利于人类共同体生存发展的规则，其核心思想在各种不同文化中都有着稳固的生态位。另外，经济基础决定上层建筑，地域不同所产生的文化也不同，虽然在不同的文化或者民族中有着不同的道德评判标准，虽然生态位不同，文化道德准则迥异，但是个体只有符合他所在的社会生态系统的道德行为准则，才会得到社会的肯定，才会获得生存优势，即道德优越者生存。

有人用道德滑坡事件的存在否认道德优越者生存这种必然的真，那是忘了过程原则，也忽略了有机原则。我们承认，现实中确实存在反例，否定着道德优越者生存，可是这只是短暂的结果。过程原则告诉我们，任何个体都不能逃出时空长河的过程，在漫长的时空旅程中，时间会改变一切故事的结局。有机原则肯定个体的创造力，社会道德的滑坡使得每一个个体追求生存的代价巨大，生存艰难。追求生存的动力会让他们自己内在地产生创造力，去改变他们所在的社会。

道德优越者生存会被认为是一种人间理想，生存在现实社会中的很多人难以接受这种观点，这样就给社会的进步、道德的进化带来障碍。市场经济使得很多人认可"物竞天择，适者生存"的斗争、竞争哲学，对于道德的滑坡感觉无能为力。现在让他们接受道德优越者生存，太理想化了，简直难于登天。

然而，我们只从一句话开始就能让人接受道德优越者生存的观点，这句话就是"我们每一个人都需要贵人的帮助"。这体现了关系原则。在社会上生存的每一个人，都知道"贵人"的珍贵和重要，因为我们每一个人都需要他人的帮忙与协助。关系原则在社会生态系统中体现为"观看"，当你争斗、打仗的时候，可能你打的人就是你的贵人。即使你争斗的人不是你的贵人，别忘了还有"丛林观看"，你的贵人可能就在旁边盯着看你的斗争行为呢，这种观看看到了你违背道德的堕落行为，也违背自然进化规律，也会让你的贵人远离你。你没有贵人帮忙，他人都不帮你，只靠你自己，你怎能成功，你怎能很好地生存？世界是一个整体，每一个个体都生存在整体中，都需要其他个体的援助，否则无法生存。一个人的世界最后只能走向毁灭。

我们有时会听到"好人没有好报"的抱怨，这种抱怨好像就是直接否定道德优越者生存。从整体上来看，道德优越者生存在生命的健康生存与繁衍中得到了确证，从而否定了"好人没有好报"的说法。人类社会中的一夫一妻制是自然演化中生物进化的结果，其本质是纯洁的两性关系被纳入伦理道德规则，符合这种行为准则的个体，不仅符合社会伦理道德的要求，也使自己的生存得到保障，同时也有利于其生命的延续、后代的繁衍。我们已经看到，酗酒的人死亡率高，而纵淫无度的人生育的子女很少。① 那些在社会上追求感官刺激而纵欲的人，不仅违背伦理道德准则，而且还使自己失去了健康，影响生命的延续。另外，"好人没有好报"这种说法忘记了社会生态系统的有机构成，即合作、背叛、惩罚这三种行为共同存在于社会这个复杂的生态系统中。当有人看到"好人没有好报"的现象时，这个"好人"的生态位不是"道德优越者生存"的生态位，而是实施"惩罚"的惩罚者。惩罚者是背叛者的天敌，它要做出牺牲，付出代价。这种好人所做的牺牲正是为了保证道德优越者生存的社会正义。

除了健康生存和对背叛的惩罚之外，"好人"的良好行为也加强并优化他所在的社会生态系统，肯定道德优越者生存。在经济领域里，诚信的企业更容易获得资源、占有市场，从而获利更多，在社会上更容易建立合作关系，壮大自己的力量，诚信的个人或道德高尚的人更容易在经济交往中实现自己的目的。在人与人的交往中，道德行为高尚的人更容易获得领导和同事的认可，在工作中取得更好的成就，也更容易获得他人的认可，朋友会越来越多，社会关系也越来越丰富，他所在的社会生态系统就得到加强，从而保证了生存的优越地位。反之，道德败坏、危害社会的个体则会受到法律的严惩，法律的强制性使得道德行为高尚的人的权益得到维护，法律是道德优越者生存的一个重要的制度保障。

从生存竞争到道德优越者生存是一个历史的发展过程，不管是在生

---

① 〔英〕达尔文：《人类的由来》，潘光旦、胡寿文译，北京，商务印书馆，2008，第214页。

物领域还是现实的社会生活中，都表明了道德优越者具有生存的最大优势。正如老年达尔文所阐述的，荣誉、同情心通过习惯而得到加强，还有榜样与模仿、推理的能力、经验教训等，进入文明以后，这些原因而不是自然选择，就越来越显得关系重大了。[①] 生存竞争是人类历史发展过程中的某个阶段，不具有延续性。正如道金斯所说，自私的基因是不能预见未来的，也不可能把整个物种未来的福祉放到心上。[②] 道德优越者不仅可以使个体获得最大的利益，而且对于整体的发展也具有巨大的贡献，所以在自然演化过程与人类的发展历程中都会获得生态位，具有生存的必然性与可实施性。

要想在一个整体中生存，就要学会帮助别人。通过帮助别人，我们会提高自己的声誉，这样会增加别人帮助我们的机会，有利于生存。通过帮助别人，我们实现了自己对社会的价值，我们作为人的内在价值展现为外在的利他价值，社会生态系统这个有机整体需要我们，我们稳固了社会生态系统，也稳固了我们自己的生态位。在中国历史上，德高望重的人不仅在社会上可以得到赞同，而且还能最大程度地获得帮助与支持。这就是道德优越者生存的社会体现。

---

① 〔英〕达尔文：《人类的由来》，潘光旦、胡寿文译，北京，商务印书馆，2008，第212页。

② 〔英〕里查德·道金斯：《自私的基因》，卢允中、张岱云、王兵译，长春，吉林人民出版社，1998，第141页。

第十二章　自然的价值：关系原则的展现

　　生态（环境）哲学在从自然过渡到伦理领域的过程中，体现为生态（环境）伦理学的发展，生态哲学的三大原则即关系原则、过程原则、有机原则依然内在于其中。在环境伦理学的发展中，道德和伦理从人和社会延伸至自然。道德是行为准则，是人们在社会中活动时应遵守的普遍规则，是引导人们做出选择和行动的价值符号。价值就是伦理道德规范的基础。因此，自然价值论是环境伦理重点关注的，也是对关系的另一种解读。对关系原则的贯彻体现为对自然价值的确立与肯定。具有更彻底生态性的哲学观点认为，世界是关系的、过程的。价值本身就是关系，自然价值就是对关系的生态本质的揭示。对自然价值的确认是承认人对生命、对自然生态系统中宇宙万物的尊重和责任的理论基础。自然价值论作为生态（环境）伦理学的重要内容也决定了生态（环境）伦理学的独特性，它属于生态（环境）伦理学基础理论的内容。即使生态实用主义提出的自然是否具有内在价值这类问题的争论应该暂时搁置，生态哲学家也应该更多地转向对行动的关注，可是哲学努力澄清令我们疑惑的问题也决定了哲学不可动摇的地位。①这样，自然价值必然成为生态哲学的内容。下面就从自然价值的概念、性质以及自然内在价值这三个方面进行分析。

第一节　自然价值概念：关系的生态本质

　　"自然"这一词语英语是 nature，源于希腊语词根 gene，表示"使……出生"或"生长于"，意味着生、发生，自己生长之意，生生不息的样态，其本质就是生态。它具有生命的含义。而汉语里的"自然"就是自然而然，意味着"自己生长、自然而然发生、自然而然生长"。所以从广义上说，自然包括地球共同体，包括人和社会，包括全部宇宙。虽然"自然"和"人类"都是有争议的术语，但如果要做区分的话，在人们不加思考

---

　　① Samuelsson L："Environmental Pragmatism and Environmental Philosophy"，*Environmental Ethics*，2010，32(4)，p. 405.

的情况下会把荒野看作自然环境，把城市看作人类的环境。① 从一般意义上讲，自然是指除了人和社会以外的自然事物，自然是生态的，是各种自然物质、能量、信息、空间系统的总和，这种总和就是关系的集合。随着人类社会的发展，人类利用自然，改造自然，产生了新的人与自然的关系，也出现了"人化的自然""人工的自然"的概念，它表示人类活动改变了的自然界，在自然中生成了新的人类创造。

价值这个词本身就是一个关系的概念。"价值"意味着事物与人之间的关系，这种关系就是事物具有满足人需要的功用，对人有用、有效，能够满足人的利益。许多自然事物对人有用，能满足人的需要，它作为资源进入社会物质生产过程，对经济发展有重要作用。② 这早为人们所知，是人与自然永远割不断的联系，是关系的普遍存在。

经济学首先使用"价值"这一术语。作为经济学概念，"价值"指的是事物的属性，这是一种可以满足人的某种需要，可以被某种标准衡量的属性。经济学中的价值表示凝结在商品中的一般劳动或社会必要劳动。从生态学的意义上讲，劳动是人对自然的生态依赖。人与自然的生态关系以劳动来实现。现代西方经济学否认自然有价值，认为没有经过人类劳动的自然物不是人类劳动的产品，是没有价值的。

现代经济学中的价值概念明显带有以"人类为中心"的理念。首先，凝结在商品中的劳动是人与自然建立的关系，人通过劳动从自然中获取生存的必需，自然的能量也通过劳动流向人和人类社会。劳动是人的劳动，劳动是人与自然的天然纽带。其次，没有经过人类劳动的自然物是相对的，不是绝对的。在时间的历史过程中，50年前的水和现在的水依然是地球上的水，可是现在的水却有了今天的市场价值。资源的稀少及环境的污染使得我们必须付出很大的努力才能获得我们生存所需要的水。这种努力就是劳动，也是经济学所强调的凝结在商品中的人类劳动。经济学中的价值概念的运用更是强调了人是主体。

马克思主义的价值论也强调人的主体性，它是从社会生态系统的维度进行阐述的。人的主体性的强调使得对价值的理解侧重于工具意义。价值是人与客观事物的关系。价值的客观基础不是由人的需要决定的，可是价值工具意义的实现，却和人的需要密切相关，价值的本质展现就是人的需要的满足和事物的客观属性之间的关系。满足人需要的价值，

① Maskit J："Urban Mobility—Urban Discovery：A Phenomenological Aesthetics for Urban Environments"，*Environmental Philosophy*，2018，15(1)，p. 44.

② 余谋昌、王耀先：《环境伦理学》，北京，高等教育出版社，2004，第101页。

就是工具价值。虽然价值不单纯是客观事物属性的反映，但它又是对客观事物属性的评价和应用。①

马克思主义的价值论既有工具意义，又有客观基础，这就使得价值以内在价值和外在价值展现自然界的复杂关系。满足需要者某种需要的客观事物的属性就是工具性，这种属性外在地表现于需要者和被需要者之间的关系上，因为这种工具价值是外在的，所以被称为外在价值。还有内在价值，也就是内在关系。内在价值是宇宙万物存在的根据，是生态世界观不可缺少的基础。所谓内在价值，就是事物本身内在固有的，不因外在于它的其他相关事物而存在或改变的价值。自然是一个大的生命共同体，从宇宙的起源至今，我们生存在包括水、陆地、空气、阳光和生命的地球共同体之中。地球共同体也是宇宙共同体的成员。这个大共同体的价值，是不可能用其他事物或行为来衡量的，其价值是绝对的，这就是内在价值。地球中的每一存在都有其内在价值。

自然价值概念肯定了自然作为关系存在的哲学本质。自然既具有外在价值（工具性价值），也具有内在价值。自然的外在价值表明的是人与自然的关系，这种关系是自然满足人的需要。外在价值就是现代经济学定义的自然的价值。自然价值概念的新哲学内涵是自然的内在价值，这是生态伦理学在哲学领域的创新。自然的内在价值就是肯定自然本身的存在，这种存在是关系的存在。除了人与自然的关系，自然本身无处不以关系展现自己的存在。这种关系就是自然的内在价值，它属于自然本身，关系的存在就是自然实现了自己的内在价值。

从自然的工具价值来讲，作为客体或作为资源的自然是人类的对象，在人与自然的关系中，以人为主体，自然对人是有用的。自然价值是表示主客关系的对象性概念、功用性概念、关系概念。它作为资源对人这一主体的功利意义表现在，自然具有商品性价值与非商品性价值。这是人与客体利益或需要的关系概念，是主客关系的概念。这种需要与被需要的关系反映一定的主体与自然事物的利益关系。

这个主体可以是人也可以是其他生物，当把主体从人扩展到其他生物时，自然的工具价值内涵也就扩大了。这种扩大，使自然价值从外在价值走向内在价值。自然界中生物和生物之间的互利是生态系统的必然，这是自然本身的内在价值，是自然生态系统的内在价值，也是生物个体的生态价值。其实，如果从大的生态学来看，森林是一个生态系统，海

---

① 余谋昌、王耀先：《环境伦理学》，北京，高等教育出版社，2004，第102页。

洋是一个生态系统，人类社会也是一个生态系统，地球更是一个大的生态系统，地球也是生命共同体。从共同体维度来讲，所有的价值不都是地球共同体的内在价值吗？人类的价值，不也是自然所固有的地球共同体中的生态价值吗？自然生态系统及其内在个体本身的性质决定了自然价值，这也是自然价值的客观基础。这种价值对人而言的有用性就是其功利意义，就是工具价值，它的价值体现为经济价值，具有商品性价值与非商品性价值。对自然中的其他事物而言，利于其他主体的利益或生存，也就是利于自然共同体本身的存在，是自然本身的价值展现。

从自然的内在价值来讲，自然价值作为自然事物的客观性质是真实存在的。自然内在价值有其自身生存的意义，它以承认自然的自主存在为基础。就像每一个人都追求自己的生存一样，自然中的每一个个体或者说生命都追求自己的存在或生存，这是自然界的自主性。这种自主性使自然中的个体具有创造力，这种创造力对个体本身的意义就是自然的内在价值，对于他物的意义就是自然的外在价值。这是自然价值从内在价值走向外在价值。科隆群岛的生态之美被人类发现，就使它的内在价值走向外在价值。因为群岛是客观存在的，这种客观的内在价值决定的存在，通过人的发现与评价得以以生态之美的外在价值展现给人类。人对自己价值的追求、自我价值的实现就属于内在价值走向外在价值。内在价值和外在价值的统一是自然价值的最基本的性质，关系到自然的存在权力与生存权利。宇宙万物在人类之前就已存在了，宇宙万物不是没有价值的，正相反，它们产生了价值，是价值的源泉。

对于自然的价值，不同领域有不同的观点。科学致力于发现自然的客观规律，只涉及事实，不涉及价值，它追求真理，至于自然界有没有价值，不是其研究任务。经济学把劳动看作一切价值的根源所在。在经济学里世界上全部商品是劳动创造的，自然事物中没有劳动的凝结，它不是劳动产品，没有经济价值，只有劳动产品才有经济价值。依据只有人有价值、生命和自然界没有价值的观点，经典哲学和伦理学认为，只有人是值得尊重的，因而只对人讲道德，只有人有权利；人对生命和自然界没有责任，因而对它无所谓道德问题，生态伦理学是不可能存在的。神学家认为，上帝创造了世界，包括人，人以外的其他事物，是上帝为了人而创造的，世界上只有上帝有价值。[①]生态伦理学认为，否认自然的内在价值，只承认工具价值，一切以人为尺度，那是人类的傲慢。如果

---

① 余谋昌：《自然价值论是环境伦理学的基础理论》，《阴山学刊》2011 年第 1 期。

否认自然的内在价值，就会导致否定自然的权利，认为自然界没有权利，人对自然就没有义务。这就违背了自然价值的客观性。

第二节　自然价值的性质

自然界的宇宙万物是自然价值的承载，它们是客观的存在，由此也决定了自然价值的客观性质。宇宙万物生生不息的创造力不断创造自然价值，使得自然价值不断发展进化，由此决定了自然价值的历史性。历史性主要以时间过程来体现，而空间的过程则表现为关系，这就是自然价值的层次性和结构性，自然价值的层次和结构就是宇宙万物生态多样性的存在基础。因此，自然价值的客观性、历史性、层次和结构就是我们下面要展开的探索。

一、自然价值的客观性

自然价值的客观性是我们首先要研究的重要问题。自然是以物质、能量、信息的形式，以生命个体、地球共同体来存在的，这是自然的客观基础，具有客观的时空属性。人对自然的认识、人与自然的关系又使价值具有主观性。由此自然价值是主观与客观的统一。

之所以提出自然价值的客观性，是因为价值意味着对人有益，与经济学关系密切，这就涉及人的主观性，所以就有自然价值主观论之说。自然价值主观论认为，只有人有价值，人使自然具有价值。只有在人这一主体的兴趣发现了某个对象的情况下，才出现所谓价值；价值与人的意识相关，是在人意识到它时才产生的，是由于人的需要（无论是物质需要还是精神需要），经过人的体验，价值才产生出来。因而，价值是由人的意识和意志决定的。① 当说自然界有价值时，只是当有人意识到它、体验到它的情况下才是可能的，价值是由人的意识决定的，离开人的意识无所谓价值可言。自然价值主观论错误地认为"没有评价者，价值就不存在"。这种观点，无论从本体论、认识论还是实践的维度来看都是不成立的。

本体论上的自然决定了自然价值的客观性。自然是不依赖于人的意志和力量的固有存在。自然是由宇宙万物构成的共同体，共同体中的每一个成员无论是生命还是非生命的存在都是客观的，它们是自然价值的

---

①　余谋昌、王耀先：《环境伦理学》，北京，高等教育出版社，2004，第108页。

载体。自然实体有价值不是因为它们是达到某种目的的手段，而是因为他们是某种意义整体的一部分。① 它们的存在状态、形式、性质、结构和功能决定了自然的价值，也决定了自然的价值的客观存在性质。没有人，宇宙万物依然存在。没有了人这个评价者，宇宙万物及其生命共同体依然生机盎然。生命和自然界的价值不依赖于人的意识或者是人的行为而客观存在。地球共同体的每一成员，都是地球上生命维持系统的组成，它们是客观存在的，其内在价值和外在价值也是客观的。从自然的角度看，自然价值是客观的，这是存在论与价值论的统一。

从认识论的维度看，认识的主体是人，客体依然是客观存在的自然，自然价值具有客观性是以自然价值是主观与客观的统一的形式体现的。认识的主体是人，所以价值具有主观性，但是人对自然价值的认识，不是人的主观杜撰，而是与认识对象建立联系，发生关系，由此决定了自然价值的客观性。一方面，当选择某一事物为自己的价值对象时，人们是从自己对事物的感觉和体验开始的。人们通过主观体验认知自然价值。在这里，人感知和发现自然价值，体验和评价自然价值。人的意识对价值的认识起决定性作用。自然价值渗入了人的主体性。在人对自然认识的意义上，可以说，离开了人，自然界就无价值可言。可是，人要认识自然，就必须与自然建立联系，客观的自然就通过这个联系流入人的认识之中。认识的真理性是由融入主体的客观性决定的，也就是人的认识对客观事物真实的反映。价值认识的内容是客观的，它是事物的客观属性的反映，仍然具有客观性。只不过在认识论的层面自然价值的客观性是以主观与客观的统一的形式体现的。

从实践论的层面讲，自然价值具有客观性，我们从三方面来解读。第一，人对自然价值的认识必须经过实践得到确认，这种确认表明它的客观性。人类从各种不同维度认识和评价自然价值，并依据这种认识和评价，在自然价值的基础上再创造，从而也证实了这种认识和评价的客观真理性。正像罗尔斯顿所说："价值需要我们以生命去体验，但这不过是为了让我们能更好地洞见我们周围各种事物的性质。"② 第二，实践是人通过人与自然关系展现自己的创造性，实现自己的内在价值与外在价值，在人类创造性展现的过程中，自然价值的客观性得以证实。实践是

① James S P："Natural Meanings and Cultural Values"，*Environmental Ethics*，2019，41（1），p.3.
② 〔美〕霍尔姆斯·罗尔斯顿Ⅲ：《哲学走向荒野》，刘耳、叶平译，长春，吉林人民出版社，2000，第176页。

人通过其创造行为建立与自然的联系，创造人类社会的价值。这是自然价值转变为对人类有用并为人类所利用的过程，即客观的自然价值转变为经济价值、社会价值、文化价值的过程。这是自然价值客观性与主观性在实践基础上的统一。人类对它的认识和利用，虽然不能离开人的主观性，但是更不可缺少客观基础。比如，"巧妇难为无米之炊"说的就是这个道理。第三，人与自然还有另一类关系，大自然优美壮丽的风景是客观存在的，而人对它的欣赏和审美是主观的。客观的自然美景和自然中优美的事物满足着人的主观审美需求。大自然的客观优美被人的主观意识享受和体验时，这种客观价值被赋予了主观特征，从而实现自然价值的客观性与主观性的统一，这时自然价值是主观的。

二、自然价值的历史性

自然价值的历史性就是自然生生不息所展现的自然价值的生成、发展、进化的过程。它在自然价值的创造与进化中体现。自然价值是自然创造力的成就。自然创造力的生生不息展现了不断繁荣丰富的自然。自然价值是客观的，自然是自然价值的承载者，自然价值的创造与自然本身的生成发展密不可分。自然价值是不是从来就是这样的？它是怎样产生的？谁是自然价值的创造者？其实这些问题与宇宙如何生成、生命如何产生的问题具有相似的含义。在我们的人类文化中有三种话语在不同的时空中讲述自然的生成进化过程，这就是西方的神创论、中国的宇宙生成论和现代科学的自然创造论。

西方的神创论认为是至高无上的神创造了一切，自然价值的创造就是神圣上帝的创造力的展现。西方作为一个宗教世界，尤其中世纪宗教处于最高的统治地位，这使得神创论占据着重要的地位。神创论即上帝创造了宇宙万物、日月星辰、地球及地球上的山川河流、动植物生命和人。上帝所造之物，一旦创造出来就永远存在，永不改变，上帝赋予所造之物价值，这就是"善"。上帝是价值的创造者。上帝是照着自己的样子创造人的，所以人在上帝所造之物中地位最高，上帝赋予人管理统治万物的权力，让万物服务于人的利益，以人为中心。上帝赋予人价值，而上帝作为创造者具有最高价值、绝对价值。[①] 上帝是创造力的绝对体现。

在中国古代思想中，自然价值是在生生不息的创造力中展现的。中

---

① 余谋昌、王耀先：《环境伦理学》，北京，高等教育出版社，2004，第 128 页。

国古代思想家提出的古代宇宙生成论既区别于神创论，又区别于现代进化论的自然创造论，体现了自然生生不息的创造力。天、地、人和谐一体的理念讲述着自然的生成价值、生命的创造力，以及人与自然和谐的价值关系。儒家哲学和道家哲学最具有代表性。儒家哲学的"天生万物"肯定了自然的创造力、自然规律，揭示的是"天"与宇宙万物的生成关系。"奉天承运"说的是要顺应自然规律进行统治，强调的是天、地、人和谐统一。《论语》有言，"唯天为大"（《论语·泰伯》），"天"是最高的存在，天关乎"四时行焉，百物生焉"（《论语·阳货》）。这里的"天"是宇宙万物，是自然的运行规律。道家更关心的是自然，肯定自然而然的价值，提出"道生万物"，即"道"与宇宙万物是生成关系。《老子》中的"道"是天地万物之始，是产生天地万物的本原。自然是最高的存在，它具有最高的价值。"人法地，地法天，天法道，道法自然"（《老子》第二十五章），这是自然之道。"道"是对自然价值的肯定，"道生万物"是在东方文化背景下用汉语来陈述的宇宙生成论。它提供了世界万物产生、发展和进化的最早的思想。"道"与宇宙万物的生成关系是最根本的自然价值。

现代科学的自然创造论体现了自然价值的客观创造过程。自然价值是自然生产力推动的物质生产过程的创造，它是历史地发展的。自然本身是世界万物的创造者。现代宇宙学提出的宇宙大爆炸学说中的"奇点"就是创造始点。随着宇宙的爆炸，时间、空间、能量同时产生。在"奇点"，时间为零，空间为零，没有能量，没有物质。奇点爆炸开始，宇宙诞生，宇宙开始有了自己的年龄——时间，也开始有了自己的空间，生成物质，开始进行星云的演化，创造元素，形成星体、星系。我们的家园——银河系中的太阳系，就在这种宇宙的创造力中诞生了，成为宇宙故事中的一员。地球是太阳系的一个成员，诞生于 46 亿年前，今天地球共同体中的山川河流、动植物生命，以及人和人类社会都是地球展开了46 亿年的故事。自然万物是特定条件下的产物，是自然创造力本身的生成、发展、演化，这里没有上帝之助。科学发展已经说明，自然本身就是过程故事的创始者和推动者。这是自然的价值基础。

自然创造力的不断展现不仅创造自然价值，也表现为自然价值的进化。自然界的宇宙万物是自然价值的承载，所以自然本身的发展进化和自然价值的发展进化属于同步的过程。自然价值论选择科学作为其基础，科学认为，自然价值不仅有创生的过程，而且是不断进化的。现代科学揭示了它的进化发展的性质，从宇宙的产生发展，到地球的生成演化，再到生命的出现和进化以及人类社会的发展，这是人类认识所及的自然价值的进化过程。

三、自然价值的层次和结构性

自然价值的层次和结构就是在生成、进化过程中体现的。自然价值的层次和结构的逐渐生成就是各种纷繁复杂关系的生成与展开。我们依然以自然科学理论为基础来解读自然价值的层次和结构及其发展进化。自然价值的层次和结构是生态多样性的存在基础。在自然界进化发展过程中，自然价值向价值增值的方向运动。地球生命共同体的进化及达尔文生物进化论，都表明自然的辉煌以追求价值增值来展现。现实世界组织的层次性和多样性，就是自然价值进化的历史发展的表现。

宇宙进化论讲述了奇点与宇宙万物的生成关系，价值体系由此生成展开。它认为，宇宙万物由一次大爆炸生成，已经有约 138 亿年的历程。宇宙是从一个原始奇点发展起来的。在奇点，时间为零，空间为零，宇宙的过程从奇点开始，大爆炸之后随着温度的降低，光辐射逐渐转变为实物，生成星云、星系，以后不断产生、转化和消灭，发展到今天的大千世界。地质进化论认为，太阳及其行星产生于原始星云，我们的地球已经讲述了 46 亿年的故事，这是一个产生、发展和演化的过程故事。地球是宇宙的一员。天文时期地球的自然价值，是混沌的自然价值，本身蕴藏了未来发展的诸多可能性。

进入自身演化的地球，形成了地壳，产生了地壳的自然价值。原始如"一团气"的混沌地球，在万有引力的作用下，自身快速旋转，并绕太阳运转。随着演化发展，地球物质产生圈层分化，出现作为陆地的岩石土地、作为水的海洋和河流、大气，地球的结构形成了，这就产生了地球的结构的自然价值。地球岩石圈、大气圈和水圈等地球物质的运动，共同推动地球进化发展，诞生地球共同体。

地球共同体的历程就是地球的地质-生命的进化过程，这是地球共同体的价值的生成与展开。地球开始于 46 亿年前，迄今已经历三个主要阶段：①前生物阶段，就是我们上面已经阐述的地球自身演化阶段；②大约 38 亿年前，生命在地球上产生，地球进入它的生物发展阶段。地球进化出生命，有了生命，地球发展进入一个新时代；③200～300 万年前，人类在地球上产生，地球进入人和社会发展阶段。地球上有了人，人类的智慧和劳动使世界面貌完全改变了，地球发展进入一个新时代。人类和人类社会在地球共同体中的出现，使自然价值体系进入了繁盛的辉煌时代。

对于地球共同体价值体系的丰富内涵可以从如下几方面来阐述[①]：地质自然价值、有机自然价值、生物自然价值、人类自然价值、人工自然价值、社会自然价值。进入地质阶段的地球，是地质自然价值的基础；在此基础上，地球的发展进入有机物产生阶段，无机物转化成有机物，产生了新的自然价值，有机自然价值产生了；物质演化进程的继续使得有机物发展出生命，生命出现在地球上，生物自然价值得以展现；地球上丰富多彩的生命世界为人类的到来准备了舞台，地球与人类的生成关系是地球共同体的内在价值，人类的出现是人类自然价值的形成。有了人类，人类创造力就会使人工自然价值、社会自然价值成为现实，这意味着地球也是人类文化的地球、社会人的地球。

随着人类创造力的展开，地球共同体的价值体系得到飞跃式的发展，社会自然价值不断增长，也不断被丰富。从社会进化角度，我们认为，人类社会既是社会共同体，也是自然共同体的进化。人从高度发展的哺乳动物——类人猿发展而来，从社会形态的角度，已经经历原始社会、奴隶社会、封建社会、资本主义社会、社会主义社会。从主要思维方式的角度，人的思维形式也经历了不同的发展阶段，如原始思维、经验思维、分析性思维和整体性思维。人、社会和思维都经历了产生、发展和演化的过程。这也是价值的进化过程。

我们在探讨自然价值进化的层次性过程中，隐含了另一个问题，即："自然价值只有进化的方向吗？有没有退化？"退化意味着走向死亡，走向非存在。如果说有自然价值的退化，那也只是阶段性的产物，不是绝对的。这种价值的退化，不是走向非存在，而是转变，转变为另一种价值的存在。然后以另一种价值的存在继续着进化之路。

自然价值进化的层次性是自然界走向存在的过程。价值的本质是关系，自然关系的展开与丰富就是自然价值的生成与进化，也成就了自然价值的层次。自然事物是自然价值的承载者。自然事物是有组织的，它的各个组成部分之间有紧密的配合，因而是有结构的。既然自然价值的承载者是有结构的，那么自然价值也同样有结构、有层次。

自然价值的哲学本质是关系，从关系的不同角度出发对价值的层次和结构就会有不同的分类。如果把关系指向自主生存或是指向他物，那么自然价值就分为内在价值与外在价值。如果把关系指向系统，我们知道，地球上各种事物都是相互联系的，不会孤立地存在于自然界之中。

---

① 余谋昌、王耀先：《环境伦理学》，北京，高等教育出版社，2004，第136页。

各种事物承载着的价值，在相互联系中，自然价值共同存在于更广阔的自然界。我们不能把价值当作一种神奇的附带现象或反映孤立起来。价值是系统地根植于自然之中的。① 价值渗透于系统。系统作为一个整体又具有超越个体原本所具有能力的神奇功效，即系统功能超越并高于个体功能，这就表现了自然价值的系统性，因而又称为"系统价值"。所以，自然价值就分为系统价值与个体价值，个体价值存在于系统价值之中。如果在人与自然的关系上，从人的主观性角度来看，价值应该分为自然固有价值与人赋予的价值。自然界的价值不依赖人而存在，因而被称为"固有价值"。自然固有价值具有整体性、有序性、层次性和动态性等特点。如果从自然演化出生命的角度看，自然价值分为非生命价值和生命价值，非生命价值涉及宇宙演化价值、地球天文价值、地球地质价值、有机自然价值；生命价值涉及生物自然价值、人类自然价值、人工自然价值、社会自然价值。如果从文化角度来看，自然价值有非文化价值和文化价值之分。除人工自然价值和社会自然价值外，都属于非文化价值。

第三节　自然内在价值：生态主体存在的根据

自然内在价值是每一个个体的存在根据。由宇宙万物组成的生命共同体丰富了自然的内在价值，共同体中的每一个个体都以其内在价值表现其生态主体性，这是自然本身表现的价值，是以它自身为尺度进行评价的。

反对自然内在价值的哲学观点认为，自然界没有目的，不是主体，缺乏主动性，没有价值能力；它还缺乏人的智慧，所以，只有人是主体，离开人，自然无价值可言。承认自然的内在价值是因为在思考问题时，进行了一种假设自然为其自身评价主体的定位。可是，只有作为主体的人才具有评价功能，自然的价值只能表现在它是人类存在和发展的基础，离开了人的目的性价值，自然的工具价值也会丧失。②主体性是承认或否认自然内在价值的关键点。否定自然内在价值的笛卡儿二元论认为，只有人是主体，只有人具有（内在）价值，因为价值是由人的意识决定的，价值是关系命题，而不是存在命题。人的意识是主观的，价值就是主观的，而非客观存在。自然界作为客体或对象，是"对象化"或"物化"的，

① 〔美〕霍尔姆斯·罗尔斯顿Ⅲ：《哲学走向荒野》，刘耳、叶平译，长春，吉林人民出版社，2000，第182页。
② 吴育林：《马克思实践主体哲学与人类中心主义》，《思想战线》2007年第1期。

是客观的存在，是存在的命题而非关系命题。只有在它作为满足人需要的工具时，才具有工具价值，否则不具有价值。经典哲学认为，生命和自然界只有在同人的利益发生关系时，才对人类有价值。因此，人类是生命和自然界的主宰者和统治者，自然界只能被动地接受人的改造并为人的利益服务。① 这是人类中心主义对自然的蔑视。

自然的内在价值是必然的存在。自然内在价值的论证是生态伦理学必须解决的重要的问题，也是最难论证的问题。我们可以从自然的目的性、主体性、主动性及自然是否有能力具有内在价值、自然是否具有智慧等方面阐述。

首先，自然的内在价值关系到生命和自然界的目的性。追求生存、实现生存是自然中每一个个体的目的，是内在价值的根据。每一生命主体都追求自己的生存，这是生命的最基本目的性。这种追求生存是必然的、符合规律的客观存在。从伦理上讲就是"善"。内在价值是对生命存在的肯定。而死亡的威胁就是"恶"。对人来讲，追求生存是每一个个体最基本的目的。生存权是人类最基本的权利。人类的行为是自觉的、有意识的、有计划的追求，具有最高层次的目的性。每一个人都有内在价值，都有最基本的追求生存的目的。对于动植物生命而言，追求生存是它们的本能，也是其创造力的展现。对生的渴望、对存在的追求是宇宙万物存在的基本目的。追求生存，对于非生命来讲，就是追求存在，这是无机自然界的目的性。非生命个体为了维持稳定的存在，在保持它自身的运动的同时，还要努力与系统内其他个体协调一致，组成共同体，也需要与系统外的环境保持和谐。这是物质自组织的能力，体现了追求存在的目的性。

其次，生命和自然界的主体性决定了自然的内在价值。确认生命和自然界的主体性是生态伦理学在论证内在价值的过程中必须要解决的问题。生态哲学要想超越经典哲学，奠定自己的理论基础，就必须阐明生命和自然界也具有主体性。这种主体性，表现在生命和自然界的生存和发展中。物质运动的本性就是宇宙万物最基本的主体性表现之一。系统的自组织也是自然主体性的另一种展现。自组织系统按照一定的自然规律运行，不断生成和发展，并维持自我生存，不需要外力决定其发展变化。每一生命个体更是能够完全自我决定、自主行动，在自然选择生存进化的过程中追求自己的生存演化，以自己的创造力完成着自己的生存

① 余谋昌、王耀先：《环境伦理学》，北京，高等教育出版社，2004，第141页。

使命。每一个生物物种和自然界的其他事物都是独特的，作为主体以自己的生存和存在为目的中心，既能实现自己和种的生存，又能向更高的组织水平进化。①《庄子·秋水》里，庄子与惠子游于濠梁之上。庄子曰："儵鱼出游从容，是鱼之乐也。"庄子的"鱼之乐"就是对自然主体的肯定，也就是对内在价值的肯定。而惠子的"子非鱼，安知鱼之乐"却像经典哲学一样，否定了鱼是主体。"子非鱼"就是说，庄子是人，是主体，而鱼不是主体。

生态伦理学从"主客关系"统一的角度论证存在论与价值论的统一，承认自然的主体性。一方面，主体与客体的关系是相对的，可以相互转化。人是主体，地球上的生命和自然界也是生存主体，也自主地存在，具有主体性。当说到人对自然的作用时，人是主体，自然是客体；但是，人也是自然生态系统的产物，自然孕育了人，养育了人，这样自然就是主体，人反而是客体。所以，主体与客体的关系是相对的，是可以相互转化的。另一方面，主体与客体是可以沟通的。世界是一个整体，以关系为本质存在，沟通和交流必然存在于主体之间、主体与客体之间。惠子的"子非鱼，安知鱼之乐"意味着惠子承认庄子认为鱼快乐，但是不承认庄子能感知鱼的快乐。他承认两个人的主体（惠子和庄子）之间可以沟通，但不承认作为主体的庄子与客体（儵鱼）之间的沟通。所以在惠子看来，庄子是不能感知鱼快乐的。庄子回答说："我知之濠上也。"庄子在濠水的桥上，看见儵鱼悠闲自得地游来游去，他知道这是鱼的快乐。这是庄子作为主体的人（他自己）与客体的儵鱼之间的沟通，同时，"鱼之乐"又肯定了鱼这个主体。主体和客体都统一在儵鱼身上。作为主体，儵鱼追求生命和自然界的自主生存，其存在是合理的，符合伦理道德的"善"。这是从其自身的生存和利益加以解说和评价的，儵鱼的主体性是从其内在尺度进行评价的，它是独立于人类的价值。作为客体，它可以被作为主体的人所认识，成为人的认识客体。主体转化为客体，体现了主体与客体关系的相对性。

决定了自然的内在价值的主体有着丰富的时空内涵。从时间维度来看，在进化的转变过程中，主体从非生命主体到生命主体，又到特殊的生命主体，即人类主体。自然是朝着价值的方向进化的，并不是人类赋予自然以价值，而是自然把价值馈赠给人类。②自然中的每一个个体都是

---

① 余谋昌、王耀先：《环境伦理学》，北京，高等教育出版社，2004，第143页。
② 杨通进：《走向深层的环保》，成都，四川人民出版社，2000，第179页。

主体，这是对宇宙演化出现生命前所有物质主体的概括。也就是唯物主义所叙述的"世界是物质的，物质是运动的"。在地球演化的时间进程里，出现了生命，随之而来的地球共同体孕育出人类、人类社会，也就生成了各种不同的生存主体。从空间的维度看，关系的共生决定了主体的丰富多彩、多种多样。比如，生态学所研究的"生态主体"，它可以是生物个体、生物种、生物种群、生物群落、各种生态系统，以至全球生态系统（生物圈），它们在各自不同的关系共生中演绎着属于自己的空间过程。

再次，生命和自然界的主动性也说明了自然内在价值存在的必然。每一个个体都是主动的、积极的、创造性的。生态哲学认为，生命和自然界的主动性无处不在，不只是人才有主动性。非生命世界，不同层次不同主体，表现不同的关系，展现着积极、主动的创造性。"世界是物质的，物质是运动的"哲学属性决定了主动性的普遍存在。在原子以下的世界，质子和中子主动发生关系，紧密联系而构成原子核。电子主动围绕原子核高速运动，质子、中子、电子共同创造从而构成物质的基本单位——原子。从宏观上看，地球表面相对静止的山石是地球共同体的构成，它与地球一起自转还围绕太阳运动，创造了地球上春夏秋冬的四季空间，与地球一起参与着地球共同体的创造。生物的主动性揭示着生命的创造力，产生了以生命为主体的生态关系。生命的出现是地球共同体创造力的展现。生命的产生也伴随着生命的能动。生命的能动使生物主动满足自身生存的需要，通过本能直接从自然生态系统（客体）中取得生存资料。为了生存，生物靠调节自身的变化以适应环境的变化，求得与客体（环境）的统一。因而在这里，主体与客体是未完全分化的，两者相互渗透交织在一起。[①] 生命的出现使地球进入地质-生命过程，与地球共同体一起创造生存环境。人的产生是地球共同体主动性所彰显的创造力的精华。地球共同体为人类准备好了生态所需之后，才孕育出现了人，产生了以人为主体的生态关系。人类的诞生是自然创造力的展现，但是，人又是生命的高级形式，这种最美丽的生命之花就是自然主动性的创造力的极致。人又是有意识的社会存在物，具有智慧，以自己的劳动展现自然的伟大创造力。

最后，生命和自然界的"价值能力"是内在价值存在的基础。这种"价值能力"不仅包括行动能力，也包括思维判断能力。每一生命个体的生存能力就是其价值能力的体现，这种能力的表现就是生命个体知道怎样保

---

① 余谋昌、王耀先：《环境伦理学》，北京，高等教育出版社，2004，第 146 页。

持生存，利于生命，除了行动上的维持生存，也需要对环境进行认识和评价，需要选择、追求或改变。这些就属于价值能力。认识和评价需要智慧，选择、追求或改变需要行动，也就是怎么做。比如，为了追求生存，所有生物都"知道"如何寻找食物、修补创伤、抵御死亡。这是以对环境、对自己与环境的关系的认识和评价为前提的。① 也就是说，动物作为生存主体，为了追求自己的生存，它具有"价值评价能力"，具有认识能力，通过认识达到自己的生存目的。这表明它是具有内在价值的。

认识和评价需要智慧，生命和自然界的智慧证明了自然内在价值的普遍性。地球共同体及其每一成员像人一样都具有智慧。人与其他生物的区别并不像我们所想象的那么大。我们承认人的内在价值，也要承认生命和自然界的内在价值。当然，人类拥有最高的智慧，运用自己的智慧，并学习生命和自然界的智慧，实现自己的生存，充分发挥自己的智慧，人类将创造更美好的生存。这是人类的内在价值，是人的自然本性。同时，这也是大自然通过人表现自己的智慧。智慧使地球共同体中的每一成员都具有内在价值，不论是人还是自然界。自然界不是只有人才有智慧，人的智慧也源于自然界的生物物种、生态系统。每一种生物都是一种历史的存在，都有智慧，用智慧追求自己的生存。动物有自己的智慧，植物有自己的智慧。人类还可以利用生物的智慧，模仿生物的天生能力和优势。仿生学的产生和发展表明人类在学习生物的生存智慧。大自然的智慧使大自然富有生机。大自然的物质运动创造了生命，生命创造了生物的智慧——微生物的智慧、植物的智慧、动物的智慧。生物智慧的进化产生了人的智慧。人类的智慧是从生命和自然界发展进化来的，人类、生命和自然界的智慧，是大自然的最重大的天赋，是最重大的价值。②

① 余谋昌、王耀先：《环境伦理学》，北京，高等教育出版社，2004，第147页。
② 余谋昌、王耀先：《环境伦理学》，北京，高等教育出版社，2004，第149~152页。

第十三章　自然的权利：源于过程原则的根本

自然权利体现了过程得以持续的自然法则。自然价值是自然权利的基础，自然界的结构属性和生物与环境的关系决定自然价值。这是一种客观属性，不是人的主观意愿能左右的。而自然权利是人与自然关系的产物，它取决于人类对自然价值的认识、尊重和热爱，由此保证了过程得以持续，这既是人类对过程的顺应，也是过程永恒的根本。今天，走向生态文明要求人类在全球范围内承担对自然界的生态保护义务，由此诞生了自然的权利这一概念。什么是自然的权利，自然的权利有怎样的性质，自然的权利有哪些类型，这是本章研究的中心问题。

第一节　源于过程永恒的自然权利：生态位的另一种语言

自然权利的生态本质体现为生态位，自然个体以此参与并构筑持续的过程。要弄清楚自然的权利的概念，首先就要从权利的概念考察出发，由此选择能够供我们给自然权利下定义的概念来源。通过对权利概念的考察，我们将选择那些适合或基本适合自然的权利的本质意义的权利定义。

一、多维度解析自然的权利

法律上的权利保证人的生存与发展，这不仅是自然过程延伸进入社会的继续，也是社会过程的展开。从法学的角度讲，权利可以指法权，也就是在社会生态系统中某一人类社会群体共同约定的合法权利。比如作为社会生态个体的人，有人身安全、财产安全的权利等。这个生态个体的人，在法律上可以是自然人，即个人，也可以是法人，如国家机关、社会团体、企事业单位等。他们可以依法享有利益，可以依法实施法律允许的行为。这种行为和利益是国家通过宪法和法律予以保障的。而且，这种权利是否行使，取决于法律所保护的主体的意愿。这种意愿是自由的，可以自由行使权利，也可以选择放弃权利。行使自己的权利时，他人不得妨碍。

社会道德权利是社会生态系统运行的法则，是自然规律的自然法则延伸进入社会过程形成的准则，是过程在自然、社会中的持续。从伦理学的角度讲，权利是指社会道德权利，是人类社会生态系统运行的社会生态规则。这种道德权利是与义务和责任相辅相成的。在社会道德生活中，人与人之间的社会关系是一种相互的权利与义务关系，既有社会和他人对个人的行为要求，也有个人对社会和他人的行为要求，这就形成了良好的社会生态关系，保证了社会过程的流畅。义务和责任是个人对他人和社会应尽的义务和责任；道德权利属于社会道德权利，这种道德权利的基础是社会和他人对个人利益应负的责任。

生存本身就是一种过程，从生存的角度讲，权利是一种生存权利，是指人生来具有的权利，这是自明的（self-evident），又称自然权利（nat-ural rights，亦称"天赋权利"）。这里所说的自然权利并不是指自然界的权利。自然权利是指人不可被剥夺的权利。如正常人生来具有不被杀死、不受虐待、不被强迫的权利，有受教育的权利等。这种权利是维持人类生存的基本权利，也是维持人类文化属性的基本权利。

政治是一种人类社会独有的过程，从政治的角度讲，权利是指一种能力，强调的是权力，也就是有权命令他人做与不做，或者给予、剥夺某个个体的合法地位或所拥有的财产、权利、身份、地位等。在这个意义上，权利的含义转变为权力，它和权位的意义相当。位高权重说的就是权力。

综合上述对权利的不同看法，可以发现两个特点：一是权利概念的多义性，二是权利概念的多层次性。因此，使用"权利"一词易引起歧义：一方面权利概念包含的学科非常丰富，不同的学科，如法律、伦理、经济和政治等学科对权利概念的定义都有不同的侧重，是对人际生活社会的真实反映；另一方面也给我们选择适合人与自然关系层面的"自然的权利"带来了难度。我们只有找到多样性的权利概念中的共性和统一性的构成要素，才能够进一步选择我们需要的权利概念。

首先，权利包含利益，具有丰富的过程内涵。权利成立的基础，是利益客观地存在于权利之中，权利是为了保护某种利益而存在的。其次，权利意味着利益的提出，也就是主张、要求。如果没有人对权利提出要求，权利就不可能成为权利。一种利益之所以要由利益主体通过表达意思或其他行为来主张，是因为主体需要它，或者它可能受到剥夺、侵犯。权利还意味着要有提出利益的资格。提出利益主张要有所根据，即要有资格提出要求。资格涉及自然生态资格、道德资格、法律资格。资格决定了权利主体的合格地位，这是生态位所决定的。然后，权利意味着力量，这包括权威和能力。利益、主张、资格都必须有力量作为保障，即以权力成就权利。力量既是能力，更是不容侵犯的权威、强力。最后，权利意味着自由。[①]有了自由，才可以充分保障主体的利益、主张、资格、力量，这才是完整的权利的过程内涵。

比照生态学的生态位概念可以看出权利就是对生态位内涵的解读。生态学认为，一个物种在群落和生态系统中的位置和状态决定了它的生态位，而这种位置和状态则决定了该生物的形态适应、生理反应和特有行为。一个生物的生态位不仅决定于能够被其利用的最大资源空间，而且决定于它的活动性，决定于它所起的作用；也就是说，不仅决定于其"位置"，还决定于其"职业"。[②]一个生态物种，在那个位置，并在那个位置上获益，那是它的利益，它干了些什么就体现为其权利。可以说，自然界的一切生物都有其福利或利益。

权利的概念属于关系范畴，以关系保障并构筑过程，它是"社会共同体"中主体的利益和权力，而这种主体的利益与权力对应的是其相关主体的责任与义务。所以，人对自然界尽责任，开展环境保护运动，其中的目的之一可以认为是保护野生生物的福利和利益。而要实现这个目标，就要有人主张权利，不是某个人主张，某个国家主张，而是在世界范围内全人类去主张。这是自然共同体的需要，也因为自然界正在不断地受到侵犯，所以依据的是自然界有被保护的资格，它有合理的客观存在的生态位，有自己的权利。要落实这种权利，可以通过法律强制力，可以通过社会道德舆论的力量。如果忽视自然界的权利，就会出现恩格斯所说的"大自然的报复"，大自然就会以自己的力量收回自己的权利。而这一切就是因为过程的永恒。

二、从人的法权到自然的法权

确立人的法权是为了维护人与人社会关系的正义，保障社会过程；确立自然的法权是为了维护人与自然关系的和谐秩序，这也是过程的保障。人与自然的关系是和人与人的关系不可分割的，通过明确人的法权定位有助于确定自然的法权基点。

人类法权是关于人的，体现为过程原则以丰富的内涵保障社会过程中每一个人。通常而言，有某种权利就是对某事拥有某种合法的要求或资格，而且，其他人被要求（在道德或法律的意义上）承认这种要求或资格的合法性。就道德权利而言，这种承认的要求是由有效的道德原则强

---

① 李步云：《法理学》，北京，经济科学出版社，2000，第155页。
② 戈峰：《现代生态学》，北京，科学出版社，2002，第266页。

加给所有的道德代理人（moral agents）；就法权而言，这种承认的要求是由某种特定的法律体系强加给法律共同体所有成员。法权是人们能够依据某个既成的法律体系，代表他们自己提出的要求或资格。人们可以合理地要求他人承认其要求或资格的合法性，而且，这种要求可以通过法律制裁来予以支持。对某些事情有某种合法的要求，或者在法律上有资格不受限制地以某些方式行动，就是拥有法权。拥有法权就拥有某种可以由法律来强制实施的要求或资格。那些拒绝把人们根据其法权而应该获得的东西授予人们的人，或那些干涉人们行使其合法自由权的人，将受到相应的惩罚。在一个较完善的法律体系内，如果人们的法律权利被侵害、被剥夺或被侵犯了，人们就有权表达其不满，或有权获得赔偿、补偿。该法律体系要求所有人都承认这种要求的合法性，并通过惩罚来强制实施。

人类法权表明了人在社会系统中的生态位，从而确保了社会系统运行的过程。无论是由对某些事物的特殊要求构成，还是由在某些范围内行使自己的选择自由的资格构成，法律权利都赋予了人们（在共同体中的）某种身份。这种身份就是他在人类社会生态系统中所处的地位，表明他是权利持有者（a bearer of rights）。由于有了这种身份，人们的基本利益不仅得到了保护，而且还获得了做出某些选择和行为的最终决定权。这种保护和决定权是人们作为法律权利的持有者而获得的。人们于是处在了一种可以提出具有法律约束力的要求的地位，要求他人不得剥夺法律所赋予的那些该得的东西，不得介入法律已赋予人们自由权的那些领域。他人的行为被施加了法律限制，并以惩罚的威胁为后盾，以便这些要求和资格得到保障。如果权利持有者的身份得以承认，对自己最基本的利益和价值的尊重就得到了保证。这就是过程原则在社会中的继续。

从人类法权过渡到自然法权，这本身就是一种过程。如果把人类社会看成社会生态系统，它与自然的诸多系统一样存在于地球共同体之中，是地球共同体的生态系统之一，那么，人类的法权就会很顺利地过渡到自然的法权。人类法权的概念可以应用到自然界中的动物和植物。儿童、精神病患者和严重的痴呆者不理解成为权利拥有者意味着什么，不能确保自己的权利，如果有人想剥夺他们的权利，他们也不能申诉，但是我们十分明确地肯定他们拥有法权。同样，自然中的动物植物也不能诉说，它们也应该拥有自己的法权。动植物是拥有自己的利益的实体（have a good of their own），它们的这种利益能够被人类代理者（human agents）的行为促进或损害，那么，在一个特定的社会中，它们拥有权利持有者的法律地位（the legal status of bearer-of-rights）在逻辑上就是可以理解的。因此，当我们说，我们要通过法律来保护它们时，就是有意义的。法律规定了我们只能以某些方式对待动物或植物，这就是把某些权利在法律上赋予它们，它们的生命和福祉就得到了保障，恰如人的生命和福祉通过某些法律而得到保障一样。这就是生命的过程、自然的过程、社会的过程，是过程原则根本的展现。

当自然法权被肯定、被赋予法律权利时，就在法律上确定了自然的生态位，自然的过程在法律上得到了保证。当动物或植物被赋予了法律权利时，它们的利益就对人构成了某种在法律上有效的要求权；法律要求人承认这种要求权的合法性。在这样一个社会中，尊重动物或植物的权利，与尊重人的权利是同样重要的。每个人都被要求把法律所规定的动物或植物享有的权利赋予动物或植物，因为人处于能够授予或侵犯这种权利的位置。在这样一个法律体系中，法律公开认可动植物拥有的针对人而言的合法要求权。那些拥有这些要求权的权利持有者不能够主张这一事实，并不能剥夺其要求权的合法性，不能剥夺其生态位。泰勒认为："在那些其法律以不同方式包含了保护动物和植物的善的社会中，动物和植物拥有法权。在那些缺乏这种法律的社会中，动物和植物不拥有法权。不过，根据尊重自然的伦理学，我们可以补充说，一个把野生生物当作法权持有者予以承认的社会，与一个不承认野生生物法权的社会相比，是一个能够更完整地履行关于人与自然界的有效道德原则的社会。"①这样，社会就会自然而然地融入过程之中。

过程是根本的，过程原则使得自然的法权与人类法权一样，具有约定性、时效性和可代理性。法权的约定性是指法律条文给定自然某种法权。尽管自然法权有自然生态规律作为客观依据，但是它主要是根据人们的经济和社会状态由特定机构确定的法律权利。所以，自然的法权是人约定的，是人授予自然的法权。这样的权利的支持者属于国家的公民，通过有权力的那些代理人颁布自然权利的法律解释，或在法庭上进行合理的裁决来授予自然法权。通过制定法律、颁布自然权利的法律解释做某些决定，通过终止或废除法律及制定新的法律，决定、改变或废除自然的权利。

过程原则决定了法权具有时效性。自然法权的本质所需要的是，它

---

① Taylor P W：*Respect for Nature：A Theory of Environmental Ethics*，Princeton：Princeton University Press，1989，pp. 223-224.

们的法权完全依赖并与特殊的法律体系相关，而且是在某个社会特定的时间内被确立和接受的。历史上某些社会就有这样的法律体系，把不同的权利授予不同的自然事物。比如，把权利只授予家养的宠物的法律，保护濒危野生动物的法律，保护稀缺矿产资源的资源保护方面的法律。也存在着只认可人的法律主体地位，不承认自然界作为权利主体的法律体系。无论是哪种关于自然的法律体系，自然的法权都是随时间和空间而变化的，在时空过程之中。

自然的法权与人类法权都具有可代理性，它保证了每一个个体都在过程之中。现在，法律能做到把权利授予那些不能认识他们自己是权利支持者的人类，如神经错乱者、婴幼儿。这些人能够被权利所有者正确地描述为对特定的事情有合法的要求，有资格按照法律以一定的方式被对待。权利所有者在法律上要求其他人，承认那些人要求的合法性，并要求以那些人被赋予的法律资格来对待他们，尊重他们的权利。但是这些权利所有者并没有能力对其他人提出要求。因为他们认识不到自己的权利，他们不能够要求或坚持授予应得的权利资格。所以，代理人、保护人、朋友和有关的人必须为他们代理并维护其权利。不过讲他们有权利，是因为他们有法律赋予的权利，法律的强制重点放在社会共同体中的每一个人将怎样对待他们的方式上。同理，自然的法权是指自然拥有权利，但是自然没有主张权利的能力；有被法律保护的资格，但是缺乏认识能力，意识不到自己的权利，不能认知自己的权利。所以，人类作为自然权利的支持者，有义务、有责任代理自然行使权利。自然作为权利的承载者，在人的代理责任和义务的保障下实现自然法权。这种人类对自然权利的可代理性是人与自然内在统一性的外在表现形式。

三、从自然走向道德的自然权利

从自然走向道德的自然权利体现了生态位的自然演化进程，而非人为规定，这是过程原则的贯彻。在人与自然的关系中，自然的法律权利是天赋的客观存在，在法律的条文中给予保护，做出违背自然权利的行为，行为人要受到法律的惩罚，这种行为要遭到禁止。法律毕竟有强制性，包含人为的规定，这违背生态位的天然自由性。在人与自然的实际关系中，一般来讲，人们的行为是自觉地顺应自然，在自然的生态范围内有效地行动。有时人与自然的关系也会冲突，人的行为违背自然规律，超出自己的生态位，可是在态度上和行为上却不触犯法律，这就需要道德来肯定自然的权利，限制人的生态位。道德就是这种遵循自然规律所提倡的责任义务。道德是遵循自然规律的产物，也是自然规律演化的最高成果，自然的道德权利的成立以此为基础并呈现自然演化的生态位内涵。自然权利的道德导向既符合自然演化的进程，也符合生态伦理逻辑。

首先，过程原则体现了地球过程的根本。我们与地球上的其他生命的唯一家园是地球，我们的家就是我们的生态位。这是一个科学事实，是客观的，也是指导我们建立与自然的伦理关系的历史起点和逻辑前提。地球是我们的母亲，不仅生养我们，而且也生养万物，它自己就在过程之中，也给地球上的生命提供过程保障。我们的生存与自然的生存紧密相连，我们与其他生命共同生存于大地共同体之中。然而，以往我们在地球共同体中进行的农业、工业开发活动，追求自然的人类生态价值，忽视或不顾自然的非人类生态价值。在获得人类利益的同时，破坏了人与自然的生态共同利益，导致大自然的报复。为了恢复地球共同体的生机，维护人与地球共同体的生态利益，有必要明确自然的权利——地球母亲的权利。

其次，自然的权利是对地球上一切生命"有其自身内在善"的固有价值的肯定，这是对每一生命都在过程之中的肯定。这种内在的善就是自我生存。每一个生命都有自己的生态权利，都有自己自我生存的生态位。生命内在善的这种固有价值是其生态位的基础。以往我们看待自然，只看到自然对我们自己的善是有益还是有害，讲究对自然价值的利用，至多是探究利用得合理不合理，没有发现实质上自然也有它们自己的善。只肯定人的生态位而忽视自然的生态位是导致地球今天出现生态危机的伦理根源。要摆脱生态危机，就要明确人类的善与自然的善是多种多样的，不仅仅以相互利用的方式各自存在，而且在各自的位置上也以相互依存的方式维持着地球自然的生态平衡。所以，恢复和保存"有其善"的自然的固有价值名分，确立自然的权利就成为我们这个时代人类要承担的伟大的工作，是人类的历史责任。

最后，自然的权利（right）意味着利益（interests）与权力（power）的统一，这是过程永恒的使然。有其自身善的自然，有自我保护的利益，以其自己的生态位参与着自然过程。这种自然利益是指各个生物物种在各自的生态位上维持生态系统运行及个体持续生存的利益。所有生命作为地球共同体的一员，它应当而且可以拥有维持其生存所必需的条件，满足其生存所需。正如地球及地球共同体的所有成员，它们都具有维持生命和生态繁茂的自我保护能力和自我发展力量。这种力量借用"权利"概念的另一层含义，就是一种强制力量——自然的权力（power），体现为过程的永恒。如果它们的生存利益受到威胁，它们就会以这种强制性的权力捍卫自己的地位，惩罚威胁者。现在的生态危机、地球灾难就是这种"自然的报复"。当人类的行为破坏自然、构成对生物和自然界的利益的严重损害时，过程的永恒就使得自然权力显示出巨大威力，从而让人类显得渺小而无力。这告诉我们，人类应该理智而谨慎地改变自然、对待自然，必须尊重自然的权利，否则就会被自然权力淘汰出过程。

道德的出现和发展是自然选择和遗传共同作用的结果，是自然进化在人类社会中的继续，是过程的丰富内涵。道德通过利他的行为将共同体团结起来，获得更大的生存能力。人在地球上属于生物共同体的组成部分，人的生存和生产活动不可能脱离自然，随着科学技术的不断进步，人在自然中的根也会越扎越深，与自然共同体不可分割。确立自然的权利，属于有益于自然的利他行为，这种利于自然的行为把人类与自然共同体紧密团结为一体。保持人与自然关系的和谐，这样将有助于人类与地球共同体获得更大的生存能力，共同演绎生命过程。

确立自然的权利是人类走向自由的文明选择，是宇宙自然演化的继续，符合过程原则。确立自然的权利，明确人类自己的责任和义务，清楚自己在地球共同体中的地位，承担起地球共同体走向未来的伟大工作，这才是人类向未来希望的迈进，这种走向未来的文明是完成了的自然主义，正如马克思所说："完成了的自然主义，等于人道主义，而作为完成了的人道主义，等于自然主义，它是人和自然之间、人和人之间的矛盾的真正解决。"①要实现这样一个伟大的理想，就要摆正人与自然的权利义务关系。确立自然的权利就是维护自然的客观价值，实现人与自然和谐的生态理想，与地球共同体在过程中一起走向未来的生态纪元。

确立自然的权利需要有生态自然观和生态意识作为基础，探索并建立一个人与自然关系的新的道德体系，承认自然的道德权利并愿意选择对自然尽责任和义务。在生态自然观中，明确人、自然都是自然共同体的构成，都占据着各自的生态位，有着各自的权利。人有权生存，自然也有存在权；人有内在价值，自然也有内在价值；孩童的权利可以由成人来代理，自然的权利也能由人类代理人来维护。人类是以经济、政治、文化和科学技术发展为特征的地球生命，我们应该有能力、有信心做一个利于地球共同体的文明的地球公民，承担起走向生态纪元的伟大工作。这不仅要有人与人关系的社会生态文明意识，而且更要有人与自然关系的自然生态文明意识。确立起生态道德的世界观、价值观和权利观，这

---

① 《马克思恩格斯文集》第 1 卷，北京，人民出版社，2009，第 185 页。

将有利于自然权利从自然走向道德伦理。

四、共同体中的自然权利主体

自然权利主体丰富多彩，多种多样，同时也体现共同体的整体性。人和自然中的每一组成都是自然共同体的成员，都有自己的生态位，不同主体具有不同的生态位，也就具有各自的自然权利。生态学告诉我们，一切生物与环境都是相互依存和相互作用的有机的生存关系，这种关系使包括人在内的自然成为一个有机生命共同体。所以，自然权利的主体首先是生命共同体，然后就是多种多样的单个主体。

生命共同体本身也是自然权利主体，它的自然权利居首要地位。基于过程原则，过程是生命共同体的过程。这不仅是因为生命与环境是不可分割的有机生存关系，而且生命与环境相互依存、相互作用并协同进化，展现演进的过程。这是一切包括人类在内的生命共同体的共性"生活方式"。尽管人的生活多种多样并与其他生物有着明显的差异性，但是，人与其他生命打交道时必须以生命共同体的整体利益为基准，不得损害共同体的整体利益。人类能够揭示地球生命共同体中生物和环境相互依存的自然规律，在人类看来，生物有其自身的善，有其一套对立统一的自然法则，符合人与自然协同进化的规律，共在在过程之中。在地球生物圈整体中，整体支配并决定部分，从而保证了共同参与到过程之中，这种有机行为规律暗示人类对自然的行为准则和约束人类行为的环境道德。人能够建构环境道德关怀共同体（community of moral consideration），以保证自己和共同体共在过程之中。

相对人类观察者而言，生命共同体的每一个成员都是人类建构环境道德的生态主体，其他生物、物种、生态系统乃至地球生物圈是环境道德的受益者（environmental moral patient），是自然权利主体，这既保障了过程的继续，也是过程原则对过程永恒性的揭示。它们之所以能够成为环境道德考虑和关怀的主体，主要原因是它们的利益受到人类的威胁，它们的生存目的有可能被人类破坏，它们内在的善要受到侵害，与此同时，人类的当前利益或未来福祉也承受着危机，都共同面临过程终结的风险。根据人与自然协同进化的生态伦理原则，在特定的人与自然的矛盾关系中，动物、植物和生态系统的相应的道德地位是其自然权利的保障。自然中的生态主体是有"适应"和"进化"能力的生命，表征它们在生物圈整体中有自主的协同性并服从自然法则。每一生命作为生态主体，它的"生活方式"是经过千百万年自然选择和遗传进化的结果，即过程的结果。人类是地球上最灿烂的生命之花，有意识、有能力认识到自己与其他物种间的关系；能肩负起协调生态关系、人与自然关系的职责，并能对后果负责。

人是环境道德的主体（environmental moral subject）也是环境道德的代理人，能够遵循过程原则，贯彻过程原则。在社会伦理学中，生态主体是有自律能力的人；在环境伦理学中，人的自律能力和能动地调控人与自然关系的能力，是其代理者的标志和特征。人具有身心健全的人格，善恶分明的道德，并有能力把责、权、利相统一。人类能够发现并辨识各种生态主体的"暗示"，能成为维护生物圈"社会"健康的环境道德代理者。人类能够利用环境道德准则，以道德使命指导自己对自然的行为；人类可以利用道德判断预测可能产生的行为后果；依据协同进化的尺度，人类可以调整人与生物的关系，也可以调控人为造成的生物与非生物的不协调关系，人类能够做出合理评价和决策。人类能够建构起环境道德关怀共同体，以保证其过程，遵循过程原则。

人类和地球上的其他生命都是地球共同体的成员，都具有自然权利的道德地位。在人际关系和人与自然的关系之中，人以文化的方式把握世界。自然共同体的每个成员也有各自的语言和信息网络。虽然共同体成员之间的沟通和了解存在困难，但是我们都必须把它们纳入道德考虑，承认他们的生态权利。根据具体的生态环境、经济和社会因素，以及最终对人与自然生态带来哪些现实的和长远的结果来决定人类如何作为，作为环境道德代理者维护地球共同体的繁荣昌盛，遵循过程原则，融入过程之中发展。人类首先在人际伦理方面取得很大发展，社会伦理关系以"人与人、人与社会"二维结构呈现人在社会生态系统中的生态位（如图13-1）。生态伦理把伦理道德推广到人与自然关系的领域，进展到"人与人、人与社会和人与自然"这三维结构。这个结构就是人、自然和社会生态位的有机构成（如图13-2）。①

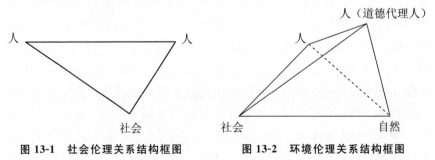

图 13-1　社会伦理关系结构框图　　　　图 13-2　环境伦理关系结构框图

① 余谋昌、王耀先：《环境伦理学》，北京，高等教育出版社，2004，第175页。

第二节　自然权利概念的历史：生态位的建构过程

自然权利概念的历史过程实际是人类对生态位的逐步认识、理解与接受的历史过程。历史是过程原则的"形而下"，过程原则是历史的"形而上"。在人类文明发展史的进程中，物质文明和精神文明水平不断提高，权利的内涵也在不断扩展。人权是人类的自身权利，随着社会的进步，人类认识的提高，人类把权利扩展到生态系统中的每一个个体，不仅包括动物、植物，还有山川、河流、大地、空气等，承认地球共同体的每一成员都存在权利。生态哲学在生态学基础上，开始把以人为中心的权利的研究扩展到非人类的权利的研究。这样，在哲学的历史发展历程中，权利的研究就从人类中心主义扩展到非人类中心主义。生态学中生态位的确定就是对权利的明确肯定。权利意味着不容侵犯并得到他人尊重，这种思想意识随着人类文明的发展而增强。下面就以古希腊罗马时期为起点，重点对当代生态权利的概念进行历史考察。

一、人类中心主义的自然权利进程

自然权利，在古希腊、古罗马的哲学家那里，相对于人为法则而存在。古希腊、古罗马哲学家认识到人的存在先于政府。这种先于政府存在的自然状态，就是对过程的肯定，是由自然生态系统中的生态位决定的，是根据一定的生物生存原则组织起来的人在自然中的客观存在。这种客观存在就是天赋权利，是遵循生物生存原则的天然权利，就是法律所保护的"天赋权利"。"天然"或"天赋"都是对过程的肯定与遵循，是过程原则的另一种语言。人类并不是自然中唯一的存在，人类有生存权利，这种权利是天然的、天赋的，自然中的其他生命也有生存权利，也是天然的、天赋的，人类与其他生命都应该受到法律的保护，同在过程之中，遵循过程的永恒。这种权利来源于把自然看成是一个整体的思想，其实质是以生态法则确立天赋权利，实现生态位的内涵。

1世纪以后，随着基督教的兴起，基督教的等级伦理把自然置于人类之下，认可以人类为中心的权利，这是对人的过程的肯定，其依据是《圣经》的教义，上帝照着自己的样子创造人之后，把人放到地球上，把地球放到宇宙的中心，让人管理山川大地河流，管理一切动物植物。这样，人类统治自然的规定就产生了，人类可以不受任何约束地利用自然、改造自然。自然界中的任何存在及自然界本身都没有权利，都要听从于人、服务于人，无论是动物、植物还是山川河流，它们的过程听命于人的过程。有的神学家认为非人类的存在目的就是为人类服务的，自然只有工具价值。伦理的概念只涉及人与人之间的关系、人类社会的经济利益关系，只涉及人的权利，不涉及人与自然的关系，不存在自然权利，人类对待非人类的行为没有道德义务，不尊重它们的过程。

在基督教伦理基础之上发展起来的人类中心主义，从法律的人为规定性出发，在逻辑上否定自然权利的存在。近代的哲学家如格罗蒂斯（H. Grotius）和普芬德弗（S. Pufendorf）的伦理哲学认为，自然权仅仅属于人类自然的产物，它不是生成于前社会的自然状态，而是一套人为规定的规则。这就是说，法律并非起源于对人和动物都公平、公正的正当基本原则，它只反映了人类的利益。因此，他们认为，在人和兽之间不存在共同的权利和法律。① 这是以人的生态位排斥其他物种的生态位，排斥自然的生态位，以人的过程蔑视自然过程。

极端人类中心主义彻底否定自然权利，只承认人的权利、人的过程，以人的理性否认非人类的感觉、思想、意识过程。笛卡儿的"我思，故我在"以人类思维、人类理性彰显着极端的人类中心主义。人以理性区别于动物。他以"动物是机器"的观点在17世纪把哲学推上了拒斥动物权利的顶点，他认为，动物没有感觉，没有理性，就是一架机器，就像钟表一样运动，没有痛感，缺乏思维，因此人对动物无所谓伤害。② 动物不具有权利。可是，人有感觉，有情感，有意识，有理性，人类的理性、人类的思维能力确证了人类的存在。凭借着理性，人类成了自然的主人，向自然扩张，人类的生态位侵占了自然其他成员的生态位，人类可以任意终结自然其他成员的过程，自然以及自然共同体的其他成员都是人类的附属物，它们没有自己的生态位，没有自己的权利。这属于极端人类中心主义的早期表现形式。

对于人类中心主义否定自然权利的批判，还可以从人的角度反对这种控制自然过程的伦理。洛克直接批判笛卡儿的道德错误，反对把动物看作机器的伦理观点。在《教育漫话》（1693）中，洛克从对人的影响来谈动物权利。人对于动物的残暴很容易造成自己心理和性格的残暴。③ 应该及时制止小孩折磨或者粗暴地对待落到他们手里的弱小动物的行为，因为他们以后会把同样的行为应用在人身上，同时也影响了自己的心理

① 余谋昌、王耀先：《环境伦理学》，北京，高等教育出版社，2004，第176页。
② 余谋昌、王耀先：《环境伦理学》，北京，高等教育出版社，2004，第177页。
③ 〔英〕洛克：《教育漫话》，成墨初、蒙谨编译，武汉，武汉大学出版社，2014，第122页。

和性格。洛克认为，儿童的成长过程应该朝着变成一个有责任感的社会成员的方向发展，人类应当减轻动物的痛苦，减少对动物的迫害，应该善待所有活着的动物。[①] 动物的权利的获得源于人类的行为方式，源于人类怎样对待它们。这不是动物本身的权利，而是人类应当珍惜所有生命的结果。从 15 世纪以来一直到 18 世纪，西方社会从保护人类的角度，反对虐待动物，反对活体解剖，反对诸如斗鸡、杀狼等行为。仁慈运动的倡议者认为，大自然是为了人类而存在的，但是，他们呼吁人类对大自然的统治要尽量温柔些。[②] 这是从有利于人类的发展过程的角度来批判对自然权力的否定。

二、非人类中心主义的自然权利进程

非人类中心主义对自然权利的肯定是以自然整体论为基础的。古希腊人、古罗马人的哲学思想里就有肯定动物权利的思想，动物是自然法则的主体，也是自然国家的一部分，肯定了动物的生态位置。在 18 世纪虽然人类中心主义占统治地位，但是人与自然是一个整体的思想奠定着生态伦理的基础，扩展了道德共同体的边界。具有代表性的观点有亨利·莫尔(Henry More)、莱布尼茨和斯宾诺莎的生物哲学观点。莫尔认为，有一种神秘的力量把宇宙万物结合在一起，它作为世界灵魂或自然精神存在于自然，显现在大自然的每一个部分之中。这样，莫尔从神学的角度达到了对自然的整体性的认识。莱布尼茨反对人与自然的主客二分思想，也反对把存在物分为生物与非生物。他认为宇宙万物是密切地相互关联的。有机主义者斯宾诺莎从有机联系出发，把伦理价值奠定在整体、系统基础之上。斯宾诺莎的泛神论思想认为，每一存在都是由神创造的同一物质存在的暂时表现，不管是石头、杉树，还是星星、人都如此。人死了，虽然人的过程终止了，其机体变成土中的营养成分，继续其自然的过程，使植物茂密生长。植物的茂密给鹿准备了丰盛的食物，鹿又成为狼和人的食物。自然的过程演绎着生命的生机。在斯宾诺莎的伦理世界里，没有高贵和低贱之分，共同体的观念是没有界限的，因而他的伦理学也是没有界限的。[③] 石头、树、人都是处于自然整体中的存

---

① 〔美〕纳什：《大自然的权利：环境伦理学史》，杨通进译，青岛，青岛出版社，1999，第 20 页。

② 〔美〕纳什：《大自然的权利：环境伦理学史》，杨通进译，青岛，青岛出版社，1999，第 21 页。

③ 〔美〕纳什：《大自然的权利：环境伦理学史》，杨通进译，青岛，青岛出版社，1999，第 22 页。

在，它们之间的相互联系就是自然物质运行的生态规律。整体观念是有机原则的内涵，相互联系是关系原则的意蕴，运行规律是对过程原则的解读。

　　沿着自然整体论的方向，非人类中心主义思想家研究自然界权利的实质，推进并发展自然权利的生态伦理历程。例如，约翰·雷（John Ray）提出目的论的生态学，认为是至高无上的神把宇宙万物结合了起来。梭罗（H. D. Thoreau）常常将神性与生态系统里的一个生命等同起来。[①] 达尔文之前的生态思想家都以宗教的语言表达着自然整体的观念。达尔文走上了与宗教信仰完全不同的道路，他以科学事实为基础，用生物进化论讲述了一切生命形式都在起源上相关。在 19 世纪末，克莱门茨（F. Clements）发现植物与土壤、气候密切相关，他的"演替"系列最后形成演替顶级，顶级植物结构事实上是"复杂的有机物"，即有机整体。20世纪初，惠勒（W. M. Wheeler）提出"超级有机体"（super organism）的概念。"超级有机体"就是按照生态规律结合成的社会整体，然后这个整体再进一步有机构成，再形成更高一级的社会整体。比如，原子有机构成形成分子，分子有机构成又形成细胞，细胞的有机构成产生器官，器官有机构成形成生态机体。生态机体进一步有机构成，形成社会。从原子到人类，生态共同体中的每一成员，都相互以有机的联系构成更高一级的机体，也就是社会。埃尔顿（C. Elton）的《动物生态学》以食物链和"小生境"概念引出生态位，从而把生态共同体的每一成员都赋予了一个位置，并履行恰当的"职能"。阿利（W. Allee）提出自然中协同的共同体（co-operative communities in nature）的概念，认为生态系统就像是一个组织严密的动植物国家，每一生命个体协同生存在自然生态系统之中。协同本身就是一种过程。20 世纪 40～50 年代，利奥波德系统地论证了大地的伦理地位和存在，确证了地球共同体的权利和地位。怀特海更是把自然看成是"一个整体的有机统一性"，一切事物都有其他事物勾连在一起——不像机器内部那样表面上机械地连在一起，而是从本质上融为一体。[②] 与"独立宣言"相对的另一宣言——"相互依存宣言"产生了，它宣告着生态整体论的伦理学的建立。自然权力的生态伦理历程的推进与发展过程首先体现为过程原则，而相互依存就是由关系原则决定的，生态

---

　　① 〔美〕唐纳德·沃斯特：《自然的经济体系——生态思想史》，侯文蕙译，北京，商务印书馆，1999，第 115 页。

　　② 〔美〕唐纳德·沃斯特：《自然的经济体系——生态思想史》，侯文蕙译，北京，商务印书馆，1999，第 370 页。

整体属于有机原则中的内涵。

　　动植物权利理论的系统化与完善标志着自然权利在生态伦理进程中取得了稳固的地位。西方文化中的动物权利经历了从功利主义到自然主义、从人类中心到非人类中心的转变过程。英国植物学家约翰·雷伊（J. Ray）从植物学研究转向哲学研究，认为那种整个自然界都仅仅是为了人的利益而存在的观点是一个站不住脚的虚幻观念。[①]功利主义的边沁认为，痛苦是恶，快乐是善，一个行为正确与否在于它所引起的快乐与痛苦的程度，他把这种行为的后果称为功利。最不道德的行为就是带来最大痛苦的行为。边沁承认动物有趋乐避苦的权利。他的同代人劳伦斯（J. Lawrence）甚至更激进地直接把权利赋予动物。[②] 获得诺贝尔和平奖的施韦泽（A. Schweitzer）以"敬畏生命"理论奠定了生态思想的里程碑。他认为一切生命都有内在的生存权利，施韦泽从人类文明的角度确立了敬畏生命的伦理。此后，辛格（P. Singer）和雷根（T. Regan）以动物解放肯定动物权利；沃伦（M. A. Warren）把功利主义的动物解放和自然主义的大地伦理统一，阐释了已驯化的动物与野生动物权利的不同；斯通（C. D. Stone）认为，人类应该承担起植物和人类环境的道德代理者的责任，把植物和人类环境纳入伦理考虑范围并为之伸张权利，提供法律保护；杜泊斯（R. Dubos）把微生物的权利也纳入合法权利之中；考利科特（J. B. Callicott）提出应该遵循人类、大地生态系统、动物这三者的复杂关系综合平衡动物的权利。至此，动物权利的理论观点被系统化。[③] 在生态伦理进程中，自然权利成为伦理学的研究内容。

三、自然权利的生态位上的时空建构

　　宇宙万物、生命、人类在自然共同体中的生态位展现了其权利的空间建构。这种认识也是人类的观念从自然权到自然界的权利的转变过程。对于自然权利的认识以及自然权利相关理论的发展，不仅是生态伦理思想的进步，也是生态位思想在哲学中的深入发展与丰富，体现生态位的空间建构，这种空间建构本身就是一种过程。作为生物的任何一个有机体或者是生命、人、环境，它们在自己的生态位上共同构建着生命共同

---

　　① 〔美〕纳什：《大自然的权利：环境伦理学史》，杨通进译，青岛，青岛出版社，1999，第 22 页。

　　② 〔美〕纳什：《大自然的权利：环境伦理学史》，杨通进译，青岛，青岛出版社，1999，第 26 页。

　　③ 余谋昌、王耀先：《环境伦理学》，北京，高等教育出版社，2004，第 179 页。

体。首先，任何一个生命，无论是低级生物还是高级生物，都是自在存在的，它们有自己生存的位置，有自己的生命功能，有着必需的自身适应的环境，承担着各自的责任义务。它们不是为了人而存在，也不是要不利于人而存在。它们不能被毁灭，它们的地位也不能被人所取代。其次，人的生态位在食物链金字塔顶端，与此相反，人类的权利却不是至高无上的。正因为人在食物链金字塔的最顶端，他需要关注他的基础，也就是关心、关爱其他生命有机体、植物、土壤及山川、河流、海洋等。人类必须认识到共同体中的每一成员都有不可剥夺的生存权利。生物与环境构成一个有机体，有其产生、生长、发展的客观规律。这是不以人的意志为转移的规律，意味着生物与环境之间的关系潜藏着人类不容侵犯的权利，也意味着过程不可阻挡，过程永恒。生态共同体的每一成员在共同体里都有自己的地位，都有自己的权利，都承担着自己的责任和义务。这种自然权利的确立就是生态位的空间建构。

生态位的时间建构过程，就是关于自然界生态权利的主要思想的发展过程。随着人类历史的发展，人类关于权利的概念始终在不断地扩展。历史在发展，文明在进步，人类的伦理思想也在发展进步，伦理所关注的权利主体也不断扩展。最初，伦理所考虑的主体就是自我，接着就是家庭，然后是部落、氏族、地区、种族、国家也随着历史发展进入了伦理所关注的主体范围。伦理的道德原则由个人利益、家庭利益扩展到部落、地区、民族和国家利益，甚至是整个人类的利益。伦理不应该只涉及人类，生态伦理的出现使得动植物生命、山川河流、生态系统甚至星球和宇宙都具有了道德身份，对人的行为形成道德约束。纳什在《大自然的权利》一书中列出了伦理观念进化的简明结构图和不断扩展的权利概念图。伦理观念的进化代表着思想观念的发展，是伦理学的发生、发展和走向成熟的过程（图13-3）。英国和美国把权利扩展到被压迫的少数群体身上的历史过程能够说明权利概念的进程。关于权利概念，由自然权、人权扩展到自然界的权利，在某种程度上是人类伦理思考边界的扩展，特别是道德权利的扩展（图13-4）。①

---

① 〔美〕纳什：《大自然的权利：环境伦理学史》，杨通进译，青岛，青岛出版社，1999，第4页。

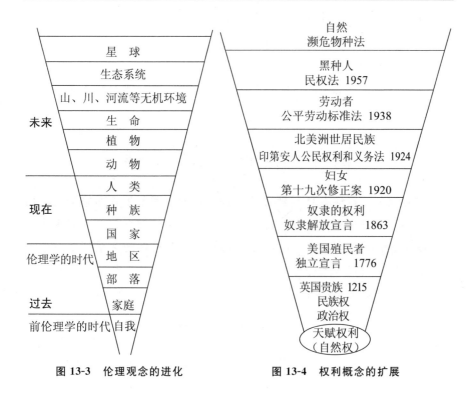

图 13-3　伦理观念的进化　　　　图 13-4　权利概念的扩展

　　这表明，随着人类文明的发展，人类纳入道德考虑的对象不断地扩大，每一个个体在道德共同体里开始有自己的位置。人类的位置和行为不断受到限制，限制约束条件不断地增多，公平、平等、自由、博爱的理想逐步实现。从解放黑奴、妇女平等到敬畏生命，伦理学进入生态领域，在利奥波德的大地伦理之后，纳入道德考虑的对象继续扩大，"大自然的解放""生命的解放""地球的权利"捍卫着生态伦理的旗帜，更有人提出要保卫太阳系和宇宙的权利使之免遭人的踩躏。① 这是人类文明程度的重要标志，也为走向生态文明开辟了前进之路。

　　道德由只是人与人之间的伦理进化到生态道德，这是人类文明的进步，也是历史的转折，属于转变过程。人际伦理道德只涉及人与人之间的道德，注重社会关系，只关心人这个主体。生态伦理不仅肯定人是道德的主体，更把自然中的所有存在纳入道德主体来考量，肯定自然界的权利。人对自然的统治源于人对人的统治，掠夺自然就是压迫自然，剥夺自然的权利。还自然以权利，在伦理学里赋予自然道德地位，这是文

───────────

　　① 〔美〕纳什：《大自然的权利：环境伦理学史》，杨通进译，青岛，青岛出版社，1999，第5页。

明进程的必然。每一动物植物、山川大地河流或生态系统都获得了道德关怀，这是文明的进步。这种进步是观念上的转变、认识上的提高，必然会引起一系列人类思维方式、行为方式及生产、生活方式的重大变革。生态文明就是这种变革的文明形式，它将对地球共同体的每一成员都产生影响。

第三节 自然权利的性质和类型

自然权利是自然本身所具有的，是内在的，而不是外面施加的。由于自然界是丰富多彩的，自然权利也具有多样性的类型。以生态主体存在为基础，自然权利的内在属性和自然权利的多样性既关系到生态位的宽度和广度，也和人类的权利义务紧密相关。对自然权利性质的研究有助于认识自然的本质，有助于认识人在自然界中的地位和作用。

一、自然权利的性质

(一)自然权利本质上所固有的性质：客观性、内在性、必然性

第一，自然权利具有客观性。自然按照自己的规律运行，这也是过程原则的过程永恒的展现。人类必须顺应自然规律、尊重自然，才能变革自然、发展自然，与自然协调进化。这种客观性使得自然界从生态本质上支配着生物物种和人类的存亡。美国著名生态学家康芒纳(B. Commoner)以"自然界所懂得的是最好的"[①]告诉我们，自然在自己的规律内运行。虽然人类拥有技术、拥有理性，但在自然面前也只是渺小、懵懂的一员，我们必须尊重自然才能在地球共同体中保持自己的利益。对地球共同体而言，自然界最懂自己，这意味着，地球生物圈是一个有完整结构的运转精良的自组织系统，我们应该尊重地球共同体的每一成员，尊重它的生态关系，尊重自然权利。这也是顺应过程的永恒，自然权利的基础由过程原则支撑。我们应该明白，自然权利的客观性是不以人的意志为转移的，我们对技术的利用，如果违背了自然生态规律，如果超出了自然生态共同体的承受能力，自然将遭受损害，这种损害也会反作用于人类，即不尊重自然的过程，势必将终结自己的过程。

第二，自然权利具有内在性。以内在需要为基础的生物利益就是自

---

① 〔美〕巴里·康芒纳：《封闭的循环——自然、人和技术》，侯文蕙译，长春，吉林人民出版社，1997，第32页。

然权利内在性的充分体现。生态权利既包含权力，又包含利益，如生物利益。所谓生物利益，就是地球共同体中的生物利益，因为在地球之外我们还未发现其他生命迹象。地球共同体的生物主体不仅有人类，更有动物、植物和微生物等。这些生命的生存和繁衍，需要共同体提供物质和生态条件。生物利益决定于这些物质和生态所需，它属于关系范畴，遵循关系原则。生物利益建立在生物固有的价值和内在需要基础之上，在生态活动中以外在展现而存在。生物利益属于共同体中的利益，具有生物社会性质，任何个体如果脱离生物共同体就只有走向死亡与非存在，任何脱离生物共同体的利益都会走向非存在，都是过程的终结。生物利益具有整体性、多层次性。每一个个体生命都要得到生存上需要的满足，这是最基本的生物利益。比如，食物、水、空气、栖息地等就是最基本的生存物质需求，除此之外，还有扩展的生态需求，如对季节的需要、对空间地域和地质地理的需求、对特定的物质资源的需求等。生物利益是生物进化的漫长历史过程的产物，是地球共同体生态系统孕育的。

第三，自然权利的必然性是自然内在所固有的。自然价值是自然权利内在性的基础，追求生存是每一个个体的必然过程，这就决定了自然权力的必然性。所有生命，无论是人还是各种各样的生命形式，都有其固有的利益和价值，同时服从共同体的整体生态利益和价值。也就是说，自然权利在自然生态规律的制约与控制中有效运行。自然生物圈是一个活着的事物，人类被有机地固定在其中。人与自然之间的协同，益于人类生存并促进生态平衡。另外，自然是有目的性的，以生命的目的为中心，每一个个体都追求生存，以其内在价值为基础，以自身的方式实现自身的善，同时也为种群和生态系统的善做出贡献。人类应尊重有机体、生物。此外，自然界是有层次的，有复杂程度不同的各个等级组成的结构，也就是生态位，但它们之间没有高低贵贱差别，不存在一些物种优越于另一些物种。人类既是地球共同体中的普通一员，也承担着共同体走向生态纪元的伟大工作，对自然肩负着更大的责任。要尊重自然权利，就要认识生态共同体中个体生物与整体系统的利益关系，承认它们的价值，尊重它们的生态位，并把这种道德意识转化为对人类行为的指导，在客观上尊重生物的利益、生态系统的利益，确立自然权利。承认生物的利益就要改变只有人才有利益、权利的观念。生态伦理学扩展了利益、权利的概念，标志着人类生态文明的进展。

（二）自然权利的生态性质

自然权利的生态性以自然权利的客观性、内在性、必然性为基础，又以自然的反抗性、不可侵犯性、后发制约性、中立性彰显着自己的客观存在。自然权利的客观性、内在性、必然性就是指自然权利是自然本质上所固有的，具有反抗的力量，并且是不可侵犯的，还有着后发制约性、中立性。这些都是自然权利的生态表现，即自然权利的生态性。

自然权利的生态性可以通过解读生态权利来理解。正如人权包括人的利益和人的权力一样，生物利益（biological interests）与生物的生态权力（eco-power）密切关联，它们共同存在于生态共同体中，二者有联系当然也有区别。所谓生态权力是指生态共同体中生物的社会性质的权力，是一种支配和决定一切生物利益的能力。没有生物利益也就无所谓自然生态权力。自然权利的生态性既涉及自然的利益，也涉及自然的生态权力。而生态权力正像人类社会生态系统中的领导权力一样，这种权利实质上是一种支配或决定下属利益的能力。

自然权利的生态性从"权利"一词的含义来分析就是自然的"利益"和"权力"，由此，也进一步引出自然的生态权力。对于人与自然的关系而言，自然界提供人类消费的物质资源，使用这些资源属于人的生态权利——人类的利益。人类不是自然的征服者和统治者，而是地球共同体生态系统中生存生活的生物成员，是道德代理者和管理者。人类需要遵循生态规律，不能破坏生态系统与环境输入输出的物质、能量和信息基本平衡，这属于自然的生态权利——符合自然的利益。人类是生态系统中的一员，人类的行为应符合生态系统的行为规则。如果超出自然平衡的承受能力就要受到自然权力的惩罚，这属于自然的生态权力（eco-power）。人类行为受自然约束和限制的科学事实，映射出自然有一些不可侵犯的权利，也彰显出自然有威严的权力。

（三）反抗性、不可侵犯性、后发制约性、中立性彰显自然权力

自然权力是一种客观的自然反抗力量的生态存在，也使自然权利的性质表现为反抗性，彰显自然的权力。这种自然权力是支配和决定一切生物利益的能力，即自然的生态权力。它不是人为主观设定的，是对自然存在的真实反映。自然的生态权力内在于地球共同体的生态系统中。因此，人类与自然之间的权利和义务关系，是天然的生态生存关系，不是人类的主观意向，也不是人类自觉地实现的。地球共同体，作为一个生态系统整体，决定人类的存在与发展。人类的存在与发展也是自然选择的结果。人类对自然生态的破坏也必然遭到大自然的惩罚和严酷报复，这是自然威力的巨大彰显。这种威力就是自然的生态权力（nature's ecological power）。这种力量激发我们必须遵循生态规律，尊敬自然，建立

人与自然的和谐关系。这种自然生态权力与生物利益共同构成自然权利的完整内涵。

自然生态权力本质上具有不可侵犯性。这种本质的根源在于过程原则，过程不可阻挡，过程永恒。人是自然生态系统中的一员，自然生态权力的不可侵犯性充分体现在人对自然的依存上。人的行为如果属于生态系统内的生态行为，那么对自然的作用就能够促进自然生态系统平衡，人就能与自然生态共同体协同进化。自然生态过程是人类与自然相互依存和相互作用的动态过程。但是，人类的活动如果超出一定限度，人的行为就是反生态的，就要受到自然生态权力的制约或强制。例如，当年的意大利人砍光阿尔卑斯山北坡的树林，没有想到却把本地区的高山畜牧业的根基给摧毁了，更没有想到这样做竟使山泉在一年中的大部分时间内枯竭了，而在雨季又使更加凶猛的洪水倾泻到平原上。① 20 世纪 30 年代在美国西部大平原出现了巨大的黑风暴，使成千上万人无家可归、流离失所。这些都是自然权力对人类不顾生态规律盲目改造自然的生态惩罚。这种自然的惩罚彰显自然生态权利（权力和利益）的神圣与威严，背后是自然过程的持续和永恒，人类如果干扰它的稳态机制，它就以巨大的报复控制人类。

自然权力的"后发制约性"也是自然内在所固有的惩罚性，推崇、尊重过程，彰显过程的威力。"后发制约性"是指被动进攻或滞后进攻性，是被动或滞后发挥其威力，实施制约或惩罚的一种性质。这种自然的生态权力属性比较常见。比如屠杀了郊狼，鹿的数量不会马上受到影响，甚至会有所增加，但经过一段时间后，生态系统崩溃，鹿悲惨地尸横遍野。今天科技正在加速物种灭绝，造成的全球生态危机正在渐渐地启动着摧毁性的惩罚之力，作为自然所固有的能力——自然权力，会以稍后的回击惩罚人类。如果我们现在还意识不到人类自己只不过是地球共同体的一员，不断地危害自然生态系统，那么，我们和未来的人类都逃不脱自然界生态权力的制裁。人类对地球共同体生机的破坏无异于自掘坟墓。

自然权力的中立性说明它是针对生态系统内的所有成员、每一个个体的。它的自然威力来自生态系统的整体支配并决定部分的机制，遵循有机原则。植物、动物、人类，都属于生态系统中的成员，必须遵循生态规律。任何个体，只要违背了生态规律，就逃不了自然生态权力的惩

---

① 《马克思恩格斯文集》第 9 卷，北京，人民出版社，2009，第 560 页。

罚。自然生态权力机制决定了自然既偏爱每一生态个体，对每一个生命也有残酷无情的一面。自然生态系统中的生物，常见大量繁殖、少量生存的情况，这也是一种追求生存的手段。自然生态权力支配生命的繁荣，也决定着灭绝的发生，灭绝会丧失一定的物种，也一定会有新的物种诞生。这是自然权力的中立性的显现，更是自然过程本身。作为地球共同体的一员，人类在地球生态系统中必须与地球共同体协同发展，受自然生态权力的控制。人类对自然的改变，不论动机好坏与否，只要不超出地球共同体的生态承受能力，不危及共同体的整体利益，自然生态权力就不会惩罚人类。

自然的生态权利与自然的生态权力都是人与自然协同进化的生态伦理学的新概念，协同进化意味着参与过程。这要求人类把生存平等、公正的道德概念应用到自然界，确立自然界的生态权利。人与地球共同体的所有成员是统一的，并相互依存地共处在一个"社会"之中。人的利益是决定人的活动的一个因素，在共同体中人的利益与自然的利益会发生冲突，自然权利要以生态的法则来维护其利益。人类的活动要在自然生态法则内顺应自然、利用自然，使人与自然协同进化。

二、自然权利的类型

自然界的丰富多彩决定了自然权利的多样性。解读自然权利的多样性就是要研究自然权利的类型。要研究类型，前提是要确定标准，即以什么为标准划分类型。第一，自然权利的类型可按照自然界的生命形式来划分。那么，自然权利的多样性可以按照物种的多样性来研究。先要明确人的自然权利，然后要明确自然界其他生物的权利，这涉及家养动物的权利和野生动物的权利。第二，自然权利的类型可以按生命生存质量来划分。生存、自主、安全直接决定生命生存的质量。由此，生存权、自主权、安全权就是我们要研究的自然权利的类型。下面我们就从人的权利的明确，生物的权利，以及决定生存质量的生存的权利、自主的权利、生态安全的权利这三方面来论述。

（一）人的权利的明确

人的自然权利从广义上来说是使人成为人的基本权利，不仅包括生物人的基本生存权利，也包括社会人所具有的社会权利。从狭义上讲，人的自然权利意味着在生态伦理道德原则和规范的指导下，自觉地履行生态道德的权利并承担对于自然的责任和义务。这种责任、义务也可以是在立法中确认并固定下来的，保证在人与自然的交互过程中满足人的各种需要的个人权利。① 狭义的人的自然权利包括人享有的社会权利、承担的责任和义务、人的生态权利。这是对人的生态位的肯定。我们在这里论述的是人的权利，在谈人的权利的过程中怎么又提及了"责任和义务"呢？其实在某种情况下这种"责任和义务"会以权利的形式确立，如"某人有权利不穿由动物毛皮制作的衣服"就是这种情况。人的权利的复杂性使得我们在研究权利类型的过程中，要借助数学的"正、负、零"来说明。

人类享有自然的权利，是指人有满足生存、发展需要的权利，这就是"正权利"。这是所有人都享有的人类福利，自然以工具价值满足人类需要。从个体层面来讲，指任何人都有维持生存而获取新鲜空气、淡水、食物、衣服、住所的权利，有在生态系统允许的范围内创造性地参与改造自然获取基本文化生活的权利。在生态系统中人类有自己的生态位，从自然中吸收负熵能、食用动植物是其生态位所决定的权利。这不仅决定了人这个有机体的生存，也促使生态系统有效运行。人的过程与自然的过程是协同进行的。人也是共同体生态系统中的生命，食用动植物是自然的。

但是，人类个体这种权利不能破坏他所在的自然生态系统、社会生态系统的有机整体利益，人类没有权利灭绝物种，没有权利阻断生态过程。个体的权利只有符合群体的公共利益时，才是真正的个体权利。比如，人有食用清洁淡水的权利，社会倾向于保护人的基本生存需要，因此，凡是造成清洁淡水污染的行为，都是对人的基本生态权利的侵犯。② 从群体层面讲，人类为满足社会生活的需要，要发展经济，利用自然资源，让自然满足人类的生理、心理和文化上的需要。这种权利必须以永续利用自然为前提，以可持续发展为原则，放弃单纯的经济观点，保护自然，尊重自然，保持自然的完整和美丽。人类的生存与发展不仅符合人类社会生态系统的经济规律，更不能违反自然生态共同体的生态规律。每一个共同体的成员都有权利在生态法则内参与自然的发展、进化。

人类对自然的责任和义务从某种程度上说也属于人类的权利，即"负权利"。这是自然的内在价值对人类行为的道德要求，或人类对自然所应该具有的工具价值。一方面，人类必须尊重自然，限制自己的行为，对人类的这种限制，对自然来说是自然的权利，如不吃野生动物，保护大

---

① 王树义：《俄罗斯生态法》，武汉，武汉大学出版社，2001，第179页。
② 余谋昌、王耀先：《环境伦理学》，北京，高等教育出版社，2004，第190页。

象，不过度砍伐森林树木，不乱丢废电池污染环境等。另一方面，有这种权利的人，有权利不做危害生态系统的事情，有权利有义务保护自然，也有责任参与自然生态共同体的建设，如不把宝贵的耕地卖给开发商，不穿戴动物的毛皮，抗议猎杀动物，不污染水源等。这属于伦理规则内人类应尽的道德义务，但是在某种情况下，却需要以权利的形式加以确立和保障。就像吃素的人不仅自己不吃肉，还有权要求他人也要尊重这种吃素的权利。吃素是他的权利，也是他爱护生命的一种责任和义务的体现。

为了说明人类生态权利所特有的自然法的客观性质，有的学者提出"零权利"，用以解析人与自然生态系统的关系。这种"零权利"是借用数学上的坐标原点，或物理学上的起点、初始点和参照点的寓意，依据一系列初始条件确定坐标原点或参照点。人既是社会共同体中的一员，也是自然共同体的一员。人类在地球上生活就必须遵循两类整体主义的行为规则：一类是在人类社会中的行为规则，另一类则是在生物共同体中的行为规则。就人类社会生态系统而言，人类的行为要受到社会规则和公众舆论的限定，人应该尊重社会，社会赋予人以生活的权利；而就自然生物圈系统而言，人类是其成员之一，人的行为和社会活动也必然要受到生物圈整体生态规律的制约和强制，人应尊重自然，自然也赋予人类生存和活动的权利。① 在地球生态共同体中，人类权利的正当性，并不仅仅取决于人类的利益和需要，而且还取决于人类在这个生态系统中所处的地位和作用，也就是人的生态位。这是不以人的意志为转移的客观权利。这种客观权利具有普适性、平等性、不可转让性。普适性意味着人的生态权利不受不同时空、不同国度或不同文化的影响，对于每一个人都适用。比如，衣食住行等人类生活的基本权利就具有普适性，是与生俱来的权利。不像法权，不同国家，不同文化，法律规则不同，适用的也不同，没有普适性。平等性就是维持人基本生存的权利，对每一个公民是平等的。这种平等是自然的，不是人为的，也不是约定俗成的。它是由人的生理活动决定的，是客观存在的。比如，无论哪一个国家、哪一种肤色的公民都有平等的生存权利，即不受迫害和不被杀害的权利，都有平等的自尊的权利，都有平等的或概率均等的参与社会竞争的权利。这是一种生态共同体内的绝对平等，而不是法权所彰显的相对平等。不可转让性是指人的生态权利与生俱来，与生命存在同在，不可剥离，是

---

① 余谋昌、王耀先：《环境伦理学》，北京，高等教育出版社，2004，第 194 页。

人生来就有的，符合人的生物学、生态学、生理学和心理学的权利。这是自然权利内在本性决定的。而法权则不一定，人的身外财产可以与人分离，人所享有财产的法权，如房产、汽车、家具等不动产和动产的法权，就可以转让，法律保护这些权利。人的生命权却是不可转让的，这是自然法则支配的。

人类生态的"零权利"，与人类的正、负权利的基础不同，前者依据自然法则(natural law)，后者则依据人为法则(human law)，并且前者是后者的基础。人类的一举一动既受自然法则的制约，也受人为法则的规范，在协调人与自然的关系方面，人为法则和自然法则具有同样重要的地位。自然法则不受国境的限制，通常不可剥夺，它受自然规律支配，是对自然规律的客观反映。人为法则是地域性的，是从大多数人的利益出发而确定的社会契约。民法、刑法是人为法则，生态环境保护法，其依据是自然法则，但实施要通过民法和刑法，因此，生态环境保护法的确定和实施是自然法则和人为法则的统一。

(二)生物的权利

自然界其他生物的权利相对来说也是人类的责任和义务，属于非人类生态权利。非人类生态权利并不是自然的，而是人与自然关系的产物，它建立在人对自然价值的认识基础上，遵循共同体的生态运行规律，承担关心、关爱共同体其他成员的责任和义务。人类对自然共同体其他生物负有直接或间接的责任和义务，效果上等于我们建立起与自然界其他生物的权利义务关系。自然界其他生物的权利主要有家养的或驯化动物的权利、野生动物的权利和一切生物的权利。

家养动物的权利是环境伦理首先关注的。对于家养动物，人类要有慈悲心(tender-heartedness)。动物有天生的感受性(sensibility)，人的善行(benevolence)和慈悲(charity)关系到动物的福利，使得动物的自然权利得到保护。动物和人一样有能力感受痛苦，也应该和人一样不受虐待。现代生物学、神经生理学已经证明一些低级动物和高级动物都有比较健全的中枢神经系统，它们能感受外界信息，能体验痛苦，它们对痛苦的感受类似于人。感受苦乐的能力使动物有资格被纳入道德关怀。另外，对人而言，有怜悯心和同情感是文明人的基本素养，这是人类走向生态文明的需要。对待动物的怜悯和同情问题，从功利主义角度看也能获得支持。功利主义认为，一切事情，只要有利于最大多数人获得最大限度的幸福，就是对的，否则，就是错的。人的行为造成动物的痛苦，也使人不好受，人原本的幸福减少，心情不愉快。善待动物，怜悯动物，同情动物，即使是不得已而为之，也总会有心理的抚慰，或至少不受良心的谴责。[①]所以，人应有帮助动物趋乐避苦的义务，人类文明的发展应该确立起这种尊重生命的规范。最后，人应该禁止虐待动物，尊重它们的生活方式。我们对家养动物的生活方式不仅仅视而不见，而且还强加给它们"工业式"的生活方式。我们应该尊重动物权利，肩负起应当承担的职责和义务，应该提供适合它们自身特点的饮食、水、温度。

野生动物和我们人类一样也是地球共同体的一员，与我们人类一起参与地球共同体的过程，野生动物的权利必然是环境伦理学研究的内涵。由于全球生态危机，野生动物的生存堪忧，很多物种的种群正在加速灭绝。确立野生动物的权利，恢复野生动物在荒野中不容人类侵犯的资格和神圣的地位，是环境伦理理论与实践的当务之急。虽然野生动物在与人没有任何联系的荒野生活，大部分人没有见过它们，它们中的大部分也没有见过人，可是，它们在地球共同体中和我们人类一样都有自己的生态位，关系到地球共同体的繁荣发展，关系到生态系统的昌盛。

野生动物的权利决定于其生态位，人类的责任义务也源自生态位，并产生相应的伦理行为方式，从而易于野生动物的生态过程。首先，人类应该尊重野生动物的生态位。人类不应该以任何借口猎杀野生动物，不应该破坏野生动物的生态位。没有充分的理由不应该造成野生动物不必要的痛苦。比如不允许在自然保护区内以任何方式捕获动物。另外，应该尊重野生动物的自主性。例如，对于刚刚送到动物园的野生动物，有些动物园开始模拟食肉类动物捕食的行为和过程，不是把"食物"送给动物吃，而是把"食物"放到园里，动物必须捕食才能吃到。[②] 根据怜悯和同情动物的伦理，对那些无碍于生态的人类驯养的或动物园中的野生动物，人类可以食用或用于科学实验，但是致死这些动物时应将它们的痛苦降至最低限度，最好实施"无痛死"。

确立野生动物的权利，不等于说濒危物种的保护也属于确立非人类的生态权利。濒危意味着正在被淘汰出过程之外，而权力所保护的都是过程的参与者。濒危物种的保护不符合自然规律。它的生存危机多是由于其内在价值正在逐渐消失。物种的灭绝是自然共同体生态选择的结果。物竞天择、适者生存的生态规律是每一生态个体必须面对的。濒危物种是自然选择中的失败者，随着其生存的内在价值的流失，走向灭绝前要

① 余谋昌、王耀先：《环境伦理学》，北京，高等教育出版社，2004，第200页。
② 余谋昌、王耀先：《环境伦理学》，北京，高等教育出版社，2004，第201页。

有一个濒危的阶段。人类对于这种濒危物种的保护没有意义，共同体的生态运行规律不可违背。但是，物种的濒危如果是人造成的话，就需要对人提出道德上的要求。假如人的主观行为加速了物种的灭绝速度，人类就必须重新审视自己的观念，改变自己的错误行为方式，人类就有责任、有义务保护它们，从而挽救濒危物种，使共同体恢复生机。地球共同体是一个生态有机体，它懂得什么对自己是最好的，它会选择最有利的健康发展方式，在走向生态未来的过程中展现善与美，人类应该与地球共同体及其每一成员保持协调发展、共同进步。

（三）生存的权利、自主的权利、生态安全的权利

生存的权利、自主的权利、生态安全的权利这三种类型的权利直接决定生命的生存质量，是生物的三大基本权利。

从家养动物的权利到野生动物的权利，再到其他一切生物的权利，这是权利的扩展进程，是非人类的生态权利的构建。人类在地球上生存和发展的生态权利，尽管与其他生命形式不同，但是，生态权利绝不是人类的独有物和专利品，其他生命形式也有它们自己的生态权利。对于人类而言，生态权利属于人与自然关系的范畴，它是指人类作为生态代理者，在地球生命共同体中，为保障非人类生态主体——生物的权利和义务，不仅要约束自己，还要进行代理。这时，非人类生态主体就是生物，相对的生态客体就是环境和人。人类走向生态文明，生态文明要求我们人类要尊重非人类的生存权利、自主权利、生态安全权利。生存的权利、自主的权利、生态安全的权利是生物的三大基本权利。

1. 生存权利

生存本身就是过程，自然的生存权利与人的好恶无关，人应该尊重自然的基本权利，敬畏非人类的生存权利。任何生命，首要的目的就是生存，每一有生命的存在物都珍惜自己的生命。在生态系统的生存竞争中，生命个体遵循生态规律，拥有自然选择的权利。这种权利既有利益也有义务。利益应该是正权利，即获取生存资源、利用环境条件的权利；义务就是负权利，即成为其他生命个体的生存资源，从而参与生态系统的物质循环运行过程。

2. 自主权利

自主性是一切生命的特性，即自主展现过程，参与过程。尊重生物自主的权利是构建非人类生态权利的必需。生态系统中的生物在自己的生态位上，主动遵循生态规律，以自己的生态行为积极、自由地追求生存，这就是生物自主的权利。这种自主权利也是生态共同体的整体利益。

个体的自主、自由与生态共同体的自然选择机制协调一致。也就是说，生物必须在自己的生态位上遵循生态规律才有自由，才能参与过程。生物的多样性让我们看到，不同的生物有着不同的自主性。生物的自主性通常通过可塑型、不可塑型、相对弹性型三种类型得以表现[①]：可塑型的生物面对人为变化了的环境，能够自我调节，适应性强；不可塑型的生物受生态系统环境影响，离开所适应的系统环境就不能生存；相对弹性型生物受环境的限制，但不完全受环境的限制，其自主性在一定条件下有伸缩余地，相对前两种自调控能力而言，属于中间层次。顺应自然、利用自然就要考虑生物的自主性的耐受范围，研究它们的自主性特点。

　　3. 生态安全权利

　　构建非人类生态权利还需要尊重生物的生态安全的权利，这是生态过程的保障。生物的生态安全是相对于人类而言的，要求人类不破坏其生存条件。在地球共同体的生态系统中，阳光、土壤、水、空气这四大要素给生命创造提供了生态条件，才有了生物所需的特定的气候、温度、湿度、光照等。这是地球的地质-生命过程中产生的，是 46 亿年漫长的生物与环境协同进化的创造。自然中孕育产生的每一生命个体，都要参与自然选择，面对生存竞争，在自己的生态位上生存与发展。每一生命个体，在自己的时间生态位、空间生态位或者功能生态位上积极生存，保证了生态系统的生物的多样性，它们在各自的生态位上发挥着特定的功能，与生物群落共生，维持着生态系统的稳定性。在人与自然的关系中，保护地球共同体的生态环境，尊重非人类生命的特殊生态需要，尊重生物生态安全的权利，这些是构建非人类生态权利的基本保障。

---

① 余谋昌、王耀先：《环境伦理学》，北京，高等教育出版社，2004，第 213 页。

第十四章　生态伦理流派

　　生态（环境）伦理学的不同派别，代表了人类环境道德的不同境界，如人类中心境界、动物福利境界、生物平等境界、生态整体境界，还有走向"生态纪"的伦理。它们之间不同的观点不是相互冲突、相互矛盾从而相互否定的，而是相互补充的；不是相互排斥的，而是可以并行不悖的。因而通过不同派别的理论整合，将走向一种开放的、统一的生态（环境）伦理学。① 人类中心主义的生态伦理学与非人类中心主义的生态伦理学都肯定人类对保护自然生态系统的责任，认可人类对每一生态个体的生存负有不同程度的保护义务，不管它们是人还是动物、植物。但是它们所依据的理论不同，因而才会有观点不同的争论。生态道德整合，是由于各种派别的理论既有合理的因素，又有不足的方面。

第一节　人类中心主义

　　人类中心主义认为人是宇宙的中心。这种观点最初与神学世界观相联系。中世纪神学把人类中心论建立在托勒密地球中心说的基础上，按照这种理论，地球是宇宙的中心，但世界是上帝为了人而创造的，因而人是宇宙的中心，人可以利用、征服和统治自然界。以人为中心的实质是：一切为了人，一切都取决于人的利益、人的标准。突出人在自然中的地位，把人从自然中独立出来是西方传统。而中国文化认为人生存于天地之间，天地人和的有机生态观不同于西方的人类中心主义。人类中心主义把人类的福祉、人类的利益放在最重要的中心地位，关注人类的可持续发展，肯定人的智慧和创造力，这有合理性。但是，它只承认人类价值，否认自然价值，在伦理理论上有不完善之处。人类中心主义根据其观点不同还分为强势人类中心主义和弱势人类中心主义。强势人类中心主义也叫狭隘的人类中心主义。

---

　　① 余谋昌：《环境伦理学从分立走向整合》，《北京化工大学学报（社会科学版）》2000 年第 2 期。

一、强势人类中心主义

强势人类中心主义（strong anthropocentrism，又称狭隘人类中心主义）是环境问题的深层根源。地球大约是在 46 亿年前形成的；大约 35 亿年前，地球上诞生了生命。6500 万年前，哺乳动物开始繁盛。300～700 万年前，类人猿离开森林，来到空旷的平地，开始了向人的演变历程。200～300 万年前，大自然最重要的孩子——人类产生了。从此，人类开始了与其他灵长类动物及其他各种生物的斗争史。从人类诞生到工业革命开始前的这段漫长的历史，是文明与自然协调发展的历史。然而，自从工业革命开始后，一切都改变了。人类文明就像地球肌肤上的一块恶性肿瘤，正在迅速扩散，吞噬着地球的肌体，同时也在破坏着自己的生存根基。这是由于强势人类中心主义的深层根源所致。

人类历史上的自然目的论与神学目的论就是最初的强势人类中心主义。自然目的论是最为久远的人类中心主义，这种目的论认为，宇宙万物的存在就是为了人。持有这个观点的亚里士多德就认为，自然不可能毫无目的、毫无用处地创造任何存在物，因此，所有的动物、植物肯定都是大自然为了人类而创造的。①大自然是为了人类的利益而创造出来的，这种观念在西方可谓源远流长，即使到了 19 世纪，许多科学家仍对这一观念深信不疑。

基督教以神学目的论进一步从宗教的角度强化了自然只是为了人之利益而被创造出来的观点。基督教认为，宇宙万物、人类及动植物生命都是至高无上的上帝的创造。按照《圣经·旧约·创世记》的说法，上帝照着自己的形象创造了人。他把人居住的地球放到宇宙的中心，让他们管理海里的鱼、空中的鸟、地上的牲畜等所有动植物。在上帝的所有创造物中，人是他最喜欢的，他把灵魂赋予了人，希望人类"生养众多，遍满地面"，让人管理这个世界。在"上帝—人—宇宙万物"这个等级体系内，上帝不是客观存在，而是人主观创造出来的，所以"上帝—人—宇宙万物"这个等级体系隐含着人类中心主义。

灵魂与肉体的二元论与理性优越论是强势人类中心主义在人类历史中的发展。犯有原罪的人匍匐在上帝脚下，可是这个上帝本来是人想象出来的思维中的观念，是一种超越的理想存在，但是，它却成了创造人的创造者。敬畏上帝的伦理学完全颠倒了人与其超越性理想的关系，人

---

① 〔古希腊〕亚里士多德：《政治学》，吴寿彭译，北京，商务印书馆，1997，第 23 页。

的想象反过来否定人本身。这种否定从文艺复兴开始就受到猛烈的抨击。伦理学从敬畏上帝转向敬畏人类。人从上帝统治的幻觉中解放出来，人类的理性战胜了上帝，上帝从来没有存在过，"上帝死了"（尼采），人代替了上帝原来所占据的位置，成了宇宙中最高的存在。因此，二元论与理性优越论成为人类中心主义的体现。

灵魂与肉体二元论观点的代表人物是笛卡儿。"我思，故我在"是笛卡儿的基本观点。这种"我思"的灵魂与"我在"的肉体的完整统一使人成为高级存在物。人，作为一种存在，不仅具有生态的躯体，还有思维的心灵，而动物和植物只有躯体，所以，人比动物和植物高级。动物没有用来思维的心灵，只是作为纯粹的物质身体，动物只具有物质的属性：广延、体积、重量、形状等。动物、植物虽然是有机物，可是它们和作为无机物存在的物质属性是一样的。我们对待无机物可以任意而为，对动植物也可以如此。笛卡儿认为，痛苦只属于人，因为人从一出生就具有原罪。动植物没有原罪问题，它们就没有什么痛苦问题，它们没有痛苦的感觉，它们也没有痛苦的能力。因此，那种认为我们应同情动物的观点是错误的。我们完全可以把动物当作机器来对待，更不用说植物了。①

理性优越论肯定人是理性的存在物。这种思想可以追溯到西方文化的源头——古希腊。古希腊哲学推崇人的理性，认为理性使人成为至高无上的存在。作为人之为人的根据，理性决定人的本质。理性可以限制人所具有的动物般本能的欲望，使人追求一种有理智的生活方式。这种思想被近代的康德所承继。康德不仅肯定人是理性存在，而且肯定理性本身的内在价值，理性本身就成了人的自主追求。追求理性让人成为理智世界的一员，只有人才是理智世界的成员，因而只有人才有资格获得道德关怀，因为只有人才拥有理性。对动物而言，动物不具有自我意识，仅仅是实现目的的工具，人类对动物不负有任何责任、义务。②

发展到今天，凭借着科学技术，在资本全球化的市场经济中，现代人类中心主义不只是在观念领域存在的世界观，更是一种方法论、价值观，直接影响伦理道德导向。它已经发展成现代世俗的人类中心主义。无论是自然目的论与神学目的论，还是灵魂与肉体的二元论与理性优越论，都是导致现代环境危机的世界观根源。但是它们的影响是比较隐蔽

① 杨通进：《走向深层的环保》，成都，四川人民出版社，2000，第53页。
② 杨通进：《走向深层的环保》，成都，四川人民出版社，2000，第54页。

的、间接的、潜移默化的。可是，在现实的社会生活中，导致环境危机的最直接的原因则是现代人类中心主义。这种理论的核心观念认为：第一，人有理性，这种理性赋予其特权，可以把其他非理性的存在物当工具用，只要这样做不损害他人利益就可以，不管是否会灭绝非理性的自然存在物；第二，非人类存在物的价值是由人赋予的，人是所有价值的源泉，无人在场、没有人存在的自然就没有价值可言；第三，作为行为准则的道德规范属于人际规范，只调节人与人之间关系，只关心人的利益，非人类存在物不是人类道德体系的原初成员，不具有道德自律能力，没有道德权利。

这种强势人类中心主义在今天主要表现为集团利己主义、代际利己主义、人类主宰论。集团利己主义为了一个特定的团体、部门、地区或国家的特殊利益而不惜破坏一个国家的全体人民或全人类共同享有的环境；代际利己主义只考虑当代人的利益而不考虑后代人的利益。强势人类中心主义在今天还表现为粗鄙的物质主义和庸俗的消费主义，它把满足人的欲望视为生活的目标，把生活的意义压缩成单向度的外在物质追求，把"我消费，故我在"理解为人生的格言。强势人类中心主义还推崇无限进步论与发展至上论，把进步与经济增长画等号，不考虑大自然的生态需求。强势人类中心主义还表现为科学万能论与盲目的乐观主义，这种观点认为无论是人类的需求问题，还是自然生态系统的危机，都可以用科学技术的发展进步来化解。

二、弱势人类中心主义

弱势人类中心主义（weak anthropocentrism）区分人类的感性偏好与理性偏好，承认自然的精神价值，认可人对自然的责任。人类中心主义一般都认为，只有人具有理性，理性成就人的内在价值，也赋予了他特权，让他凭借着理性让其他非理性存在物服务于自己的利益，实现自己的目的，因为非理性存在物由于缺失理性只具有工具价值。强势人类中心主义认为，只要不危害他人利益，人可以为了自己的利益去做任何事，只要他的利益需求在合理的范围内，毁灭任何其他非理性存在物来实现自己的目的都是可以的，符合道德的。对此，弱势人类中心主义就要做出一定的限制。人的偏好分为感性偏好（felt preference）和理性偏好（considred preference），美国的环境伦理学家诺顿（B. G. Norton）以这种区分限制人的道德行为。可以本能地感觉或体验到的欲望或需要属于感性偏好，经过审慎的理性思考后才有的欲望或需要属于理性偏好。无限制地满足人的任何欲望，对感性偏好没有任何限制是不道德的。弱势人类中心主义提倡只应满足人的理性偏好，这才是一种积极合理的道德理论。这种理论，既可以满足人的一定的理性的需要，又对肆意掠夺自然、破坏自然的行为进行批判和限制，从而在源头上防止人对自然的随意破坏。①

弱势人类中心主义承认自然的精神价值，也肯定自然价值的客观性。弱势人类中心主义认为自然存在物满足人的物质需求的同时，也能满足人的精神需要。自然存在的丰富多彩不仅确证自己存在的内在价值，也丰富着人们的精神世界，是人的价值源泉之一。这在一定程度上纠正了强势人类中心主义的价值观。因为在传统的人类沙文主义看来，如果离开了人，非人类存在物的价值就无所投射，无人在场的价值是不存在的，自然就没有价值。弱势人类中心主义否认只有人才有内在价值，认为其他自然存在也有内在价值。强势人类中心主义认为其他自然存在物只有在它们能满足人的兴趣或利益的意义上才具有工具价值，② 这样它们的价值就不是客观存在的，可是弱势人类中心主义承认自然价值的客观性。自然价值不仅具有工具价值，也具有精神价值，它们是客观存在的。

弱势人类中心主义认可人对自然的责任。相对于只承认人际伦理的伦理学观点，弱势人类中心主义不仅认可人与人之间关系的伦理，肯定人的理性优越地位，而且认为所有的生命乃至每一有机个体都是地球共同体的一部分，人类当然也是地球共同体的成员。因此，人类就有责任和义务关心共同体的其他成员，我们与自然中其他生命有机体的关系既有生态本体的意义，也有道德伦理的内涵。人类就像是"贵族"，自然中的生命有机体就像是"臣民"，人类这个贵族有责任有义务保护作为他的臣民的自然存在。弱势人类中心主义主张把"己所不欲，勿施于人"这一行为规则推广到人与自然的关系中去。人希望自然怎样待他，人也应怎样对待自然。③

第二节　关怀动物

关怀动物属于生物中心论，这种理论提倡尊重每一生命个体，把生物平等主义作为道德追求，这种道德原则有利于提高人类的道德境界、

---

① 杨通进：《走向深层的环保》，成都，四川人民出版社，2000，第 57 页。
② 杨通进：《人类中心论与环境伦理学》，《中国人民大学学报》1998 年第 6 期。
③ 杨通进：《走向深层的环保》，成都，四川人民出版社，2000，第 59 页。

促进道德完善发展。但是，这种生物中心主义世界观在现实中存在一定的操作难度。人类社会从远古走到现代，慈悲心肠、关爱动物、善待动物的道德行为一直都存在。这种保护动物的伦理演变发展到今天，以动物解放运动改变着社会伦理现实，以动物权利的理论发展生态伦理思想。

一、从古代发展而来的动物保护伦理

保护动物的道德伦理在人类发展史中早已存在。因为在这个星球上，动物和我们一样，是共同的居住者，大自然是我们的家。人对动物是否具有道德义务，以及动物是否具有道德地位的探究，在 3 世纪罗马法中就出现过，它认为动物法是自然法的一部分。①可是，我们今天牢记的却是古罗马角斗士屠杀动物的故事，罗马帝国把人类的好斗转向对动物的杀戮。在基督教看来，虽说是上帝让人类管理宇宙万物，但是，对动物也应有慈悲心肠。挪亚方舟不仅拯救人类，也拯救了很多动物。佛教把动物看作与人一样都是平等的生命，而且动物的身份地位使它比人更可怜。佛教的慈悲心肠提倡"扫地不伤蝼蚁命，爱惜飞蛾纱罩灯"的动物保护伦理，还提倡素食，这样可以减少对动物的杀戮。

仁慈的动物保护反对无视动物的痛苦。人类的进步和发展所书写的故事里，离不开动物的参与。可是，随着人类的扩展，人类不仅强占了动物的家园，还有着诸如猎鲸、杀象、活剥动物毛皮的罪恶。人类中心主义的理性优越论否认动物有感觉，蔑视动物的痛苦，动物保护伦理反对这种不道德的行为。康德的理性和笛卡儿的二元论否认动物有感受痛苦的能力，否认人类对动物的义务，"仁慈主义"动物保护思想对此却提出了质疑。洛克就认为，动物能够感受痛苦，具有感受痛苦的能力。②

杰罗米·边沁（Jeremy Bentham）是近代西方第一个自觉而又明确地把道德关怀运用到动物身上的功利主义伦理学家，他是最早的动物权利拥护者之一，提出动物感知痛苦的能力与人类极其相似。感知痛苦的能力应该成为人类把道德关怀运用到动物身上的标准，不应把具有理性思考的能力作为判定标准。斗鸡、斗牛、猎狐及钓鱼和类似的娱乐活动，使得有痛苦感知能力的生物遭受巨大的痛苦，可以想象这些动物经历着生不如死的感觉。我们有必要怀疑自己心理的需要或者仁慈的需要。允

---

① 〔美〕纳什：《大自然的权利：环境伦理学史》，杨通进译，青岛，青岛出版社，1999，第17页。
② 〔美〕纳什：《大自然的权利：环境伦理学史》，杨通进译，青岛，青岛出版社，1999，第20页。

许人类杀死动物，但是应该禁止去虐待它们。①

　　动物福利论指导了动物保护运动，动物福利论的核心思想如下。第一，动物是有感觉的存在物，能够感受痛苦，体验快乐，因而动物拥有某种类型的福利。如果动物是像石头或汽车那样的存在物，那么，我们就没有必要关心它们的福利了。第二，动物虽然是有感觉的存在物，但它们并不值得我们像尊重和关心他人那样，从道德上尊重和关心它们，这主要是由于人是一种较为"优越"的存在物，他具有某些独特的禀赋，这些禀赋是"劣等"动物所不具有的。第三，动物是人的财产，关于如何对待动物的任何一种条规都必须同时考虑到动物的财产地位和拥有这些动物的主人的财产权。第四，只要是为了人类的"重要"利益，只要动物所遭受的痛苦或死亡不是"不必要的"，动物的利益是可以牺牲的。

　　仁慈主义思想转变成法律在 16 世纪末就成为现实。1596 年，英国通过了一项关于纵狗猎熊的禁令，17 世纪英国又限制在本土斗鸡。② 在整个 19 世纪，这种阻止随意残酷对待动物的努力在一点一滴地得到加强。20 世纪前半叶，由于两次世界大战的发生，保护动物的立法速度有所减弱。但到了 20 世纪 50～70 年代，保护动物的立法速度又开始加快了，如美国相继提出了《仁慈屠宰法》《实验室动物福利法》《人道地照料动物的法律》。20 世纪 70 年代以前的动物保护运动的宗旨，主要是力图使家畜的生存条件得到改善，使家畜在被运往屠宰场的过程中，以及在被屠宰时尽量少遭受不必要的痛苦，改善实验用动物的生存条件，在活体解剖动物时，给动物注射必要的麻醉剂。

二、动物解放运动

　　把道德关怀的对象直接扩展到动物是动物解放运动思想的核心，其代表人物彼得·辛格的著作《动物解放》于 1975 年出版，给动物解放运动提供了支持。如果说，19 世纪的动物福利论主要还是诉诸人们的情感，那么，20 世纪的动物解放运动则主要依据一整套系统的道德理论。动物解放论的基本原则在于功利主义伦理学的平等原则和功利原则，以这两个原则为基础，辛格认为动物有感受痛苦的能力，应该获得平等的道德关怀。感觉是获得道德关怀的基本条件，这是辛格的"感觉论"。他认为

---

① 〔美〕纳什：《大自然的权利：环境伦理学史》，杨通进译，青岛，青岛出版社，1999，第 25 页。

② 〔美〕纳什：《大自然的权利：环境伦理学史》，杨通进译，青岛，青岛出版社，1999，第 27 页。

凡是拥有感受痛苦能力的存在个体都应该给予平等的道德考虑。辛格主张从"动物的解放是人类解放事业的继续"出发，把道德关怀给予动物，使道德关怀的对象从人扩展到动物。这样，动物就拥有了道德地位，就可以限制人伤害动物。动物解放论者认为，感受痛苦和享受快乐的能力是拥有利益的条件，同时也是获得道德关怀的条件。我们必须把动物的苦乐利益也当作道德计算的相关因素。

　　辛格的理论具有一定的局限性。第一，功利主义的平等原则和功利原则之间并非总是协调统一的，有时存在着潜在的矛盾和冲突。第二，动物解放论只关心动物个体的福利和权利，而忽视了生态系统的整体稳定，也完全忽视了植物，否定物种、植物和生态系统拥有道德地位。第三，仅仅把感受苦乐作为评价标准具有片面性，因为痛苦的体验也是生命不可缺少的。动物解放论把痛苦和快乐确定为道德的终极标准的做法，引起了很多人的异议，因为痛苦在生命过程中，对于任何一个生命个体而言都是难以缺少的，有时痛苦"是一种必要的恶，一种不好的善，一种辩证的价值"。痛苦在某种意义上也是生命追求生存的动力。因此，对于大自然生态系统中的每一生命个体，人类并不负有不可推卸的责任和义务去减少乃至消除它们的痛苦。[①]

　　辛格按照意识和人格来划分生命的品质，他的动物解放伦理却也因此存在问题。[②] 他以意识的发达程度把生命区分为"无意识的生命""有意识的生命""人格"。这三个排列随着意识的增加，生命价值也增值，需要给予道德关怀的量也在增多。这样，就会出现生命的本质与它所属于的物种无关，而只和感觉神经的多少有关，如植物人可能有感觉，但已经没有了自我控制意识，那么，他可能还不如一个活蹦乱跳的小猫，再如大猩猩不属于人种，却有着一定的理性和自我意识能力，可划进"人格"范围。在辛格看来，有"人格"的生命绝对不能剥夺，而"有意识的生命"在特殊情况下是可以忽略的。杀死大猩猩比杀死残疾婴儿更恶，因为残疾婴儿的价值还不如猫狗。所以，辛格就得出结论，认为杀死残疾婴儿和杀死"人格"在道德上并不相同。[③]辛格在把道德关怀和权利赋予动物的过程中，却把植物人、残疾婴儿等的地位给降低了。把人分成了"人种的成员"和"人格"两类就是他错误的根源。"人种的成员"是一种生物学意义上的人，"人格"则是具有理性和自我意识的正常人，但是，真正的人是

---

①　杨通进：《走向深层的环保》，成都，四川人民出版社，2000，第 88 页。
②　林红梅：《关于辛格动物解放主义的分析与批判》，《自然辩证法研究》2008 年第 2 期。
③　林红梅：《生态伦理学概论》，北京，中央编译出版社，2008，第 119 页。

生态的人，在现实中是两者有机统一的人。① 在辛格的伦理学中，根本就没有人了，人这一概念也就被彻底消解了。

　　动物解放运动力图实现废除"动物工厂"、反对猎杀动物、提倡素食、释放实验室和城市动物园中的动物四个目标。② 动物解放运动把那些以营利为目的的商业牧场称为"动物工厂"，要解放那里的动物，让它们恢复农业文明时代的生存条件；反对把猎杀动物当作娱乐和户外运动；认为素食应该作为一种文化追求，因为对肉类的嗜好就是一个文化问题，有的人并不具有这种嗜好，如佛教徒和素食主义者就是如此；认为囚禁动物是对生命尊严的亵渎，不管以科学实验为目的，还是以娱乐民众为目的。

三、动物权利论

　　汤姆·雷根（Tom Regan）在 1983 年出版的《动物权利研究》（*The Case for Animal Rights*）一书中以哲学的思维论证动物权利。雷根的理论虽然不同于辛格的动物解放论，但是他的动物权利思想也是对辛格理论的很好补充，从而使他们的思想共同成为动物解放运动的理论基础。

　　在动物权利论看来，我们用来证明人拥有权利的理由与用来证明动物拥有权利的理由是相同的。人都具有一种"天赋价值"（inherent value，也翻译成固有价值、内在价值）。内在价值决定了生命的生存存在，肯定了自己的生命意义，它不是对他者有益的工具价值。内在价值天然就固有并支撑生命的存在，意味着生命本身就是目的，它是任何人都否定不了的，也就无可争辩地拥有道德权利。动物和我们人一样都具有自己的内在价值，都具有自己生命的意义，从而也和人类一样有权利在道德伦理中拥有自己的地位。内在价值赋予动物权利，让它们有权利追求自己的生存，有权利不受虐待，有权利避免不应遭受的痛苦。这种权利让人类不能只把动物看作促进人的利益的工具，而是应以一种尊重它们身上的天赋价值的方式来对待它们。③ 雷根指出，在自然生态系统中，动物之间的关系只有生态关系，动物之间不存在侵犯权利的道德问题。权利问题只会出现在人与动物之间的关系中，这是由于人有能力承担道德责

---

① 韩立新：《论辛格理论的优生主义危险：从"辛格事件"所想到的》，《求索》2003 年第 5 期。

② 杨通进：《走向深层的环保》，成都，四川人民出版社，2000，第 84 页。

③ 〔美〕戴斯·贾丁斯：《环境伦理学——环境哲学导论（第三版）》，林官明、杨爱民译，北京，北京大学出版社，2002，第 130～131 页。

任，有能力意识到动物的权利的存在，而动物却没有这种相应的能力。

动物权利论认为，动物的权利即使存在，也是一种比人的权利弱的权利。也就是说，我们应持一种弱势权利观。每一物种内的所有个体都共同享有相同的权利，而不同物种之间所享有的权利却是有强有弱的。那些心理能力较强的动物的权利优先于那些心理能力较弱的动物的权利。当然，我们也许还应加上一条：濒危动物的权利优先于非濒危动物的权利；而人的权利高于其他动物的类似的权利。而且，人所拥有的是一种完全的权利，即以正义为基础，应无条件地予以尊重；动物所拥有的是一种不完全的权利，即以仁慈为前提，可以有条件地予以尊重。

动物权利论强调，人类必须尊重动物权利。正常的成年人可以进行道德判断，因而是道德主体，但并非只有道德主体才拥有道德权利。任何侵犯其他个体的权利的行为都是错误的，在我们必须选择牺牲其他个体权利的特殊情形下，则应该遵循"最少牺牲原则"（Minimum Sacrifice Principle）和"最糟糕个体原则"（Worse-off Principle）。前一原则的意思是在每一个个体所做的牺牲大体相当的时候应该选择尽量减少牺牲个体的总量；后一原则的意思是如果某一个个体所做的牺牲明显大于其他个体的话，就应该避免这种情形。① 后一原则体现了雷根的观点与辛格的功利主义观点的最大差别，雷根的观点要求我们不能为了多数个体的较小利益而牺牲少数个体的较大利益，不管得利的个体数量有多大。即使某些低等动物无法成为"生命主体"，无法拥有与人类似的权利，这也并不代表我们就可以对它们为所欲为。从这个意义上，可以说动物权利观是在辛格的"同等痛苦同等考量"原则之上的进一步补充完善。但在其他方面，尤其是在"最糟糕个体原则"上，这两种观点之间存在着巨大的分歧。

动物权利论对于保护动物的行为还有进一步的伦理要求。尊重动物权利、保护动物的行为不能仅仅局限于道德行为人，道德行为人有责任有义务制止他人对动物的不利行为，也应该努力去防止不利于动物的事情发生，如动物保护人士舍身阻止猎鲸。也就是说，动物权利论认为，道德主体不伤害动物只是初步的伦理要求，努力尽自己的义务保护其他生命个体的权利是更进一步的道德要求。直白地说，就是自己不做坏事，还要阻止其他人做坏事，制止他人虐待动物也是我们应该承担的道德责任。雷根的权利观要求比较高，给予"生命主体"的保护也更为全面彻底。雷根认为，凡是一岁以上的哺乳动物和鸟类都应该算作"生命主体"。可

① 余谋昌、王耀先：《环境伦理学》，北京，高等教育出版社，2004，第 68 页。

见，他并不是把生态共同体的所有生命成员都包括在内的。

第三节　生命平等、生物中心主义

生物中心主义认为每一生命个体都是道德关怀的对象，人对所有的生命都负有直接的道德义务和责任；强调生物及其环境构成的生态系统和生态过程，都是道德关心的对象；强调生物物种和生态系统的价值和权利，认为物种和生态系统具有道德优先性。由此演绎出种际正义、敬畏生命、生物中心主义的世界观。

一、种际正义

种际正义直接以批判物种歧视主义来提出自己的观点。物种歧视主义不把其他动物看作我们生命共同体中的一员，认为人类在道德上所具有的利益只属于人类，动物没有，拒绝动物成为道德考量的主体。如果仅仅是因为动物和人类不属于同一物种而歧视动物，那么，我们就是物种歧视主义（speciesism），这种道德上的错误是紧跟在种族歧视、性别歧视之后的错误主张，它们都有着相同的错误根源，这就是把道德主体范围只赋予同一群体的成员，如果你不是这一群体的成员，你就不会像这一群体成员一样拥有平等的道德地位。

动物解放论者区分了三种形式的物种歧视主义。[①] 第一种是激进的物种歧视主义。只要不损害他人的利益，怎样对待动物都行。因为无思维、无感觉的动物和机器差不多，没有必要考虑人的行为对动物会产生什么影响，这是一种极端的观点。第二种是极端的物种歧视主义。它认为人的任何利益都高于动物的利益。承认动物有感觉，拥有利益，如果人的利益与动物的利益发生冲突，那就不管动物是生是死、是苦是乐，一切都要以人的利益为道德考虑，即使人得到的利益属于边缘利益，而动物失去的是基本利益（basic interest），承受巨大痛苦甚至死亡。如果人的利益与动物的利益不发生冲突，极端的物种歧视主义也赞同保护动物的利益，不给动物造成不必要的痛苦。第三种是关心动物利益的物种歧视主义。它认为动物的基本利益重于人的边缘利益。当人的利益与动物的利益发生冲突时，如果人的利益是基本的，就可以牺牲动物的利益，如果动物的利益是基本的而人的利益是边缘的，人就不能获得道德允许。

---

① 杨通进：《走向深层的环保》，成都，四川人民出版社，2000，第94页。

就其把动物的基本利益看得重于人的边缘利益而言，关心动物利益的物种歧视主义已不再是物种歧视主义；但就其把人的基本利益看得重于动物的边缘利益而言，关心动物利益的物种歧视主义又仍然是一种物种歧视主义。

事实上，关心动物利益的物种歧视主义已是一种道德理想，可是，动物解放主义者还是认为，这种理想仍不能作为调节动物之间的"种际冲突"的公正原则。这种物种歧视主义仍有两个缺点：其一是区别对待人的基本利益（和边缘利益）与动物的基本利益（或边缘利益），这种区别对待的根据是什么，它没有给我们提供道德证明；其二是它的简单化倾向，似乎环境伦理学所处理的只是两个集体（人类与人类之外的其他动物）的利益。其实，人之外的其他动物之间也有着巨大差别，当我们要与两个以上不同的集团打交道时，我们应如何决定保护或牺牲哪一个集团的利益？为克服这两个不足，动物解放论者提出了一种作为"种际公平原则"的"双因素平等主义"。①

双因素平等主义提出利益冲突的重要程度、心理复杂程度两个因素作为道德考量的衡量标准。利益冲突的重要程度是说，当动物物种之间的利益冲突时，各方的利益是基本的还是边缘的；心理复杂程度意味着各方心理能力的强弱。与物种歧视主义不同，双因素平等主义反对任何人的任何利益在道德上都高于动物的利益的观点。例如，如果一个动物在心理上已发展到了较高水平，而一个人由于大脑问题已经成为畸形人或植物人，那么，在权衡这二者的类似利益时，后者并不优先于前者。这意味着心理能力较复杂的动物的利益与心理能力非常简单的植物人的利益发生冲突时，后者的利益应让位于前者的类似利益。这可能是双因素平等主义最为激进的伦理结论。②

二、敬畏生命

敬畏生命是人类的生命伦理。自然在绝大多数情况下是不是敬畏生命我们不得而知。自然以最有意义的方式产生无数的生命，又以我们所不了解的原因毁灭它们。所幸自然在漫长进化的过程中终于产生了它的理性花朵——具有思维意识的人。于是，有思想的人体验到，必须像敬畏自己的生命一样敬畏所有的生命，生命的休戚与共是宇宙及地球共同

① 杨通进：《走向深层的环保》，成都，四川人民出版社，2000，第96页。

② 杨通进：《走向深层的环保》，成都，四川人民出版社，2000，第97页。

体的伟大故事。促进生命、使生命走向繁荣是善的最高价值。

　　法国人施韦泽（A. Schweitzer）是敬畏生命伦理的倡导者，生物中心论伦理学的创始人。施韦泽认为，所谓伦理"就是敬畏我自身和我之外的生命意志"①。只涉及人与人关系的伦理是不完整的，只有体验到对一切生命负有无限责任的伦理才是有思想根据的。伦理必须扩展道德关怀的范围，敬畏一切生命，关心一切生命。在敬畏生命的伦理看来，所有的生命都是神圣的，包括那些从人的立场来看是低级的生命。②我们的生命来自其他生命，所有的生命都是休戚与共，相互关联的。因此，敬畏生命要求我们敬畏所有的生命，这种伦理主张要求我们敬畏、尊重、爱惜每一生命，不管是我们自己，还是他人和自然生态系统中的所有动植物的生命。

　　敬畏生命的伦理提出了应该如何对待杀死其他生命这种不可避免的现实。在人的现实生存过程中，会出现各种复杂的情况，确实不得不杀死其他生命。施韦泽认为"敬畏生命的人，只是出于不可避免的必然性才伤害和毁灭生命"③，如果这一行为是为了拯救其他生命，那在道德上应该是允许的，因此，人只有在为了保存其他生命的情况下，才可伤害或牺牲某些生命。④ 比如，有时在城市面对铺天盖地的蚂蚁和蚊子，人类出于生存需要必须要消灭一些生命。施韦泽认为，尽管这不可避免，但是伤害生命的人一定要有"自责"的意识。人类应该懂得自己没有权利毁灭其他生命，所有的生命都是至高无上的，生命第一，尊重生命的根本目的是培养人的道德本性，这是人类完善的出发点。

三、生物中心主义

　　生物中心主义把所有的生命都纳入道德关怀的范围，这为所有生命道德地位的平等奠定了基础。这种道德关怀对象范围的扩大避免了传统伦理中的等级观念问题，也是一种超越式的伦理的进步与发展。在动物解放论、动物权利论的基础上，生物中心主义把道德关怀的范围从人扩展到人以外的所有生命。生物中心主义认为，所有生命都内在地抵御熵增过程，以保持自己的组织性，维护自身生存，追求生存。维护自己的

---

　　① 〔法〕阿尔贝特·施韦泽：《敬畏生命》，陈泽环译，上海，上海社会科学院出版社，2003，第 26 页。

　　② 杨通进：《走向深层的环保》，成都，四川人民出版社，2000，第 122 页。

　　③ 〔法〕阿尔贝特·施韦泽：《敬畏生命》，陈泽环译，上海，上海社会科学院出版社，2003，第 133 页。

　　④ 杨通进：《走向深层的环保》，成都，四川人民出版社，2000，第 122 页。

生存是所有有机体的生命目的的中心，这是生命的内在价值，是"善"。不同的生命，各自存在的方式不同，追求生存的方式也不同，但是，所有的生命都同等地具有内在价值，因而具有平等的道德权利，应当获得自己的道德地位，得到道德承认、关心和保护。

自然生态系统的本体论意义是生物中心主义的理论根基。自然界是系统有机整体，人类与其他所有生命及每一个个体存在都有机地构成这个大的整体。这种本体论内涵决定着我们的伦理观念。自然生态系统的重要性与我们如何看待它及如何理解我们在其中的地位和作用有着密切关联，更决定了伦理的意义。所以尊重生物的态度取决于我们如何理解和看待生物，以及我们与它们的关系。生物中心主义的世界观认为，人与其他生物都是地球共同体的成员，人与其他生物一起构成相互依赖的生态系统，所有生物都把生命作为目的中心，人并非天生就比其他生物优越。[①]

人是地球共同体的一员，与地球上其他生命个体共处，共享同一个地球生态系统，也与其他生命相互依存。保罗·泰勒以他的生物中心主义论证人是地球生命共同体的普通一员。泰勒认为，首先，我们和其他生物都一样，为了生存和利益，必须面对某些生态学和物质的需求，这是生存健康必不可少的。其次，我们和生物都拥有自己的善，即拥有自己的"利益"，可善的实现是不确定的，超出我们和生物的控制。再次，自由是所有生物和我们力争实现的。人类是后来者，作为共同的进化过程的产物，地球共同体上其他的生物比我们早来这个星球。最后，没有这些生物，我们无法生存，而没有我们它们依然存在，人的生存要依赖生物。[②] 这些事实都证明人类是宇宙生命共同体的成员。

生物中心主义认为，相互依赖是自然生态系统有机运行的内在本质特征。人、生物都是这个相互依赖的生态系统的一员，都以系统内在的无机要素作为生命需要的物质条件，同时，与其他生命之间的有机依赖关系更是其赖以生存的保障。生存于特定生态系统中的任何一个生命都不是孤立的。相互依赖的另一层含义就是有机整体，如果有任何一个生物灭绝，就会中断相互依赖之链，进而影响生命之网。如果对生命网的干涉过大，那么就可能摧毁人类价值的实现机会。人类作为道德代理人，

---

① 〔美〕保罗·泰勒：《尊重自然：一种环境伦理学理论》，雷毅、李小重、高山译，北京，首都师范大学出版社，2010，第100页。

② 〔美〕保罗·泰勒：《尊重自然：一种环境伦理学理论》，雷毅、李小重、高山译，北京，首都师范大学出版社，2010，第64页。

他的品行如果体现了尊重人与尊重自然的态度，这将意味着"最好的可能世界"，概括地说就是：我们这颗行星即将开始的人类文明与自然和谐的世界秩序。①

生物中心主义肯定有机个体是生命的目的中心。所有的生命都由生命个体组成。每一个个体，无论是其内部功能还是外部行为，都共同追求生命个体的长久生存。为了这一目标，每一生命个体以各自千差万别的生存本能，展现着自己生存的创造力，应对着各种各样不同时空下的生态环境变化，利用环境，汲取自己生存所需的资源，追求着生存。生命目的中心就是有机生命个体，它以生成、生长、繁衍和延续的目标导向指向有机体的"利益"的实现，成就着生命的意义。

人并非天生就比其他生物优越，生物中心主义以此否定人类的理性优越论。仅仅根据人性就肯定人是比动物和植物更高贵的存在物，人拥有一种天赋的优越性，这是一种错误的观念。理性确实为人类所特有，可是自然中各种生命形态所具有的能力却是我们这个有理性的存在物所不及的，人不能在天上飞，也不能潜入深海，更不可能知道看到紫外线的蜜蜂的视觉体验。理性只能用技术尽量想办法弥补人类的不足，却不能让人类直接拥有这些能力。所以，人不比其他生物高级。伦理意义的价值和尊严也就不是人所独有的。认为人类天生优越的观点是毫无根据的，因为自然界无数奇妙的生命个体所拥有的无数神奇能力人类就不具备。

对人的优越性观念和某些物种优于其他物种的观念的抛弃，就是对物种平等观念的接受。物种平等原则要求道德代理人对每一生命个体、每一生物，不管它属于哪个物种，都要给予平等关心和关怀，它有权获得应有的道德地位。人类要承担起道德代理人的责任，这要求人类具有大爱的心胸。在这个意义上，每一个物种都拥有同等的价值。生物中心主义自然观的视野是理性的，它对人类在自然界的位置的理解在科学上是开明的。② 这种道德追求对于完善人类的道德伦理是不可缺少的，也是道德发展在自然演化进程中的继续。但是，这种生物中心主义世界观，只把生命纳入道德考量的主体范围，忽略了自然生态系统的有机整体性。随着生态伦理的发展，这方面的不足会由生态整体主义来克服。

———————

① 〔美〕保罗·泰勒：《尊重自然：一种环境伦理学理论》，雷毅、李小重、高山译，北京，首都师范大学出版社，2010，第194页。

② 〔美〕保罗·泰勒：《尊重自然：一种环境伦理学理论》，雷毅、李小重、高山译，北京，首都师范大学出版社，2010，第195页。

第四节　生态整体主义

生态整体主义认为宇宙万物，所有的生命、自然个体都是一个相互依赖、相互联系、相互影响的有机整体，自然是一个不可分割的有机生态系统。这个有机生态系统整体是客观的存在，在人还未出现时它就早已存在。当人来到这个生态系统时，和其他生命存在一起作为地球共同体的一员，并不具有优先性。作为系统的有机组成部分，人类既不在自然之上，也不在自然之外，而在自然之中。这是人与万物共尊共荣的伦理。英国历史学家汤因比认为，宇宙全体，还有其中的万物都有尊严，它是这种意义的存在。也就是说，自然界的生物和无机物都有尊严。大地、空气、水、岩石、泉、河流、大海，这一切都有尊严。人类侵犯了其尊严，就等于侵犯了人类本身的尊严。利奥波德的大地伦理、奈斯的深层生态学、罗尔斯顿的哲学走向荒野及柏励的生态纪都是这种思想的体现。生态整体主义属于生态中心论，基于生态系统整体性的观点，为人类道德提供了一种科学的整体论思维，但是，它的物种和生态系统优先的道德原则，使得很多学者认为这种观点带有太多信仰成分。①

一、大地伦理

奥尔多·利奥波德（Aldo Leopold），美国著名生态学家和环境保护主义的先驱，享誉世界的伦理学家，被称为"美国新环境理论的创始者"。他对自然、土地、人类与土地的关系与命运进行观察和思考，创立了大地伦理学。大地伦理学提出"大地共同体"，利奥波德以他的伦理学理论把人、生物及自然生态系统中的非生命构成要素都统一在"大地共同体"的有机整体内。这里的"大地"意味着自然界的自然生态系统，包括山川、河流、土地、动植物生命等有机构成的生命共同体，大地伦理赋予它们道德地位。生命共同体就像是一个"大地金字塔"，它是一个由生物和无生命物质组成的"高度组织起来的结构"，它的结构的正常运转取决于结构的多样性和复杂性，取决于各个部分的合作和竞争。②

---

① 余谋昌：《环境伦理学从分立走向整合》，《北京化工大学学报（社会科学版）》2000 年第2 期。

② 段超红、高中华：《生态中心论的整体主义思想探究》，《中国矿业大学学报（社会科学版）》2004 年第 4 期。

利奥波德把共同体看作是描述性和限制性的陈述。① 描述性涉及本体论意义，是关于"是"的客观；限制性涉及伦理意义，是关于"应该"的价值，指涉行动。人类与大地的伦理关系不仅是伦理学本身的发展，即把伦理扩展到大地、自然，也是由于生态危机的逼近和人的完整的生态生存的必需。生命共同体观念的产生使生态伦理主体扩展为人、社会、生命共同体，也使伦理从调节个人之间的关系进化到调节人与社会的关系，现在又发展为调节人与大地共同体之间的关系，这是伦理的进步。

利奥波德把人与自然的关系转变为生态关系，他的大地伦理学在扩展道德共同体界线的同时，改变了人类在共同体中的地位，人不是大地共同体的征服者，人从属于大地共同体，是它的普通成员。他认为，"大地伦理"的使命就是要将人类在"土地-群体"中征服者的角色转换成平等者，转换成"土地-群体"中的普通一员。② 人与自然的关系是生态关系，在生态关系中的直接体验对于人的生存至关重要，这也意味着人类的生态自由。③ 这种生态自由就是"免于匮乏和免于恐惧的自由"及"犯错的自由"，属于生态关系的体验或经验，即生态学的道德体验。生态学的道德体验就是要直接体验或参与生态环境。他的理论把原来的非伦理关系转变为伦理关系。

利奥波德的大地伦理主张，人要尊重共同体中的其他成员，也要尊重共同体本身。人与共同体中的其他成员是伙伴关系，这是一种相互依赖的关系，不仅意味着人类与自然是一种平等的关系，而且意味着人类与自然在伦理中拥有相同的道德地位。人类不是征服者、统治者、主宰者，而是大地共同体的成员，必须承担起义务和责任，维护大地共同体生态运行，保护它的健康美丽，促进大地共同体及其所有成员的生存与发展。

二、深层生态学

深层生态学本质上属于生态哲学，它不属于生态学这门科学。正如奈斯所说，深层生态运动是生态哲学性质的，而不是生态学性质的。④

① Naess A："The World of Concrete Contents"，*The Trumpeter*，2006，22（1），p.51.
② 〔美〕奥尔多·利奥波德：《沙乡年鉴》，刘艳译，呼和浩特，远方出版社，2017，第209页。
③ Ott P："Ecological Freedom：Aldo Leopold and the Human Ecological Relation"，*Environmental Philosophy*，2019，16(2)，p.245.
④ Arne N："The Shallow and the Deep, Long- range Ecology Movements：A Summary"，*Inquire*，1973，16(1)，p.99.

深层生态学家奈斯（A. Naess）以生态环境整体的稳定、健康为核心目的，将关注的视角从作为人类外部的环境转移到人类自身。① 深层生态学把自我与自然融为一体。这种自我必定是在与人类共同体、大地共同体的关系中实现的。我们只是更大的整体的一部分，而不是与大自然分离的、不同的个体。奈斯于 1973 年提出"深层生态学"（deep ecology），它的基本特征可以通过与"浅层生态学"（shallow ecology）的比较来加以说明。浅层生态伦理学是功利主义伦理学，以人类为中心，目的就是要保护人类这个物种自身的生存和延续，维护人类社会的可持续发展，完全不同于深层生态学。

深层生态学以"有机整体""关系"来解读世界的存在。它认为包括整个生物圈在内的世界是一个生态系统整体，是有机的，内含着关系、联系，人不是在环境之中而是在整体之中的。② 深层生态学根据对存在的本质、生命的意义、科学的价值的理解解读人与自然的关系，解读人所处的位置，解读人的权利和义务。深层生态学批判浅层生态学所认为的人与其环境分离的观念，批判那种认为宇宙万物是由分离的、孤立的、封闭的实体组成的观念，认为每一个生命无论是人还是生物都凭借着自己的创造力共同编织成一张有机的生命之网，每一生命个体都是生命之网上的网结。深层生态学力求不以人类为中心，承认非人类成员的内在价值和权利。以格式塔（gestalt）结构肯定有机整体中每一个个体的地位。格式塔结构给深层生态学提供了本体论的哲学基础，有机整体中的每一单位的个体，都在自己的生态位上参与着这个格式塔结构，据此，它们是有格式塔性质的，而不是原子性质的。③

深层生态学以"关系"否定机械形而上学的"分离"概念，批判肤浅生态学，赞成"过程中的统一"这一生态思想，肯定宇宙万物相互关联构成普遍的关系，而且这种关系是不断发生、发展和变化的，奈斯就把自己看作研究关系的关系学者。④ 深层生态学强调伦理学和形而上学之间的联系，认为有说服力的宇宙论为伦理学奠定了基础，沿着生态学的维度可以形成有成效的伦理学。深层生态学还尊重许多非西方的观念，在东

---

① 马鸿奎：《建构以人为本的环境哲学——对"人类中心立场"的辩护和修正》，《自然辩证法研究》2018 年第 3 期。

② Arne N："The Shallow and the Deep, Long-range Ecology Movements: A Summary"，Inquire，1973，16(1)，p. 95.

③ Naess A："The World of Concrete Contents"，*The Trumpeter*，2006，22 (1)，p. 53.

④ Nass A："Deep Ecology and Education: A Conversation with Arne Nass"，*Canadian Journal of Environmental Education*，2000，5(1)，p. 50.

方的精神传统中挖掘有益的思想。与此相对，肤浅生态学遵循"分离的整体的形而上学"，赞成占主导地位的机械唯物论，认可它把知识划分为几个相互隔绝的部分，认为伦理学与形而上学是相互分离的。[①]

深层生态学提出"生态智慧"（ecosophy），这种"生态智慧"是认识论的基础，指导社会运动并影响人类的生活方式。ecosophy 是根据"哲学"（philosophy）一词而来的，哲学蕴含人类的智慧，词缀 sophy 是"智慧"的意思，奈斯认为我们需要生态性的哲学，哲学的智慧应该是生态的，词根 eco 是生态的意思，这样，"生态智慧"（ecosophy）一词就应运而生了。肤浅生态学只把生态学当作研究地球的众多学科中的一门来看待，用它来帮助人类预测和避免征服自然的行为所带来的消极后果或负效应。深层生态学认为，生态学只是一门利用科学方法的有限科学，我们应该把它提升为更广泛的生态哲学。生态哲学涉及我们所在的宇宙中所有事物的状态，它是具有统一的框架体系的生态哲学系统，是"生态智慧"的展现；生态智慧对于强调生态和谐、生态平衡的哲学具有深刻的意义。[②]深层生态学运动力图探明那些支撑着我们经济行为的价值观、哲学理论或宗教假设，以生态智慧追求一种与自然协调的新生活方式。

面对资本主义市场经济中经济增长的观念，深层生态学提出用生态承受力的概念来代替经济增长的观念，坚决反对价值的简单经济还原，着重反思和变革现存的社会、政治、经济。深层生态学批判肤浅生态学毫无保留地赞成经济增长的观念，批判肤浅生态学把人看作是所有价值的来源并且只把工具价值归属给非人类世界，批判只关心资源的管理和利用，批判以改良主义的方式来改造"占主导地位的社会范式"。深层生态学关注生态系统的有机运行、地球的承载力，提倡生活简约、节俭，建议尽量少消耗，住所适当，遵循文化的多样性，尊重地方自治和分权化，选择合适的技术，重定生态地区制度，促进生态的多样性，等等。

深层生态学提出 8 条行动纲领，这彰显了其伦理学上的进步意义。这 8 条纲领如下：[③] 第一，人类和地球上的非人类生命的繁荣都具有内在价值；第二，生命形式的丰富性和多样性具有自在的价值，并且有益于人类和地球上非人类生命的繁衍；第三，人没有权利减少这种丰富性和多样性，除非为了满足重要的需要；第四，当代人对人类之外的存在

---

① 余谋昌、王耀先：《环境伦理学》，北京，高等教育出版社，2004，第 94 页。

② Arne N："The Shallow and the Deep, Long-range Ecology Movements：A Summary"，*Inquire*，1973，16(1)，p. 99.

③ 杨通进、高予远：《现代文明的生态转向》，重庆，重庆出版社，2007，第 50 页。

干预过多，而且这种情况正在恶化；第五，生命的繁荣和文化的繁荣需要降低人口的数量；第六，必须改变现行的那些很难真正实现经济可持续发展的过时政策；第七，改变后的意识形态将主要关注生活的质量，而不再追求越来越高的生活消费水平；第八，赞成上述各点的人有责任直接或间接地促成深层生态学所要求的各种改变，而且具有不同观点的人可选择不同的策略。

这 8 条行动纲领属于深层生态学"显在"的思想，它的深层结构之中还内含着自我实现论和生物平等主义。[①] 深层生态学提出生物平等主义（biospherical egalitarianism），肯定所有生物都拥有生存和繁荣的平等权利，都有权使自己的个体存在得到展现，有权自我实现。这是关于生命平等的生态平等主义。[②] 由于关系普遍存在的关系原则，所有自然存在物都是相互联系的，遵循关系原则，不存在绝对的界限可以消解它们之间本质的同一。如果自然存在物是有机生命个体或是非生命个体，由于关系的普遍和本质的同一，我们都会把它们当作整体的一部分来予以尊重。

正是在这种意义上，深层生态学提出自我实现（self-realization）。人的"自我实现"以其他存在的"自我实现"为前提，所以自我实现同时也意味着所有生命的创造力的展现、潜能的实现。理解深层生态学的"自我"要涉及理解三个"自我"，即"大我"（Self，首字母大写）、"小我"（self，首字母小写）、本我（ego）。深层生态学的"自我"是"大我"（Self），强调与大自然融为一体的我，而不是狭隘的"小我"（self）或本我（ego）。如果我们伤害了自然界的其余部分，我们就将伤害我们自己。自我实现的过程，也就是逐渐扩展自我认同对象范围的过程。在这个过程中我们逐渐意识到，我们是自然有机生态整体中的个体，我们之所以为人，之所以具有人的本性，是因为我们与自然中的其他生命有密切关系，我们与社会中的其他人也存在着密切关系。关系把一切都连接为一个整体。帕特里克·怀特、亨利·梭罗、约翰·缪尔、蕾切尔·卡逊都是深层生态学的先驱，平肖是浅层生态学的代表。

---

① 王正平：《深生态学：一种新的环境价值理念》，《上海师范大学学报（哲学社会科学版）》2000 年第 4 期。

② Arne N："The Shallow and the Deep, Long-range Ecology Movements：A Summary"，*Inquire*，1973，16(1)，p. 96.

三、走向荒野的哲学

　　罗尔斯顿让哲学走向荒野(人之外的自然)，讲述着生态整体主义，他以他的荒野哲学告诉我们，自然的价值不只是对人有用，不只是人的工具价值，它也表明自然存在的根据。自然价值的丰富多彩创造出有利于生命有机体的不同差异，从而使生态系统多样化、丰富起来，以精致、复杂、和谐的音符弹奏着美丽的乐章。罗尔斯顿告诉我们，我们对于荒野的需要，是在于我们欣赏它的内在价值，而非它的工具价值。[①] 荒野具有自然的完整性，并独立于人类的价值领域之外。真正的荒野在自己运行着，其价值自发地彰显着它的创造性。他明确指出，在观念上哲学向荒野的转变，就是开始认识到自然本身具有价值，而且自然系统本身创造价值。大自然的所有创造物，凡是存在自发创造的地方，就存在着价值。大自然不仅创造出各种各样的价值，而且创造出具有评价能力的人类。人类对自然价值的评价不是人赋予自然价值，而是自然的创造性进化出了人类。自然是朝着价值增值的方向进化的。自然孕育了生命，孕育了人类，孕育了价值。

　　荒野，作为完整的生态系统，扑不灭的生命力量决定着物竞天择的生存，也促进新物种的产生。荒野是一个生命共同体，是荒野中每一个生命个体的栖身之家，作为承载生命的生态系统以共同体的方式存在着，意味着共同体比个体更重要。生态系统拥有的是自在的价值，它的功能就是生命存亡的关键决定因素。有机体只护卫它们自己的身体或同类，但生态系统却以伟大的创造力书写辉煌的生命故事。罗尔斯顿认为，荒野讲述着生命的起伏跌宕故事，在这个永恒的毁灭中，自然又能极有秩序地自我聚集成新的生命体。大自然会杀死自己的孩子，但它每年又生长出一轮新的生命。[②]生命个体关心的是自己的生存与发展，而生态系统在生命个体有生有灭的运行中彰显着创造的生机。不仅有机体具有选择能力，生态系统也同样具有。[③] 自然只是赋予每一个生命个体一段生命，正是这每一段生命才构成了自然的生命之河。

　　荒野哲学告诉我们，整个生态系统到处都弥漫着系统价值，系统价

　　① 〔美〕霍尔姆斯·罗尔斯顿Ⅲ:《哲学走向荒野》，刘耳、叶平译，长春，吉林人民出版社，2000，第64页。
　　② 〔美〕霍尔姆斯·罗尔斯顿Ⅲ:《哲学走向荒野》，刘耳、叶平译，长春，吉林人民出版社，2000，第227页。
　　③ 〔美〕霍尔姆斯·罗尔斯顿:《环境伦理学》，杨通进译，北京，中国社会科学出版社，2000，第255页。

值不仅仅是部分价值的总和，也不完全体现在个体身上，它具有整体的协同创造性。系统价值就是有机原则所阐述的创造性的协同效应。我们确定人类的目的必须与自然生态系统相协调。① 生态系统具有一种超越了工具价值和内在价值的系统价值，被系统创造出来的有机个体，无论是植物、动物还是人，对维护系统价值都有责任和义务。这也决定了系统价值是某种充满了从"无"创造出"有"的创造性的过程。

罗尔斯顿认为，人本主义的环境伦理不能像生态伦理那样把自然事物作为道德考虑对象。人类的繁荣与发展与生态系统及生态系统中的其他物种密切相关。我们需要一种伦理，它能把人类与其他物种看作命运交织到一起的同伴，这就是生态伦理。生态伦理赋予了人最高的生态伦理义务——珍惜生命、爱护荒野、看护地球。在生态伦理的意义上，人比非人类存在物的优越性体现在人所具有的博爱胸怀。这种爱不仅让人爱自己的同类，也可以敞开宽广的胸怀关心、关注、爱护所有的生命存在，这也让人和动物区别开来，因为动物只关心自己的生命、后代及同类，而人却能爱护生态共同体的一切存在。人应当是完美的道德监督者，不应只把道德用作维护人类生存的工具。人能够培养出真正的利他主义精神。人不仅承认他人的权利，还承认动物、植物、生态系统、地球共同体的权益。

四、"生态纪"思想

(一)生态思想家托马斯·柏励的"生态纪"

"生态纪"思想是美国生态思想家托马斯·柏励（Thomas Berry）提出的，从专业上讲他是一个文化历史学家、人类生态学家、哲学家，但他更喜欢被称为地学家（geologian）或"地球的学生"。② 生态危机、环境污染、能源资源匮乏、物种濒危、人口问题、粮食问题、技术异化等一系列异常复杂的问题，向人类的可持续生存与发展提出了严峻挑战，这也是整个地球共同体的共同的危机。面对危机，我们将走向何处？是走向死亡还是开创新生？危机也是新生的契机，过程不会终止，柏励提出的"生态纪"学说，指出了人类与地球共同体未来，那么走向生态纪就是人类与地球共同体的未来，也是地球的地质-生命过程之必然。

---

① 〔美〕霍尔姆斯·罗尔斯顿Ⅲ：《哲学走向荒野》，刘耳、叶平译，长春，吉林人民出版社，2000，第13页。

② 〔美〕赫尔曼·F.格林：《托马斯·柏励和他的"生态纪"》，王治河译，《求是学刊》2002年第3期。

"生态纪"（ecozoic）这个词更多是指生物学的期间、时间，可以用来表示生命系统的整体功能。① 从词源意义上讲，这个词源于两个希腊语词的组合：oikos含义是"家、房子"，zoikos含义是"动物、生物"。简单地说，"生态"就是"生命之家"。"生态纪"（ecozoic）一词与"经济学"（economics）和"生态学"（ecology）的词根相同，"经济学"（economics）是"家"的规则或标准，"生态学"（ecology）是"家"的逻辑。从地球的历史过程来说，"生态纪"（ecozoic）是继地球的新生代之后的一个时代纪元。ecozoic本义为"生态生代"，但其中只有一个"纪"，因此我们就可以把它翻译成"生态纪"，这起了一个强调作用，但并不与"生态生代"的翻译用法相冲突。奈斯创造了"生态智慧"（ecosophy）一词，提出哲学的智慧应该是生态的，呼唤生态哲学；柏励的"生态纪"（ecozoic）一词，把包括人类思维在内的宇宙中的一切都放在共同体的时空整体中考察。

柏励在一种综合的整体时空氛围内思考人类的历史，把人类故事放到宇宙故事、地球故事里来理解，从而提出"生态纪"思想。面对地球共同体的危机，我们是谁，我们从哪里来，我们身处什么地方、什么时代，我们能做什么或者说我们的责任是什么，我们要到哪里去？"生态纪"思想阐明人类是地球共同体的一员，我们从宇宙演化中走来，我们身处新生代终结的危机和"生态纪"（生态生代）即将到来的转折的关键点，我们要承担起伟大的工作，与自然协同进化，与地球共同体一起走向生态纪元。

（二）地球共同体

地球共同体思想是柏励对自然是一个有机整体的肯定。他认为，每一个存在都有自己的生命原则，有自我表达的模式，有自己的声音，人类、动物、植物和所有自然现象，都是构成更大的地球共同体的组成部分。② 地球是有生命力的，它具有可自我调节的结构，从这一点来说，生态危机是针对人类共同体的，是人不参与地球的共生过程造成的，是人的生存危机，而不是地球的生存危机。虽然地球是孕育生命之母，但在漫长的时间历程中地球所抛弃的物种和生命不计其数，它会选择最优的生命，淘汰不适合的个体，为生命提供适宜生存的环境。而各种生命又创造着环境，重塑着环境，使地球有一个可以供养生命的环境，成为一个有生命力的体系。

---

① 〔美〕托马斯·柏励：《生态纪元》，李世雁译，《自然辩证法研究》2003年第11期。
② Berry T：*The Great Work*，New York：Bell Tower，1999，p. 22.

在肯定地球生命力的学术共同体内还有英国科学家詹姆斯·拉夫洛克(James Lovelock)，他是环保主义者。他的盖亚假说认为，地球就是有生命力的盖亚，它是一个自动调节的复杂系统，生物圈、大气层、水圈和土壤层紧密相连共同进化，具有整体的自我调节能力，通过控制我们星球的物理化学环境来维持这个星球的健康，为生命提供最佳的生存条件。① 正是地球上生命的共同体才使地球具有生机。应当肯定自然的生存权，这是共生性。地球可以孕育生命，也可淘汰、毁灭污染它的物种，去掉恶疾。地球有自我更新能力，可以孕育别的生命物种。这种对地球创造力的肯定克服了自然主义在方法论上的不足，自然主义只考虑物体和事件状态的物理或物质特征，这种缺陷也是生态现象学所批判的。② 人类如果用技术继续控制自然，掠夺自然，不尊重自然，那么就是一步步走上自我不尊重、自我淘汰、自我毁灭的过程。必须转变战胜自然、控制自然的错误伦理观。地球不可战胜，自然不能控制，所有的生命都要参与地球的共生过程，这既使地球生机盎然，也是生命个体生的过程的继续。

(三)转折点

柏励认为，人类凭借着思维，深入地球大功能生命系统的内部，这种深入如此强大，以至于人类建立起一个被称为"技术圈"的领域。我们的农业，已经深入自然，农业共同体的演绎揭开了我们的历史篇章。然而，人类的故事在兴旺的乐章里，却产生了生命终结的悲歌。人类一直在某种程度上改变着自然，如农业的出现，可是自工业革命以来，人类行为对自然的影响是毁灭性的。③ 工业技术体系后，它不仅服务于工商业，也影响了地球这个行星的基本功能，以至于发展到现代技术体系后，我们必须面对全球的生态危机。我们知道，动植物兴旺的标志，是物种的多少和生物量的大小，显然，人类是生物圈中最兴旺的。人类的技术圈实现了人口的再生产，可是天然生物资源却在不停地减少，环境污染不断加剧，物种大量灭绝。这些就是新生代正在终结的标志。这些变化所产生的深远影响远远超出了文明过程的影响，甚至也超出了人类过程

---

① Lovelock J：*The Vanishing Face of Gaia*，New York：Basic Books，2009，p. 255.

② Konopka A："A Renewal of Husserl's Critique of Naturalism：Towards the Via Media of Ecological Phenomenology"，*Environmental Philosophy*，2008，5(1)，p. 38.

③ Utsler D："Is Nature Natural? And Other Linguistic Conundrums：Scott Cameron's Hermeneutic Defense of the Concept of Nature"，*Environmental Philosophy*，2018，15(1)，p. 79.

的影响，这些变化影响了生物系统，甚至影响了地球的地质结构本身。①

　　但是，"生态纪"学说认为，新生代终结的危机也是新生的契机，是转折点，现在的危机是我们所处的新生代的危机，现在的物种的灭绝速度，只有6500万年前中生代的白垩纪结束时，恐龙以及其他物种的灭绝速度才可与之相比。大量证据表明大灾变决定大绝灭，大绝灭推动大进化，因为绝灭给更高级的新生命让出生态位。② 人类的现代技术体系正终结和破坏着地球的地质-生命系统的功能，这个系统已经统治了新生代6500万年。人类活动现在是全球性的，这也是今天环境变化的主要原因。在未来的数百万年间的地质地层记录中可以观察到人类活动的影响，这意味着一个新的时代已经开始。③ 这是地球过程的时间进程。新生代的终结也是地球共同体从新生代走向生态纪的过程。生态纪不仅是地球新生代的终结，也是人类、人类社会、地球共同体的共同未来。

(四)伟大的工作

　　面对人类、人类社会和地球共同体的一系列危机，柏励提出，要使人类获得一种可持续的生存方式和发展方式，人类必须承担起伟大的工作，与地球共同体协同发展，走向生态纪的未来。人类现在正在朝向走向生态纪的过程之中，我们的任务就是要把具有破坏性影响的现代工业文明转变为一种良性的整个地球生态系统的文明。这是一项艰巨、压倒一切的任务，其复杂和重要程度超出了以往人类所接受的任何任务。④因为这一任务不是简单地对人类生活模式所出现的干扰进行调节，如对第一次经济危机的大萧条进行调节，对两次世界大战进行调节，而是更艰巨、更复杂、更困难和更系统的工作，是有人类以来从未有过的工作。做好了这项工作，人类才可以在这个地球上继续生存和发展，做不好这项工作，人类的文明就可能出现难以想象的大倒退甚至中止，就可能和其他物种一起在这个地球上消失。在地球这个行星的历史中，人类必须承担起这一任务，这是一项伟大的工作。人类是唯一既要对地球陷入困境负责，又要负责解决这些问题的地球共同体成员。因为人类是地球生态系统的一部分，这个系统的健康与疾病都与人类密切相关，人类具有卓越的思维创造力，有珍贵的道德觉察力，又能利用技术更多地超越地

① 〔美〕托马斯·柏励：《生态纪元》，李世雁译，《自然辩证法研究》2003年第11期。

② 张之沧、间国年：《灾变、绝灭与生物进化关系解析》，《自然辩证法研究》2017年第7期。

③ Sharp H："Not all Humans: Radical Criticism of the Anthropocene Narrative"，*Environmental Philosophy*，2020，17(1)，p.143.

④ 〔美〕赫尔曼·格林：《超越帝国主义和恐怖主义的新文明：生态纪研究和过程思想的作用》，李世雁译，《求是学刊》2004年第5期。

球上的物质性的限制条件。① 我们属于地球共同体的一员，走向生态纪是我们要承担的伟大工作，建设人与自然和谐发展的生态文明，就是人类承担的伟大工作。人不是自然界的臣民，亦不是自然界的主人，人是地球共同体中要承担伟大工作的自然界的看护者。人的存在、完美和高尚就寓于对自然界的看护之中。② 人类开始意识到环境问题的存在就是人类生态意识觉醒的开始，这种觉醒也是行动的开始，是人类在新生代终结的紧要关头迈向生态纪序幕的必然过程，是寻求一种与自然的创造性融为一体的过程，是再创造人类的发展过程。

　　至此，环境伦理流派的阐明与分析的完成就是生态（环境）伦理理论研究的完成，这也是生态哲学基础理论研究在生态本体论、思维整体中的生态哲学思想、生态（环境）伦理学这三个方面的完整研究。应该说生态哲学基础理论研究的任务已经完成。可是，越来越多的环境哲学的贡献者开始重新思考该领域的使命和实践。许多环境伦理学家提倡环境实用主义，认为环境哲学的使命应该更倾向于实用，应该避免枯燥抽象的理论研究或假设性的案例研究，应提倡一种更加务实、多元化和基于政策的环境实用主义方法，③这也是由于现实给环境哲学提出了诸多迫在眉睫的问题。高速发展的技术给人类带来了各种可能，可伴随而来的不确定的风险使人类的生存更加不安全。经济全球化、资本主义市场经济、能源环境这些现代人类文明不可缺的要素也引发着文明的冲突，挑战人类的可持续发展。现实与实践维度的研究不仅是环境哲学回避不了的研究主题，是其基础理论在现实中的应用探索，也是环境哲学要面对的历史使命。那么，下一篇我们就尝试这方面的研究。

---

① McGrath S J："In Defense of the Human Difference"，*Environmental Philosophy*，2018，15(1)，p. 104.

② 曹孟勤、冷开振：《人在自然面前的正当性身份研究》，《自然辩证法研究》2015 年第 12 期。

③ Minteer B A，Manning R E："Pragmatism in Environmental Ethics：Democracy，Pluralism，and the Management of Nature"，*Environmental Ethics*，1999，21(2)，p. 191.

第四篇

现实与实践篇
——生态哲学基础理论在现实中的应用探索

　　我们已经研究了生态哲学的生态本体论，并在哲学的历史思维进程中分析了生态哲学思想的历程，又研究了生态伦理及其相关内容，至此，生态哲学基础理论已经全面涉及。那么，如何运用生态哲学基础理论分析解决现实问题就是我们在实践维度的研究内容。由于实践的广泛性，这部分的研究属于开放性的研究，是把生态哲学基础理论广泛应用于实践领域，探讨人类生存中所面对的问题，研究人类现实与未来如何生存。研究的开放性意味着本篇的内容只是现实中的一个方面，一个专题领域的研究，随着哲学的发展，不同主题的生态哲学研究一定会在未来不断呈现出来。

　　哲学是时代精神的精华，任何一种哲学的产生、存在和消亡，都根源于人的生存利益和生存方式的巨大转变。哲学对人的生存的依赖性，主要表现为对时代的依赖性。只有通过对人类文明历史时代的分析，才能把哲学同它的现实基础联系起来。对于人类文明的研究既是研究生态哲学的现实基础，也是生态哲学理论的具体应用。作为生物个体的人、人类社会、人类文明是地球故事的现实，也是地球经历了几十亿年时空生态历程的必然。用生态哲学分析作为生物个体的人，可以有诸多维度，如其所具有的各种能力的维度、衣食住行的维度等。"看"的生态哲学解析就是一个从人所具有的"看"的能力维度进行的专题研究。对于人类社会，用生态哲学理论来看，属于社会生态系统，进一步可以分为技术生产领域与生活消费领域。在技术生产领域，我们选择了对"大数据"的生态哲学研究这一专题；在生活消费领域，对于"休闲的生态哲学解读"是本研究的最后一个研究专题。人类文明，自从有记载以来发展到今天的经济全球化，不仅是人类本身的发展，也是地球创造力的展现，是地球地质-生命过程的必然。对于人类文明的历史时空过程的生态哲学研究是我们首先要进行的。而生态学的批判是针对今天经济全球化所产生的诸多危机、诸多问题和观念的分析与批判，其本质就是用生态哲学的基础理论分析、解剖、批判今天现实中存在的诸多问题，为走向生态文明清除障碍。

　　因此本篇以下列五章的内容，用生态哲学理论研究人类生存与发展及其所存在的问题。第十五章"人类文明的生态历程"，第十六章"生态学的现实批判"，第十七章"人的维度的研究专题：'看'的生态哲学解析"，第十八章"技术维度研究专题：大数据的生态哲学解析"，第十九章"生活维度的研究专题：休闲的生态哲学解析"。

第十五章　人类文明的生态历程

我们所在的这个宇宙，以时间的历史展现着过程故事的丰富内涵。在地球的新生代出现了人类，产生了人类文明。人类文明在地球的过程中演绎着现实历程，从古代、近代，走入现代，并朝向未来。人类文明在地球生态系统的时空演绎中现实存在，在人类的历史中我们经常会看到，技术和文明最发达的，并非那些常年为溽暑困得丧失活力的地方，而是与冬天的刺骨严寒做斗争的地方。① 人类的故事同时也丰富了地球时空演绎故事本身，人类故事源于地球，属于地球，也丰富了地球本身。地球生态系统的运行居高临下地支配着人类试图控制生态系统循环的行为。如果我们能够开始学会理解地域空间的力量，学会理解在这种力量之下的人类的故事，我们就能获得根本性的改变。②

第一节　自然的故事演绎出人类的文明历程

宇宙就我们所知已经存在约 138 亿年，超出了人类的理解能力。宇宙是银河系的存在背景，银河系是太阳系的存在背景，太阳系是地球的存在背景。以我们的理解，地球的地质-生命历史有三个篇章：远古地球（冥古宙、太古宙、元古宙）的地质-生命发生过程、古生代和中生代的地质-生命发展过程、新生代的地质-生命繁茂过程。人类社会诞生于地球生态系统，从属于宇宙大背景。人类从自然中走出。

人类社会现在所在的新生代，是地球地质-生命繁茂昌盛的时代，它始于约 6500 万年前，在新生代，哺乳动物和被子植物繁荣。地球故事，经历了数十亿年的演绎，演绎出辉煌的成就，亿万种生命曾经来到这个世界，又灭绝了。人类，是地球共同体最美丽的生命之花。哺乳动物进化出敏锐的情感，能用神经系统去感知世界，发展自我意识，特别是人类的意识。人类就是高级的哺乳动物。人类的出现是新生代甚至是地球

---

① 〔德〕赫尔曼·哈肯：《协同学——大自然构成的奥秘》，凌复华译，上海，上海译文出版社，2013，第 11 页。

② Gelder L V："The Philosophy of Place—The Power of Story"，*Call To Earth*，2003，4(1)，p. 12.

自产生以来最突出的历史事件。人类的产生是地球伟大的创举。200～300 万年前，古猿站立起来，解放了双手。约 200 万年前，能人自由的双手会利用地球的物质制造工具。大约 150 万年前，直立人控制了火，学会了利用贮存在树枝中的太阳能。① 脑容量与现代人接近的智人，在东非的化石（距今约 15 万年前）中可见其足迹。从此，地球的陆地给农业提供了生存的根基，地球的水是人类水利建设的渊源，树木使人类有了林业，动物也让牧业的发展有了可能。人类文明的演化进程包括了生态环境在内的自然要素。② 这也是对文明的生态史维度解读。

人类社会诞生于地球生态系统，社会与自然有着紧密的生态关系，同时社会本身也是一个社会生态系统。正如农业革命及第一次城市革命在 1.9 万年前冰川期结束后才逐渐发生，在很大程度上源于冰川的消退、生态环境的改变，为人们的生存、劳动与生产提供了较为适宜的环境。城市、文明及其多样性具有深刻的人文空间性、人文地理性。③ 人类凭借着劳动和技术在地球生态系统中展现着创造力，讲述着人类的地质-生命故事。我们以人类文明中心的历史变迁过程解读人类社会生态系统与自然生态系统的密切关联。我们能够追溯的有记载的人类历史是与七条大河密切相关的四大古文明，即古埃及、古巴比伦、古印度和中国，除了中国，其余三个文明都已经中断。只有古埃及文明定居于一条大河——尼罗河，其余都是两条大河。④

第二节　地球故事里讲述的人类文明的古代历程

今天的西方文化可以追溯到古希腊，这是具有商业性质的海洋文明。古希腊人生活在以爱琴海为中心的周围地区，只有北部与欧洲大陆相连，这一地区似乎是欧洲同时伸向亚洲和非洲的一丛触角，而古代非洲文明的中心古埃及和亚洲最古老的古巴比伦文明正处于它的面前。爱琴海中点缀着星罗棋布的大小岛屿，这种地理不仅形成了众多的大小城邦国家，也使商业在经济中居重要地位。只产葡萄和橄榄的岛屿需要粮食，与巴比伦和埃及两大粮仓的贸易成为古希腊的必需。农业文明的生成与定居

---

① Swime B, Berry T: *The Universe Story*, New York: Harper Collins Publishers, 1992, p. 11.

② 吴乌云格日乐、包庆德：《生态史观：梅棹忠夫文明史演进的生态维度》，《自然辩证法研究》2019 年第 12 期。

③ 陈忠：《城市社会：文明多样性与命运共同体》，《中国社会科学》2017 年第 1 期。

④ 亚特伍德：《人类简史：我们人类这些年》，北京，九州出版社，2016，第 17 页。

密切关联，而商业贸易却是行走、流动的海外活动。海外活动开阔了古希腊人的眼界，也开启了人类通向海洋文明的大门。商业的迁徙活动把丰富多彩的不同大自然展现给人类，为研究自然的科学奠定了基础。当古希腊人以征服者的身份和态度来支配和对待近东地区的文明果实的时候，他们的聪明才智把人类文化推向极致，生成了现代科学的历史源流。征服使整个希腊和近东的社会在分化重组中产生了新的需要，为科学和技术的进步辟出了伸展的余地。这种以商业为基础的文明，发展到今天以资本全球化的形式遍布地球的每一个角落。

古希腊文明决定了人类第一个科学和文化中心的生成。强调多元文明的塞缪尔·亨廷顿认为，每一个文明都把自己视为世界的中心，并把自己的历史当作人类历史主要的戏剧性场面来撰写。与其他文明相比，西方可能更是如此。[①] 亨廷顿一方面肯定了人类文明中心存在的事实，另一方面也肯定了人类文明中心具有人心所向的性质。这种人心所向就是人类在用生命讲述着时间的历史，即人类的故事是地球的地质-生命的内涵。亚历山大在位时，马其顿王国的版图囊括了整个尼罗河、底格里斯河和幼发拉底河，以及爱琴海沿岸的地中海中东部大部分地区。他用自己的名字在埃及北面地中海沿岸建立了一个城市——亚历山大，这个城市面向地中海，越过地中海，西北方是雅典，东北是古巴比伦，它兼具古希腊文化的气质。古希腊人值得自豪的科学从此也不再仅仅同自己的本土密切联系在一起，富庶和相对安定并重视科学的埃及托勒密王朝的首都亚历山大城，也吸引着这个时代的伟大科学人物。[②] 在古希腊所产生的科学精神，经过 14～16 世纪欧洲的文艺复兴得以发扬、发展，并成为科学技术的基础，影响着现代的精神世界。

随着时间的流淌，另一个人类文明中心的出现是古罗马在人类的历史进程中书写的地球的地质-生命故事。罗马在人类的历史中两次利用其地域优势，第一次是建立罗马帝国，第二次是文艺复兴和科学革命。亚平宁半岛向南直插地中海中部，东部跨过亚得里亚海就是巴尔干半岛，西南部有西西里岛，与北非海岸很近，地中海似乎被它一分为二。它的东部是希腊，西部是非洲海岸和西班牙。在半岛北部，穿过阿尔卑斯山就进入法国南部。半岛上气候温和，雨量充沛，适于畜牧、农耕。在这种地域的优势基础上，古罗马运用军事力量和老练的外交手段，征服了

① 〔美〕塞缪尔·亨廷顿：《文明的冲突与世界秩序的重建》，周琪译，北京，新华出版社，2010，第 33 页。

② 王鸿生：《世界科学技术史（修订版）》，北京，中国人民大学出版社，2001，第 63 页。

四分五裂的古希腊，后又占领了埃及。公元前 27 年罗马帝国建立，它是横跨欧亚非三洲的环地中海大帝国，罗马成了帝国的中心，既是地域上的，也是政治上的，地中海成了它的内湖，西方世界出现了一个统一的版图巨大的国家，使这块战火纷飞的地区得到了数百年的和平发展。广阔的地域、不同地区和不同种族的帝国臣民，使帝国的统治面临艰巨的任务。帝国初期的公共工程建设和管理必须全力以赴。正因为如此，古罗马人表现出了对技术的重视，并且创造出了值得骄傲的成就。大型的公共浴池、给民众输水的输水管、巨大的角斗场、条条通向罗马的大道成了帝国的标志。

如果说古希腊产生了科学精神，古罗马则给现在的社会提供了社会技术。罗马给现代社会留下的不只有凝固历史的建筑，还有历法、法律、管理社会的技术，甚至基督教。今天的历法就是从古罗马沿用至今并且全世界通用的。土地和债务问题始终是引起内部斗争的焦点，这促进了古罗马法律制度的改革和完善。罗马法的伟大成就登峰造极，以至于成为现代社会珍贵的法律遗产。环地中海帝国的地域的庞大，自然使帝国呈现多民族、多种族、多文化。很多地域造成了"外国人"统治的局面，这个"外国人"就是古罗马人。古罗马人的政治才干就诞生于这种庞大的帝国统治中。罗马帝国的统治熄灭了古希腊人哲学思维的理性之光，社会底层的苦难大众生活更加艰辛，他们不需要哲学，需要宗教。宗教可以安慰他们苦难的心灵，慰藉可以帮助他们在苦难中生活。从此，基督教走向强大。

随着西罗马帝国的灭亡，西方陷入中世纪的黑暗，而在东方，农业文明一直存在着，随着时间的脚步在历史中的前进，人类文明的中心以"唐宋盛世"显示在地球的故事里。大自然的厚爱使得中国人懂得顺应天时，天地人有机整体的思想一直是中国哲学的根本。中华文明自秦汉时代就进入农业经济发达的社会，成为封建大帝国。进入唐宋时期，西方的发展跌入战火不断的中世纪黑暗，东方的唐宋文明成为盛世中心出现在地球上。当世界航海事业不发达时，人类文明的中心在中国，[①] 虽然朝代有所变化，但是中华文明绵延不断地发展到近代，并没有像其他文明一样随着中断。中华文明不断裂形成了中华"核心文化基因"[②]，另外，中华文明以农业为基础，农业的稳定也使得这一文明成为迄今人类历史

---

　　① 焦丽：《岛国地理环境对英国文化的影响》，《中小企业管理与科技（下旬刊）》2010 年第 10 期。

　　② 刘庆柱：《中华文明五千年不断裂特点的考古学阐释》，《中国社会科学》2019 年第 12 期。

上最为悠久的传统社会形态。也正因如此，当西方以文艺复兴为转折进入科学革命时，中华文明没有成为现代科学之源。

第三节　地球故事里的人类文明近代历程

14～16 世纪，地球的地质-生命过程中出现的又一个人类文明中心还是罗马。罗马第二次应用自己的地理优势，以文艺复兴使西方从中世纪醒来，人类开始了近代文明的旅程。由于古罗马庞大的地域以及那个时代技术的落后，具有不同信仰的人在地理上长期彼此隔离，很难完全以和平交往的方式相互充分理解，更难达到平等基础上的宗教宽容。[①] 后来，地球上东方的宗教大体是佛教，中东部是伊斯兰教，西方是基督教。中世纪，伊斯兰教与基督教的冲突，以及基督教的天主教与东正教的冲突，导致地中海东部地域战火纷飞。亚平宁半岛由于其直插地中海中部的地理位置，使得很多逃避东方战火的人们，也包括很多携带古希腊典籍的学者，都奔向亚平宁半岛，也就是今天的意大利，为那里的文艺复兴火焰准备了干柴。地中海的暖阳、蔚蓝的海水、半岛的和风沃土，这个需要巨人又产生巨人的地方给天才的创造力提供了尽情舒展的空间。地中海的阳光赋予温暖，意大利人也热情洋溢，开放性的思维不仅产生艺术创造，敞开怀抱、敞开思维与自然沟通的能力也更多地展现，认识自然的科学从此走上独立的发展。文艺复兴、宗教改革、科学精神，这些都是人类社会过程之中的内涵，当然也属于地球的生命过程之中的内容。这种生命过程的表现，使意大利半岛再次显示了地理的优势。这是地球的地质-生命过程。文艺复兴时期，意大利是欧洲的文化和科学中心，技术进步也最快。[②] 发生在意大利的科学革命使得我们把现代科学的诞生定位在伽利略生活时代。

地球步入了朝向现代的地质-生命过程，英国以其地域生态优势启动了工业文明，使又一个人类文明中心出现在地球上。英国是岛国地理，东近欧洲大陆，四面环绕的大西洋成了"护城河"，因受到海洋暖流的影响，终年温和湿润，冬暖夏凉，夏天没有地中海那烤人的炙热太阳，冬天没有寒冷的冰霜，却有着充沛的降水而地形又崎岖不平，于是造成了颇为密集而水量丰富的河流网，这利于农作物生长和航运业发展。在航

---

① 王鸿生：《世界科学技术史（修订版）》，北京，中国人民大学出版社，2001，第 114 页。
② 李世雁：《地球的地质-生命过程之中的技术-社会过程》，《自然辩证法研究》2005 年第 1期。

海技术落后、现代武器出现以前的时代，大西洋这个"护城河"为英国提供有利的保护使其免受战争威胁，这种安全保障让英国人很容易获得自信。当欧洲大陆战火纷飞时，这个岛国获得了和平发展，生活在这样的岛国使英国人有着无限的骄傲。除了自信，岛国的地域生态使他们不像意大利人那样热情洋溢，却有着顽强与独立。在科学独立发展并建立体系的基础上，这种自信与独立让英国人发明了蒸汽技术体系，把人类发展推向现代旅程。意大利人的开放让他们用科学与自然沟通，英国人的自信帮助他们用技术打开自然的大门。在英国的土地上，基于生产方式的革命性变革——工业革命让工业文明超越了农业文明。

英国由于地理位置的优势，在蒸汽动力技术的帮助下，打开了通向各殖民地的航路走向全球，成为文化、科学、技术的中心。英伦三岛，东面横越大西洋是欧洲大陆，向西隔大西洋与美国、加拿大遥遥相对，从好望角到印度洋再到太平洋是走向亚洲的道路，这是地球赋予英伦的地域优势；另外，蒸汽技术体系的工业革命武装了航海，这才成就了英国人的地理大发现，讲述了人类社会生命故事的辉煌。海上力量强大起来之后，英国又参与欧洲的政治、经济活动，进而控制某些国家，迅速强盛起来。重要的地理位置促进了它的发展，伦敦很快成为世界的贸易中心，英国迅速发展成为"世界工厂"。① 英国开启了工业文明，也开启了经济全球化的历程。16 世纪至 20 世纪初，英国对外的殖民侵略扩张，使其成为近代最大的殖民国家，其殖民地遍布全球，以至于一天 24 小时内太阳所普照的地球表面上都有英国殖民地，所以英国被称为"日不落帝国"。这是一个效法罗马帝国的侵略扩张，可是罗马帝国只是环绕地中海而已，而英国的扩张却遍布整个地球，把英伦三岛变成了地球的文化中心，也使人类的故事出现了世界性的篇章。对英国人而言，欧洲大陆是其身后的历史，也是人类故事的过去，远方的新大陆——美洲的沃土是其前进的希望，同时也是人类故事的未来走向。身后的欧洲是历史，前方的美洲是希望的未来，这是他们的追求。

英国开启的"工业文明"的基本特征是"制造"，它是从生态系统中选取个别的自然物，并把这些自然物从系统中割裂出来，并按照人的目的重新组装出一个新的"人造物"。因而"制造"本身是用"人为的秩序"取代"自然秩序"，这个过程是以对自然生态系统的破坏为前提的。因此如果

---

① 焦丽：《岛国地理环境对英国文化的影响》，《中小企业管理与科技（下旬刊）》2010 年第 10 期。

这种文明过度发展，就必然造成自然生态系统的危机。工业文明开始在全球扩展，步入现代，拉开现代文明的帷幕，同时已经蕴含了自身难以解决的西方现代文明的危机。

第四节　地球故事里人类文明现代历程与未来走向

人类文明走入现代社会，依然体现为地球的地质-生命过程，以现代文明讲述着现代技术世界里的故事。现代技术已经无可争辩地使人类以深刻和灾难性的方式成为地球的地质之力，人类的这种力量影响了全球性的环境改变。[①] 美国利用自己的地域优势，凭借着所拥有的高科技，逐渐成为世界发展的中心。美洲的辽阔土地展现着蓬勃的生机，美国东边是大西洋，西边是太平洋，决定了航海的港口地理优势。美国在世界上很多地方有驻军，美国效仿罗马帝国、英国而追逐着当代世界帝国的地位。

美国文明是建立在石油基础上的石油文明，是工业文明的继续发展。第二次工业革命的内燃机，以地球所提供的石油为能量物质基础；以铁路、公路和飞机向全世界扩展为标志的交通运输革命，同时也推动了建筑业的发展，导致了许多服务性行业的产生。大马力的柴油机是20世纪战争中的坦克、农场中拖拉机、海洋上的舰艇及大多数重型机动车辆的动力心脏。复杂的现代技术所支持的交通网络不仅突破了大西洋、太平洋的限制，也一定程度上突破了地域的空间限制。[②] 美国农业的高产依赖于大量的以石油为基础的能量投入，但是如果你计算美国农产品生产的总花费，会发现它的"收入"是负的。20世纪70年代，美国生产1卡路里食品要花费3.5卡路里的能量。货币是人类经济系统的通货，而能量是生态系统的"通货"，美国的农业从经济学上看是经济的，但从生态学上看是不经济的。[③] 2021年，全球市场对于能源的需求明显反弹。全球

---

①　Lahikainen L，Toivanen T："Working the Biosphere：Towards an Environmental Philosophy of Work Lauri"，*Environmental Philosophy*，2019，16(2)，p.359.

②　李世雁：《地球的地质-生命过程之中的技术-社会过程》，《自然辩证法研究》2005年第1期。

③　卢风、曹小竹：《论伊林·费切尔的生态文明观念——纪念提出"生态文明"观念40周年》，《自然辩证法通讯》2020年第2期。

能源风险持续加剧。[①] 自 2021 年 1 月以来，全球原油价格一再上涨，截至 10 月下旬，布伦特原油价格突破了 86 美元/桶。到了 2022 年 1 月 5 日布伦特原油价格最高价还是高于 80 美元/桶。当前，油气煤集体短缺、电力供应持续紧张、能源价格飞速飙升，能源危机正席卷全球。能源危机不仅是人类生存发展已经面对的环境问题，而且世界上各种矛盾冲突都与此密切相关。各种社会冲突、社会问题都是地球上的生态危机、环境问题在不同层面的反映，其程度是地球自新生代以来最为严重的，这是新生代面临终结的危机。这也是工业文明产生的危机，解决危机需要一种新的文明取而代之，这种新的文明就是生态文明。但是，工业文明不能自发地产生出生态文明。

走向生态文明是解决人类所面临危机的必由之路。因为我们生活在一个地球村里，生活在历史与现实交汇的同一个时空里，越来越成为你中有我、我中有你的命运共同体。[②] 在太空中回望我们的家——地球，会发现它是一个蓝白相间的、闪烁着光亮的星球，有棕榈色陆地、宽广无垠的蓝色海洋、旋转涡动的白云。一个活生生的星球被空旷无边的黑暗所笼罩。人类认识到，在浩瀚的旷宇之中地球是一个小而脆弱的球体。[③] 这让我们体会到世界是一个世界，我们都生活在一个世界里。每一个人都是地球共同体的成员，将和地球一起走向生态纪元的未来。[④]

生态文明这一词语在汉语里生成是地球过程故事的继续，是人类历史与现实的交汇，是东方文明与西方文明的交融。中国是地球上最大的大陆——欧亚大陆的一部分，用英国学者麦金德的话来说，欧亚大陆位于世界顶端，作为全球发展"心脏地区"决定着世界发展历史。[⑤] 中国是四大古文明中存续时间最长的，到了近代依旧是悠久的传统社会形态。在世界历史上，具有 5000 年文明历史的地区与国家并不少见，甚至有些地区还有更为久远的文明历史，如两河流域、埃及等，但是世界上有着

---

① 刘燕春子：《全球能源风险持续加剧——访中国银行研究院院长陈卫东》，《金融时报》2021 年 12 月 28 日，第 8 版。

② 中共中央宣传部：《习近平新时代中国特色社会主义思想学习纲要》，北京，学习出版社、人民出版社，2019，第 208 页。

③ 〔美〕唐纳德·沃斯特：《自然的经济体系——生态思想史》，侯文蕙译，北京，商务印书馆，1999，第 415 页。

④ 李世雁：《地球的地质-生命过程之中的技术-社会过程》，《自然辩证法研究》2005 年第 1 期。

⑤ 〔英〕麦金德：《历史的地理枢纽》，林尔蔚、陈江译，北京，商务印书馆，2010，第 59 页。

"5000 年不断裂文明"历史的国家只有中国。[①] 五四运动之后，中国的历史的步伐追赶着现代西方科学思维的脚步，经过 100 多年的发展，以中国特色社会主义市场经济加入经济全球化的过程之中。今天，中国积极推动丝绸之路经济带的建设，实际上是建立横跨欧亚大陆"心脏地带"的和平之路，这对解决整个中亚地区的发展困境，建立稳定的世界秩序有重大意义，是中国甘当重任、成为全球性大国的标志性事件。[②] 西方的现代文明，起源于古希腊，其文明的中心在人类历史过程中一路向西，从亚平宁半岛为中心的罗马帝国、大西洋"英伦三岛"的英国，再到今天大西洋和太平洋中间的美国，这种西方文明在中国的地域上产生了东西方文明的交融，也演绎着文化跨越的故事。文化跨越可以用文化间性这一词语来表达，文化间性这个词代表一种态度，代表一种信念，没有一种文化是全人类普适的文化。跨文化主义的精神赞成多元主义价值，也不破坏个人对自己地位的承诺。[③] 这是文明的生态展现，也是历史与现实的交汇。生态文明就是人类即将展开的地球故事。

　　然而，在历史与现实、东方与西方的交汇中，文明的冲突不可避免，甚至会更严峻。如果说工业文明对农业文明的超越建基于生产方式的革命性变革即工业革命的话，生态文明对工业文明的超越则不可能仅仅局限于生产方式内部的变革，即便是工业的生态化变革也不是一个单纯的技术问题。[④] 发展越快问题肯定越多，中国现在的市场经济的发展存在诸多问题，所引发的现实危机有着诸多根源，其中之一就是思维，有的思维是西方的、原子的、还原的思维，不接受中国的有机整体思维。生态文明可以为解决这些危机提供出路。生态文明是对工业文明的彻底转型。这种转型不是 180 度的掉头，时间是一维的，不可逆；可以理解为90 度的转弯。工业文明是一种全球性的文明，生态文明同样也必须是全体人类的未来。[⑤]

　　今天文明的冲突把西方开启的全球化转变为全球危机，2020 年新冠肺炎疫情的全球爆发按下了人类飞速发展的暂停键，人类文明历程的转

---

　　① 刘庆柱：《中华文明五千年不断裂特点的考古学阐释》，《中国社会科学》2019 年第 12 期。

　　② 李晓岑、周绍强：《气候与"心脏地带"》，《自然辩证法研究》2019 年第 8 期。

　　③ Pozzo R，Virgil V："Social and Cultural Innovation：Research Infrastructures Tackling Migration"，*Diogenes*，2017，6，p.3.

　　④ 衡孝庆：《论生态融合》，《自然辩证法通讯》2020 年第 2 期。

　　⑤ 田松：《"发展"的反向解读——生态文明的三种理解方案》，《自然辩证法通讯》2018 年第 7 期。

折点已经到来。每一个人都处在人类命运共同体之中，每一个国家、每一个组织、每一种社会和文化从此之后都要开始面对一种不同的世界、不同的发展方式、不同的生活交往方式。小小的病毒，改变了世界，影响了经济，也考验着文明。

在这一转折的时代，每一个中国人在自己的生态位上尽自己的微薄之力，在应对新冠肺炎疫情的努力中万众一心、协同行动，个体的作用虽然微小，可是融入整体之后产生了辉煌的创造力，以致抑制了病毒的自由传播。这是每一个中国人自愿配合地限制了自己的自由并在自己的生态位上抑制了病毒的自由传播。生命第一，生命至上，这是中国人的信念，在中华文明里，每一个人都深刻理解生命的意义。这样，才使协同创造力发挥重大作用。

美国作为现代文明高度发展的代表，它集中了丰富的人、财、物。它是世界上人才最多的国家，也是财富最多的地方，美元在世界上居于主导地位，它的资源又是极其丰富的。可是，小小的病毒却让它陷入严重的危机与混乱。病毒给地球文明按下了暂停键，每一个民族、每一个国家、每一种文明都应该好好思索，人类到底要走向何处。我们同属于人类命运共同体，我们共同生存在地球共同体之中，生态的自给自足、生态位的强调会顾及地球的承载能力。人类的明天应该是有希望的生态文明。

第十六章　生态学的现实批判

　　生态学是生态哲学理论的科学基础之一。经过一个多世纪的发展，生态学已经从研究一般生物与环境相互关系的学科演变为现代的包括人类自身在内的生命系统与环境系统的相互关系的科学。现代生态学从自然科学领域的生物学范畴发展为一门横跨自然科学与人文科学两大领域的交叉学科。从生物学发展来的生态学，本属于自然科学，但生态学反对现代的、机械的科学，这就是生态学的批判，它以关系、依赖、有机和整体的性质批判了机械的现代性科学和现代观念，以生态人批判经济人，以生态学的哲学理念批判了资本逻辑下的市场经济的诸多问题。

第一节　生态学对现代科学的批判

　　生态学以"同感"批判了科学的客观性。科学的一个重要标志就是客观性，科学一直追求客观的知识，舍弃主观。现代科学认为自然界就像一架完美的机器，否定了自然之间的情感和个性。但是从生态学的角度来看，自然界中，无论是动物、植物和人都是有相同感情的，不应该用科学客观的态度来看自然。就如唐纳德·沃斯特所说："对自然的真正认识，必须是一个反省的过程。洞察内心，就是洞察宇宙，就是要'以自然观察自然'，是像梭罗那样来看待自然。"[1]梭罗对于自然的理解，总是用爱和同感这些词，爱是对于自然界与我们内心之间统一的感觉，同感是一切生命都能够彼此感受到在一个统一的有机体内。而科学总是追求客观，并且认为同感是不能被证实的。但事实上，同感的存在是自然界和谐统一的重要力量。

　　生态学以丰富的语言描述批判科学的抽象语言。科学的语言是客观的、逻辑的、数学的、抽象的。科学的陈述包含假说和预设[2]，当科学

---

　　① 〔美〕唐纳德·沃斯特：《自然的经济体系——生态思想史》，侯文蕙译，北京，商务印书馆，1999，第117页。

　　② Myhr A I, Trravik T："The Precautionary Principle: Scientific Uncertainty and Omitted Research in the Context of GMO Use and Release"，*Journal of Agricultural and Environmental Ethics*，2002，15(1)，p.73.

的解释不能够获得足够的知识来得到正确的概括时，为了寻求普遍性，就产生假说和预设，这可能对事物的判断产生不利影响。生态学以优美的文学语言弥补了科学语言的不足，以诸多可能性批判了科学陈述的预设和假说。文学生态学将生态学与文学结合起来关注自然的生态，文学原本充满情感地描写自然，生态学借助文学的语言批判科学语言的抽象性、片面性，批判科学只对自然中的某一事物、某一方面进行探索，对事物进行分门别类的研究。生态思想家以反思的精神，充满爱和情感的语言来描述这个世界上最有活力最神奇的生命之网。自然界是一个有活力的有机体，人类、动物、植物、河流、山川都能够表达自己的情感，都是智慧的主体，自然世界是一个充满交流的共同体。正如托马斯·柏励所说，自然是主体的交流而不是客体的堆积。① 生态思想家帕特里克·怀特也总倾向于以一个"哲学家"的角度去考察自然，就是描述"生命以及动物间的交谈"。②

　　生态学以有情感地对待大自然批判了科学对待大自然的无情，批判了"科学对自然的祛魅"。近代牛顿力学强调自然是一个大的机器，不是一个有机的统一体，自然是一个完全由没有生命的物质组成的冷冰冰的世界。自然与人类的感情保持严格的距离，自然被祛魅即去神圣化、非价值化和非道德化。自然被人类控制和支配不仅是可能的，更是有科学支持的。③ 自然本来具有的生机勃勃，具有的内在价值、内在创造性都被机械的科学所祛掉。生态学认为自然是神秘的，对自然这种神秘感保持一种欣赏的态度，是因为自然是一个有着宇宙血缘的家庭，对自然的合适的审美回应就是一种神秘感。④ 这种神秘使得大自然成为一个充满活力与生机的快乐王国，鸟儿会唱歌，鱼儿会跳舞，蚂蚁会战斗，还有着许许多多热情观众。18世纪的吉尔波特·怀特对自然怀着像对上帝一样深切的尊敬，从他童年起就对土地和动物充满感情，他尊重每一个生命个体，尊重充满生机的整体。生态思想家梭罗认为自然界中的树木的生长是协调的，水里的生物、空中的飞鸟等互相之间都是有着深厚的情感的，包括一些深层生态学家都认为所有的物种都具有内在价值，无论

---

① 〔美〕托马斯·柏励：《生态纪元》，李世雁译，《自然辩证法研究》2003年第11期。

② 〔美〕唐纳德·沃斯特：《自然的经济体系——生态思想史》，侯文蕙译，北京，商务印书馆，1999，第25页。

③ 关锋：《生态学：两种自然观的冲突与融合》，《华南农业大学学报（社会科学版）》2010年第2期。

④ 〔美〕艾米莉·布拉迪：《自然壮观和环境伦理学》，李亮译，《南京林业大学学报（人文社会科学版）》2013年第1期。

人还是动物都是平等的[①]，都会清楚自己在某个职位上的某种作用，因此，生态思想家担心自笛卡儿、培根以来的科学的过分专门化会影响到这美丽的大自然。

生态学以爱自然的智慧批判现代科学贬低生命。科学所具有的客观性特质已经深深印入科学家的意识之中，在科学家眼里，动物就是实验的对象，没有生命、精神可言。科学家们可以直接把动植物拿到实验室进行研究，不需要考虑对自然、人类、动植物本身产生的影响，只顾他们想要得到的实验结果。生态学主张维护平等对待的原则，探究我们应该以同样的方式去尊重动物和我们类似的特征。如果给人类增加痛苦是不好的，那么，就应该抛开差异，以同样的态度对待动物和植物。利奥波德的生态思想表明，我们不仅依靠我们的人类同胞，也依赖地球、森林和生态系统。正如克里考特所说，所有的个体、物种和生态系统都有内在价值，这种内在价值对于它们自己是至关重要的。如果一个东西意味着它只有工具价值，那就不会成为我们关怀的对象。[②] 梭罗说，森林中的世居民族被认为是野蛮的，但是他们在森林里自由自在，和谐完美，他们的存在并没有给大自然带来伤害，他们是"生命中的生命"，这是他们的智慧，也是生态学的智慧，事实上，标榜着"充满智慧的我们"更应该去学习生态学的智慧。不管是黑猩猩还是人，都是我们大自然的生命，都是生命之网中的一员，都是生命中的生命，我们更应该爱生命，爱自然，爱我们共同的家。

生态学以肯定大自然的智慧消解了独断理性主义。科学对理性的推崇导致了独断的理性主义。独断的理性主义是现代文明的一种指导思想，由于科学所取得的辉煌成就，科技自身日渐富有"神性"，有时甚至会被赋予类似"上帝创世"的功能，以致任何一个人必须接受科学的世界观，否则就是无知、愚昧。普通人的认识权利被剥夺，只能接受来自科学家的观念。[③] 科学相信人们可以凭借理性的力量掌控自然界，进而创造无限的财富。因为只有人具有理性，理性是人独一无二的特质，自然中的其他生命没有这种特质，也就没有智慧。生态学肯定自然界非人类的生态智慧。正如托马斯·柏励所指出的，具有灵魂、具有精神的生物机能

①　Jacob M："Sustainable Development and Deep Ecology：An Analysis of Competing Traditions"，*Environmental Management*，1994，18(4)，p. 480.

②　Steen W J："Ethics，Animals and the Environment：A Review of Recent Books"，*Acta Biotheoretica*，1992，40(4)：p. 342.

③　付广华：《民族生态学视野下的现代科学技术》，《自然辩证法通讯》2018年第9期。

肯定了自然的智慧，每一生命的存在都被定义为具有灵魂的存在。自 17
世纪笛卡儿以来，在对待生命的态度中，在与地球上非人类的关系中，
西方人一直都是封闭的。① 这就是由独断理性主义所导致的结果。生态
学肯定自然中的每一个个体都有生态位，都有不同的创造力，除了人类
理性，大自然中还有其他智慧。人类不可能通过这种独断的理性穷尽大
自然的所有奥秘。

　　生态学批判科学把数学看作是万能的工具。笛卡儿说："我坚信它
（数学）是迄今为止人类智慧赋予我们的最有力的认识工具，它是万物之
源。"②由此人们把自然完全看作是一个量化的数学的世界。但是，科学
把数学看作万能的工具是错误的。数学所处理的那种非现实的事物，与
具体的感性直观无关，也和哲学毫不相干。在那样一种非现实的要素里，
我们发现的只是非现实的真理，固定的、僵死的命题。数学处理的只是
数量，而数学是一种不触及本质的差别形式③，它与情感无关，与精神
无关，与生态需要无关。生态学批判数学工具的万能性，认为数学无法
认识有机体的动态过程，无法认识有机体的感受性、激动性和再生性。
有科学家通过数学计算的方法计算出所有人类在 7000 年前到 5000 年前
有一个共同的祖先④，实则这是不可能的。生态学认为整个自然是相互
联系、相互影响而形成的有机统一整体，处于永恒的变化、发展、创造
过程之中，一切事物都有诸多的可能性，这就要求生态学从多维度、多
角度来对事物进行分析。

　　生态学以有机的共同体批判"室内科学"。科学通常把自然界的有机

---

　　①　〔美〕托马斯·柏励：《生态纪元》，李世雁译，《自然辩证法研究》2003 年第 11 期。
　　②　转引自〔美〕杰里米·里夫金、特德·霍华德：《熵：一种新的世界观》，吕明、袁舟译，
上海，上海译文出版社，1987，第 16 页。
　　③　〔德〕黑格尔：《精神现象学》上卷，贺麟、王玖兴译，北京，商务印书馆，1981，第 29
页。
　　④　美国 2006 年出版的《自然》杂志载文：数学推算 5000 年前人类是一家，全球人类拥有
一个共同的祖先。科学家史蒂夫·奥尔森，根据数学的推算结果得出全体人类的祖先只有一个。
他认为，通过数学方法，我们可以肯定这个人是存在的。奥尔森建立的复杂的系谱树模型显示，
如果你回到 5000 年前至 2000 年前，你可能就会碰上这么一个人，目前在世的所有人都可以算
是这个人的后裔。如果继续推演到约 7000 年前到 5000 年前的话，那么当今的每一个人在那个
时候的祖先就完全重合了。正如每个人有 2 位父母，4 位祖父母，8 位曾祖父母。若一代一代推
算下去，之后的数字就是 16、32、64、128 等，用不着往前几个世纪推算，你已经有上千个祖
先。推到 15 世纪，你已经有 100 万位祖先，但是事情永远不能够简单地用平均数来解释。许多
生活在公元 800 年的人没有后裔，这些断嗣的人不会出现在我们的系谱树上，另一些人出现的
次数要超过 5000 次。这样推算下去，将有越来越少的人出现在全体人类的系谱树中。通过数学
推算，到了某个时点，将不可避免地有一位祖先至少在每个人的家谱中出现一次。（源自新浪
网：http://news.sina.com.cn/c/edu/2006-07-08/09259404116s.shtml）

体拿到实验室来研究，并通过科学仪器进行检验，这种方法虽然有助于提升我们的认识，但和以生命来现量实证是两回事。生态学虽然基于实验室创造的条件，但是与实验室相关的假定不能涵盖整个真实、复杂的生态环境。① 生态学尽量将实验过程"搬"到自然界中，在"自然条件下"对实验对象进行研究，获得自然状态下的认识。② 这正是生态学对于科学实验这种室内科学的批判。正如生态学家沃斯特所说："在屋子里，思想和肉体一样都被隔绝在生气勃勃的生命潮流之外，而如果长期禁锢在屋里，就会丧失了一切属于自然状态的意识。"③生态学总是把自然界看成一个活生生的有机整体，整个宇宙都是一个充满创造性的共同体。共同体是一个整体进化的选择，无论是吃草的牛、吃木的白蚁还是其他生物的发展，若没有肠道共生体，就无法生存下来，大自然的一切生命都是一个进化的共同整体。④ 再有，与生态学一起构成生态哲学科学基础的量子力学，其中的测不准关系理论认为，主体和客体是一体的，主体在认识客体时，二者相互影响，相互作用。自然界中一切有机体都处于变化发展的共同体中，生态学认为整个宇宙就是一种面向新颖性的创造性进展，而不是一种稳定的形态学意义上的宇宙。⑤

生态学不仅批判了科学存在的诸多问题，也批判了科学技术万能论。生态学从科学中发展出来，它本身也是科学，但是它的理论对科学所存在的诸多问题的批判使得它被称为"颠覆性"的科学、"反叛性"的科学。现代科学经过数百年的发展取得了辉煌的成就，由此，也就产生了科学技术能够解决所有问题的科技万能论。这种观点认为，科技不仅能够无限进步，而且正使人类知识日益逼近对宇宙所有奥秘的完全把握，并使人类越来越能随心所欲地改造环境。⑥ 它告诉我们如果社会发展面临资源短缺的问题，可以利用科学技术找到更多的资源。但事实并不那么乐观，如太阳能的利用，虽然说降低了其他资源的消耗，可是在生产太阳能板时要消耗更多的能源；还有转基因技术的发明，虽然说解决了粮食

① Smith J："Nice work-but is it science?"，*Nature*，2000，408(6810)，p. 293.
② 肖显静、林祥磊：《生态学实验的"自然性"特征分析》，《自然辩证法通讯》2018年第3期。
③ 〔美〕唐纳德·沃斯特：《自然的经济体系——生态思想史》，侯文蕙译，北京，商务印书馆，1999，第125页。
④ Chiu L, Gilbert S F："The Birth of the Holobiont：Multi-species Birthing Through Mutual Scaffolding and Niche Construction"，*Biosemiotics*，2015，8(2)，p. 193.
⑤ 杨福斌：《怀特海过程哲学思想述评》，《国外社会科学》2003年第4期。
⑥ 卢风：《经济主义批判》，《伦理学研究》2004年第4期。

产量的问题，但却被指出会对人体造成伤害。科学技术给人类带来方便的同时也对生态系统及其成员造成伤害。生态学倡导一种整体主义的思想，它认为宇宙也是生态的，科学技术与宇宙中的万物相互依存，紧密联系，共同处在有机生态共同体中，这也就是说科学技术不是万能的，它作为人类的工具应该与自然、社会、人和谐发展。

第二节　生态学对现代观念的批判

生态学以"关系的实在"解构了现代观念中的实体概念。机械的现代性强调世界是由实体构成的，实体又是由原子构成的，原子又可分为质子、中子等，实体主义认为人类社会也是一个实体的世界。物理世界是原子对原子或者说基本粒子对基本粒子的世界，人类社会就是个人对个人的现实世界。这种实体概念忽视了整个自然、社会都是相互联系的有机整体，看不到关系和联系对于个体认同的重要性[1]，将宇宙的变化发展用一种固定的物质来解释，只能是从一个固定质到另一个固定质的转变，不能揭示宇宙的本质。[2] 生态学认为一切事物都处于进化发展过程之中[3]，人、自然、社会都不是固定不变的实体，而是相互联系、相互影响形成的复杂关系之网。整个地球也是一个大的有机联系的整体，地球的一切都应该和谐相处，共生共荣。生态学理论很明确地揭示，个体是生态系统中的个体，是难以从整体中切割下来的个体，不仅是关系中的个体，而且它本身也由诸多关系构成。种群由生命个体之间形成的复杂关系构成，生命个体由组织和器官有机构成，而器官由千万亿细胞构成，诸多细胞之间的有机关系成就了器官，成就了生命，成就了生态系统。实在的不是实体，实在的是关系，是关系的实在，而非实在的关系。

生态学以联系、有机批判机械的还原论。机械的还原论认为世界由不同层次的基本单元，即实体构成，这个实体是可以从整体中分割下来的，高级运动形式可以还原成低级运动形式。它以原子论和牛顿力学为科学基础，主张自然界中的所有存在物都可以被分割开来，还原为最简单的基本粒子，这样，也就可以把生命运动还原为机械运动这种低级运

---

① 何艳波：《生态女性主义对机械论自然观的伦理反思与批判》，《南京林业大学学报（人文社会科学版）2008 年第 1 期。

② 赵玲、郑敏希：《过程哲学对传统实体概念的批判》，《山东社会科学》2011 年第 9 期。

③ Blute M："Is It Time for an Updated 'Eco-Evo-Devo' Definition of Evolution by Natura Selection?", *Spontaneous Generations：A Journal for the History and Philosophy of Science*, 2008，2(1)，p. 2.

动形式。但生态学以"关系实在"为思之原点，它描绘的是"一个互相依存的以及有着错综复杂联系的世界"。在生态系统中，"事物不能够从与其他事物的关系中分离出去"，哪怕是一些通常认为的"废物"，因为健康的生态系统中"一切事物都必然要有其去向"。① 还原论把复杂关系化解为各部分的组合来加以理解和描述，这种方法消除了有机自然界的内在关联性和整体性，抽离了生态自然的有机关系。生态学认为整个自然就是各种生物和非生物通过共生关系形成的一个系统，具有自我实现的能力。② 自然界是一个关系的、复杂的有机生态系统，绝不能仅仅用机械因果决定论来解释自然界。生命体的共生关系要求自然界中的动物、植物、人类及其他物体都有自己存在的价值，世界是关系的、有机的，高级运动形式不能还原成简单的非生命机械运动形式。

生态学以整体的观念批判主客分离的二元论。二元论的主客二分以人为宇宙的中心，消除了人对自然的敬畏之心。生态学认为人与自然共处于平等的共同体之中，共生活在宇宙血缘的家庭之内。人对自然充满敬畏之心和爱护之心，人不是独一无二的存在物，自然中的所有物体都是有灵魂有躯体的生命存在物。笛卡儿构建的二元论为近代科学提供了形而上学的基础，他把人与自然相分离，把自然变成了一个没有生机活力、没有关系关联的世界。生态思想家这样反驳，正常的非人类的哺乳动物至少在一岁的时候已经有复杂的自觉意识，在一定程度上有信仰、愿望、期望和意图。这一类的动物具有心理的复杂性，它们能够从道德主体的行为中受益或受害。③ 这表明，生态学是以整体、生机的方式而不以孤立、割裂的方式来考察事物的。生态学以关系网络取代了人为主宰，我们不再是这个星球所有创造物中的主人，就连蚂蚁、鸟、树和细菌都与人处于平等地位，人的意愿、感觉、需要、行动、创造或摧毁都与其他有机体的意愿、感觉、需要、行动、创造或摧毁相互联系。人类的需要和行为与周围其他存在物的需要和行为紧密相连。如果我们以想象把人类置于食物链顶端，就会失去整个关系网的支撑。由此否定了笛

① 〔美〕巴里·康芒纳：《封闭的循环——自然、人和技术》，侯文蕙译，长春，吉林人民出版社，1997，第30页。
② 陈文勇：《生态观的重构——以复杂性代替机械性》，《江南大学学报（人文社会科学版）》2011年第1期。
③ Jacquette D："Review：The Meaning of Animal Rights"，*Human Studies*，1985，8（4），p.389.

卡儿所认为的只有人是能动主体的观点，颠覆了人是地球的主人的信仰。[①]

生态学以有机的理念批判了现代观念中的机械性。"有机"一词的英文是 organic，而"组织"一词的英文是 organize，二者有相同的词根。这表明有机和组织是密不可分的，有机可以表示为有序的组织。有序的有机组织会引发质的飞跃，就像碳有三种同素异形体，即金刚石、石墨和无定形碳。石墨是碳质元素结晶矿物，它的结晶格架为六边形层状结构。金刚石原子间是立体的正四面体结构，呈金字塔形结构，金刚石比石墨要坚硬得多，更加闪亮漂亮，更加昂贵。正是因为金刚石的组织构成要比石墨的组织更加有序，金刚石的价值提升了。个体的有序组织就会产生飞跃，产生质变，创造出新的价值。生态学正是以这种有机的生命创造否定了线性、机械性的现代观念。每一个个体有机构成生态系统，从而与生态系统共同展现其创造力的生机。生态学揭示了自然的有机创造力，肯定了自然是每一主体的创造，而不是客体的堆积。

生态学以突变创造力批判了现代观念中的机械的隐喻。由于机械技术体系的胜利，人类逐渐以工具的机械复杂性来理解自然复杂性，在这一过程中，现代观念里就生成了机械隐喻，但生态学以创造力否定了这种观念。机械隐喻所体现的人工复杂性克服了大自然的变化，认为自然生态就如机械一般，其运作呈现为周期性和可重复性。通过重复，自然获得了永恒，却掩盖了自然动态、连续和复杂的特点。[②] 自然是一个创造进化的过程，整个宇宙无时无刻不在创造自身和创造新的东西，就如柏格森的那种创造进化，它不是从同质向异质的过渡，也不是单纯同质的相加，它是纯粹的质的创造过程，是质的不断飞跃。[③] 每一个个体都参与创造，都有其内在价值，都有自己的生态位，即使是很微小的个体也会在有机的创造过程中产生飞跃，从而实现其价值。正如"蝴蝶效应"所说，微弱翅膀之风也能掀起狂风。生态学肯定每一个个体，肯定每一个个体的生态位，肯定有机的创造力，由此才会产生突变的质的飞跃。

---

① DiCagLio J: "Ironic Ecology", *Interdisciplinary Studies in Literature and Environment*, 2015, 22(3), p.450.

② 陈文勇:《生态观的重构——以复杂性代替机械性》,《江南大学学报（人文社会科学版）》2011年第1期。

③ 刘放桐等:《新编现代西方哲学》, 北京, 人民出版社, 2000, 第139页。

第三节 以生态学为基础的哲学理念
对资本主义市场经济的伦理批判

达尔文的生物进化论解释了生物界"物竞天择，适者生存"的发展规律，社会达尔文主义将达尔文式的进化观直接应用到人类社会，视"生存竞争"和"自然选择"为最高的解释原则。在这一原则的基础上，资本主义市场经济把经济上的竞争与丛林法则画等号，把人当作没有创造力的动物，把人的理性看成自私的，败坏了整个人类社会的伦理道德，同时绝对的市场自由也使得社会的整体性被撕裂。自私自利驱动下的经济增长败坏了伦理道德，也造成了严重的生态危机和生存环境危机。

一、生态学以生态人批判了经济人

经济人是理性的，奉行以自我利益为中心的价值观。在资本主义市场经济条件下，许多人所尊奉的信条就是经济主义、个人主义，人们在不断地追求无限丰富的物质商品和生活条件，不断地从自然界当中索取资源、财富，把这种价值取向当作一种信仰和个人的理想，而且总是以个人为中心，完全不顾周围的关系，只为"经济"而活。生态学认为生态人在实现与自然和谐与共的同时，既尊重别的自然生命体的生存需求，也努力实现不同人类群体之间的和谐相处，而这正是生态人的应然姿态。可见，所谓生态人就是觉悟到自己具有无限发展可能并自觉协调自己的诸种可能之间的复杂性关系的人。① 生态人就是兼具高度文化品质的存在。那么，生态人正是以一种爱护自然、敬畏生命的姿态批判了经济人的片面性，生态人把大地当作母亲，把小鸟当作朋友，把自然当作我们共同的家。生态人是一个追求诗意的存在的人，他不向生存事实屈服，推崇精神生活，过一种崇尚自然的简朴生活，懂得欣赏大自然抒情而生动的意蕴。②

二、生态学批判了精英创造

资本主义市场经济推崇个人主义，以追求个人利益为价值取向，以

---

① 车凤成：《生态学批评中的理想人格——"生态人"之分析》，《南京林业大学学报（人文社会科学版）》2008 年第 2 期。

② 王治河：《别一种生活方式是可能的——论建设性后现代主义对现代生活方式的批判及启迪》，《华中科技大学学报（社会科学版）》2009 年第 1 期。

精英为榜样。推崇个人主义的市场经济演绎着精英创造的英雄神话。可是生态学所讲述的是一个相互依存、相互联系的共同体的创造力所演绎的故事。每一个个体都是平等的，都是相互联系的，绝对没有一个单独而孤立的有机体存在，每一个个体都是环境中的个体，环境中的有机体。这里的"环境"是其他一系列有机体的整体。据此，生态学把人类嵌入一个大的相互联系的网络之中。在生态学当中，我们不能抛开整体中非人的动物、植物、细菌、个体等来谈论人类。事实上，从生态学的观点看，根本没有像"人类王国"这样的事情。因为我们被联系在一个关系网中，我们绝不能说我们的行为只限于人类。含蓄地说，生态学消解了人类是独一无二的和特别的这种观点，这种观点至少从笛卡儿开始就指导我们的思想。生态学摧毁了已经在人类大厦周围建立起的围墙。塑料瓶、摩天大楼、机器……所有这些被称为人造物的东西，不再仅仅是人类的。整个人类王国所展现的绝不仅仅属于严格意义上的人类。在生态学中，不再有英雄的故事。① 生态学以共同体的共同创造代替了精英的英雄神话。

三、生态学以个体具有的生态位否定了资本主义市场经济条件下的自由

市场经济中的自由受利益驱使，自由的劳动力、自由的资本组合都指向满足各自的所需的利益。资本对利益最大化的追求，导致控制自然、利用自然的自由，给环境造成了巨大的破坏，还抽离了人与人、人与自然的相互影响的关系。资本主义市场经济中每一个个体过分追求各自的利益，把追求自身利益最大化看成是社会发展的动力，这种理念产生的直接后果就是市场全面的、绝对的自由。这种自由使得社会伦理道德彻底沦丧。资本主义社会中的权钱交易、欺诈犯罪、婚外情等，在经济加速发展的同时也不断增加。自私自利驱动下的经济增长败坏了伦理道德，摧毁了国家的基础，也使个人主义蔓延、文化消极、国民意识淡薄等。不关心整体的发展，必然会导致共同体的分散和分离。生态学的生态位理论否定了市场经济的绝对自由，个体的自由受生态位的约束。每个个体在共同体中都有自己的生态位，每个个体在自己的生态位上都是主体，都在自己的生态位上自由地展现着不同的价值和意义。不同个体的不同生态位在自然中的有机结合成就了一个平衡稳定的生态系统。市场经济

---

① DiCagLio J："Ironic Ecology"，*Interdisciplinary Studies in Literature and Environment*，2015，22(3)，p. 449.

以过分的自由征服自然界，使自然的面貌发生了改变，自然的平衡也被
打破。可是，人们可以征服一个个自然物，但自然界作为一个活生生的
整体，本身是不可征服的，也是不能够征服的。① 生态位理论让我们必
须明确人类在自己生态位上对于自然界的意义。人与自然之间是伙伴的
关系而不是统治和被统治关系，生态位消解了资本主义市场经济的绝对
自由。

四、生态学以相互依赖的理念批判了资本主义市场经济中自私自利的价值观

资本主义市场经济的有效运行建立在每一个个体都获得利益的基础
上。个体奉行的是自私的逻辑，他必须刺激其他个体的利己之心，并告
诉他们，给他做事是对他们自己有利，这样他要达到目的就容易得多
了。② 资本主义市场经济把理性和自私的假设作为自己的基本前提，把
自私当作人的天性，认为人应该以自我为中心。把生物之间的为自身发
展的竞争错误地当作主导因素，把消灭他人、战胜他人、超越他人、夺
取他人从而发展自己的自私做法视为成功；把具有战胜他人能力的人、
尔虞我诈的自私的人错认为是社会的强者。人都是理性的，人为了自己
的生存与发展，通过预测自己行为的结果，并导引自己的行为朝向预期
目标，只追逐自己的利益，甚至损害他人或社会利益。资本主义市场经
济过分强调残酷的自然选择与生存斗争，无视生物界普遍存在的利他现
象。③ 经济学界甚至发生过一场关于经济学该不该讲道德的争论。④ 这样
的做法直接造成了道德的退步，社会的退化。

这种市场经济的伦理违背了相互依存的生态伦理，人类社会这个生
态系统，其发展越文明，人与人之间的相互依存的生态关系就越紧密。
社会中的每一个人几乎随时随地都需要他人的协助，不仅人与人之间相
互依存，人与自然之间也相互依存。资本主义市场经济使人变成自私的
物种，这种自私不仅使人与人之间的伦理失去生态意义，也使人与自然
之间的关系产生问题，出现生态危机。缪尔的道德判断直接声讨人的这
种自私，人的自私与自负泯灭了同情心，不仅使人心胸狭隘，也使人盲

---

① 曹孟勤、黄翠新：《从征服自然的自由走向生态自由》，《自然辩证法研究》2012 年第
10 期。

② 〔英〕亚当·斯密：《国民财富的性质和原因的研究》上卷，郭大力、王亚南译，北京，
商务印书馆，1972，第 13 页。

③ 李丽：《从生物本能到人类道德的超越——达尔文论人类道德进化机制的复杂性》，《南
京林业大学学报(人文社会科学版)》2009 年第 4 期。

④ 王小锡：《论道德的经济价值》，《中国社会科学》2011 年第 4 期。

目愚蠢，使人无视其他创造物的权利。① 生态学始终相信，动物、植物都和人类有着共同的生命奥秘，不能按照自私的行为逻辑去生存，共同体成员的力量始终是构成自然和谐的强大力量。

五、生态学以多样性原则批判资本主义市场经济贬低自然，把自然资本化的错误行径

(一)批判资本主义市场经济贬低自然

资本利益的最大化使资本主义为了维持自身的发展，追求更多的剩余价值，不断地扩大生产，开采资源，破坏了人与自然的关系。为了能尽情地蹂躏自然，资本主义下的技术便没有了禁区，只为了满足资本追求利润让自身增殖的本性。② 在资本主义制度下，市场是社会控制的核心枢纽。在这样的市场条件下，生产商品的目的就是为了得到更多的利益，在一切自然界的存在物都被转化成商品进行销售的情况下，大自然所有财富遭到疯狂的挖掘：草原不再是"风吹草低见牛羊"，而是索取利益的资源；树木不再是"万条垂下绿丝绦"，而是赚钱的商品；土地不再是"生万物"的源头，而是被用来获取利益而开发的地产；海洋不再是"凭鱼跃"的场所，而是捕捞的屠宰场。在过去的几个世纪，资本主义市场经济一直在不断地消耗着我们的物种所依赖的资本，开采着地球的资源。地球资源走向崩溃的那一天就是文明的终结。生态学所展现的可持续发展的时间观念批判这种终结的时间观念。正如萨克斯所说，我们应该有一个前瞻性的见解，使我们的后代有一个稳定的未来，高效、节俭、努力工作，以及用爱"拥抱地球"的观念，应该成为我们所希望的美德。③ 作为大自然的一部分，虽然人类为了追求最大利益无限制地利用自然界的各种资源，但是必须与环境相协调，不能肆意妄为，违背规律性，更不能破坏自然的整体性。

(二)批判资本主义市场经济贬低人

经济学中所强调的生存竞争法则与丛林法则具有一致性，贬低人，把人看作是动物，这泯灭了人性。丛林法则是自然界里生物学方面的"物竞天择，适者生存"的规则。现今的资本主义市场经济把人当成了动物，

---

① 〔美〕纳什：《大自然的权利：环境伦理学史》，杨通进译，青岛，青岛出版社，1999，第46页。

② 陈多闻、曾华锋、张慧：《生态社会主义的技术指向》，《自然辩证法通讯》2018年第9期。

③ DeWalt B R："The Cultural Ecology of Development：Ten Precepts for Survival"，*Agriculture and Human Values*，1988，5(1/2)，p.117.

认为强权就是真理，强者欺凌弱者就是生存之道，人与人之间的平等不重要，要想获得生存的资源与空间就必须争斗，除此之外别无他法。亚当·斯密的《国富论》也认为人作为高等动物，其生存也要遵循丛林法则。资本主义市场经济的这种做法，一方面消灭了人的人性，另一方面消灭了人的社会性，甚至可以说人已经不再是人了，人成了通过竞争获得生存资源的一种高级的动物。如果人作为智慧的产物，只知道竞争与掠夺，把相互之间的厮杀作为生存的主要的方式的话，那么人类社会就会成为动物的社会。

人天性的自私决定了追求个人利益最大化是经济发展的唯一动力的原则，这种做法不承认每个个体在各自的生态位上都具有创造性。创造性原则和差别性原则具有重要的本体论意义。① 现代资本主义市场经济认为人们都"以谋取利益为唯一目的"，人是个人利益的凝结物，与周围其他的事物之间只是利益的关系，对别人不负有责任与义务。正如斯密所说，"我们不能从屠夫、酿酒家或烤面包师的仁慈，来祈盼我们的晚餐，而是从他们私利的考虑"②，正是从他们自己的利益出发而不是从他们的人道主义心肠出发，我们才得到了我们的晚餐。这种看法没有承认个体的生态位的本质，个体生态位不仅是指自身所享有的权利，而且还指个体所具有的责任与义务。但是"经济人"却单纯地为了追求自己利益最大化而否定了自己的责任与义务。每个个体都处于与其他个体相互联系的统一整体之中，所以为了自身更好的发展还需要满足其他个体自身发展的条件。如果只强调自身利益最大化是社会发展动力的话，那么人类社会就会成为争权夺利的一个战场，结局是共同的毁灭。

在资本利益最大化逻辑的驱动下，资本主义唯利是图的生产方式，不仅造成了人与自然的对立，更造成了人与人关系的异化，对人产生影响。简言之，资本主义制度有着无法摆脱的扩张性与剥削性，这些特性注定了资本主义制度对资源、生态及人类本身的破坏。③ 在资本主义生产方式之下，人与人、人与自然之间的全部关系都被简化、降格为金钱关系，出现了人与人之间的冷漠无情，人与人之间都是为了彼此的利益才建立必要的人际关系，而人与自然的关系成了统治与被统治的关系，

---

① Mickey S: "Cosmological Postmodernism in Whitehead, Deleuze, and Derrida", *Process Studies*, 2008, 37(2), p. 33.

② 〔英〕亚当·斯密：《国民财富的性质和原因的研究》上卷，郭大力、王亚南译，北京，商务印书馆，1972，第 14 页。

③ 周光迅、王敬雅：《资本主义制度才是生态危机的真正根源》，《马克思主义研究》2015年第 8 期。

人们为了获取无限的利润，不惜以自然资源、环境为代价肆意地征服自然。

（三）批判金钱至上、消费独尊、全球化结构单一性的错误

资本主义市场经济让金钱成为一切的衡量标准，撕裂社会整体，败坏社会伦理道德。人的贪婪之心使得经济人感到财富的稀缺，人类社会陷于自私的生存竞争的丛林法则之中。为了发展、为了财富的私人占有，人类尔虞我诈、残酷地竞争；社会彻底摒弃了合作的观念，即使有合作也是为了当时自身利益的发展。个人主义被认为是管理资本与劳动的最有效手段。① 在这样的思想的指导下，社会伦理道德败坏，拜物教盛行，科学技术越来越全球化，把地球变成村子，却亲情淡漠，邻居变成陌生人。高科技把地球人和宇宙中其他星球的关系拉近，资本主义市场经济的理性却让人们愈加自私、猜忌直至疏离。"面对世界资源与权力的前所未有的激烈争夺，人类社会正把自己撕裂，撕裂成越来越小的碎片。"② 社会上所有的关系都变成了金钱关系，所有的存在都变成了可以计算的、工具性关系的客体。③ 自然、人、思想、知识、职业及伦理道德都换算成了抽象的资本价值。

资本利益最大化对人的另一影响体现在消费上。资本要追逐利益，就要加快资本的运行，也就是投入更多，生产更多，消费更多。消费是资本获利的根本保障，所以市场经济宣传消费、鼓励消费甚至诱导消费。资本扩张的过程，一定伴随着不按照需要、不遵循生态系统平衡的过度消费。以至于"我消费，故我存在"的价值观把人带上非生态生存发展之路。这种消费使人成了物的奴隶，不仅抹杀了人的主体地位，也破坏了生态系统的完整性。生态学认为在整个"自然—社会—人类"的生态系统中，一切物质的产生、发展、消亡都遵循着生态规则，人的消费更应如此。

生态学以多样性的原则批判了全球化结构的单一性。资本主义市场经济以科学技术为生产力走向全球化，意图把全球都变成市场，科学技术所代表的西方文化渗透在市场经济里向全球每一个角落、每一个领域入侵。西方文化的单一性结构意图取代人类整体文化的多样性。资本全

---

① Johnston C: *The Wealth or Health of Nations*, Cleveland: The Pilgrim Press, 1998, p. 11.

② 〔美〕哈罗德·伊罗生：《群氓之族——群体认同与政治变迁》，邓伯宸译，桂林，广西师范大学出版社，2008，第17页。

③ Chen X, Luo Q: "The Scientific Outlook on Development and Changes in the Mode of Human Existence", *Social Sciences in China*, 2009, 30(1), p. 57.

球化所造就的超级市场、购物商场就是这种单一结构模式。这些商场布局相似，模式相同，就像是一个模子刻出来的。市场涌入的西方文化解构着本地文化的生态生存。比如，当中国年轻人热热闹闹地过着万圣节和母亲节时，却不知中国就有自己的鬼节和母亲节。生态学告诉我们，在整个自然界中潜藏着无限的多样性，一个生态系统内，组成的成分越多样，能量和物质流动的途径越复杂；食物链网的组成越错综，生态系统自动调节恢复稳定状态的能力越强。全球化结构的单一性违背了生态学原理。

第十七章　人的维度的研究专题：
"看"的生态哲学解析

看、观察、注视等都是人的视觉器官的功能，我们统称为"看"。"看"作为人类认知的基本能力之一，可以说伴随着整个人类历史发展的进程。在语言产生之前，人们首先选择的就是利用简单的刻画来表达自己的思想，并通过这些能被视觉直接摄取的图形符号作为彼此之间建立联系的重要桥梁。随着人类智力的提高，技术的不断进步，人类所具有的"看"的能力也在逐步发展与提高，今天我们已经身处在一个以视觉文化为主要特征的时代背景里面，"看"的能力以一种前所未有的方式，影响和改变着我们的生活。"看"的生态哲学解析就是从人的维度对其能力的研究。

第一节　"看"的生态学背景

"看"是人作为生命有机体的一种基本器官功能。人类通过眼睛接受物体发出的光线，锥状及杆状视网膜细胞将光信号转变成电信号，视神经将这些电信号传送到大脑，最终大脑将这些信号转为我们所看到的影像。"看"是人类与整个生态整体交流的第一步，"看"作为一种直观的认识，是人类对于生态整体的基本认知方式之一。在人类发展的过程中，人借助"看"这样一种器官功能对事物进行观察并结合思考获得关于事物的认识，再通过将其总结为知识并转化为能被"看"的文字、图画或者是雕刻建筑保存下来。

有关"看"的一切活动都是在生态整体下进行的。后现代主义的自然观认为，宇宙是一个无缝和完整的整体，我们在其中观察到的所有形式都是我们的观察和思维方式抽象出来的结果，这种方式有时极为便利，能帮助我们推动技术。① 生态学的观点认为一切生命体都是某个整体中的一部分。② 个体之间相互关联，存在着有机联系，有机联系使事物相

---

① 〔英〕大卫·伯姆：《后现代科学与后现代世界》，〔美〕大卫·格里芬编：《后现代科学：科学魅力的再现》，马季方译，北京，中央编译出版社，1995，第73~87页。

② 〔德〕汉斯·萨克塞：《生态哲学》，文韬、佩云译，北京，东方出版社，1991，第1页。

互依存、相互包含，彼此共生共存。① 因此不论我们用何种方式和手段在何种角度从事"看"的活动，实际上都是在生态整体下进行的，从生态学的角度来说，你是自然的一部分，从某种意义上说，你与它有内在联系，② 人类借助光线建立起与观察对象之间的视觉联系，继而通过各种形式的活动将彼此之间的联系拓展到实践领域，并最终将自身纳入环境之中，使自身和周围的环境成为一个整体。

　　"看"本身的生态学构成包括三部分，分别是作为"看"的主体的人，作为"看"的对象的客观环境，以及作为"看"的手段的技术。我们所有关于看的活动都是由这三部分组成的，每一个部分对于看的活动来讲都十分重要，缺失了人、环境与技术当中的任何一个，我们的"看"的活动都将变得盲目，因为正是由于这三部分的存在才使得看的活动变得有意义。

　　在"看"的生态学构成里，人是第一个也是最重要的一个部分，因为人在"看"的认识活动之中是作为认识主体而存在的，由于有人这个认识主体，"看"的活动才具有了认识论的意义。人作为一种生态个体，既有一般物种都具有的视觉器官，也就是眼睛，同时也具有一般物种没有的自我认知能力、制造并使用工具的能力及逻辑思维能力。眼睛的视觉可以由手的活动来补充，"费德勒表示……当眼睛的工作完成的时候，手对其进行了接管，这导致了进一步的发展，此时手就成了眼睛，整个身体就和它一样变成了眼睛……"③在这里思维起到了不可替代的作用，我们的大脑和我们的认知能力超越了我们的大脑和神经网络，因为我们可以将环境结构融入我们日常认知生活之中，并让它们真正（在构成上）属于我们。④ 这些能力合在一起使人能比其他生物更好地去认识整个自然环境。人是认识的主体，人类通过自己的主动选择用最适合自己的方式构建起了与周围客体的联系。人类发展的早期，人的智力发展还不是很完善，那么选择简单的刻画来表达简单的喜怒哀乐等情感对他们来说就是很自然的选择。当人类继续发展，随着人际交往活动范围的扩大和逻辑思维的提高，人们具有了一定的逻辑推理和概括能力，当人们迫切地需

---

① 〔德〕汉斯·萨克塞：《生态哲学》，文韬、佩云译，北京，东方出版社，1991，第3页。

② Diehm C："Here I Stand"，*Environmental Philosophy*，2004，1(2)，p. 10.

③ Schultz L："Creative Climate：Expressive Media in the Aesthetics of Watsuji, Nishida, and Merleau-Ponty"，*Environmental Philosophy*，2013，10(1)，p. 76.

④ Beever J, Morar N："Bioethics and the Challenge of the Ecological Individual"，*Environmental Philosophy*，2016，13(2)，p. 219.

要表达思想、记录感情的时候，最早的象形文字就产生了。① 文字图像作为一种人与人之间交流的约定俗成的视觉符号系统，作为我们视觉能力的延伸，构建起了主体与周围世界的联系。人们通过主动使用文字与图像记录历史，交流思想，使得人的智慧与思维结晶得以保存、延续与发展，建立起人与人之间、人与社会之间的沟通枢纽，又通过雕刻、建筑等立体凝固的艺术建立起社会与自然之间的联系。

"看"的生态构成的第二个部分是客观环境，也就是人所处的生态位上的周围环境，人在自身所处的不同的生态位上对周围的环境的观察对于"看"的活动来讲具有本体论意义。自然界的每一种事物，无不在一个巨大的和复杂的循环圈之中，这是各种事物尤其是动植物在空间中的存在方式，在它们之间存在着生生不息的物质循环和能量流动，每一种动植物在循环圈中都有自己的生态位。② 生物的最基本特征就是依靠周围的环境来生存：每一种生物都会从自身以外的东西中获得它的寄托和力量。③ 对于每个物种来说，至关重要的是协调和应对特定环境的能力，④而存在于不同时空的人们周围的自然环境构成了对那个时代的人们而言独特的生态位，在不同的生态位里，人这个主体和客观的自然环境产生了独特的联系，而这个联系就是文化，换一种说法，没有人类与自然的关系，就没有文化。⑤ 人们通过与周围环境接触所产生的独特的具有地域特色的生活方式如传统习俗、风土人情、价值观念，构成了文化产生的基础；如在中西方绘画的表达上，中国人喜欢水墨所传达出来的神韵意境，西方侧重于对线条、光影、透视的把握；再如在图腾文化的崇拜物选择上，生活在北美的印第安人选择了身边实际存在的动物形象制作图腾柱来作为其信仰的载体，而中国则选择了龙这样一种半虚构的形象作为自己的徽记和标志，这些都是人在与客观环境不断接触的过程中或者说在不同的生态位之中做出的独特的选择。

"看"的生态构成的第三部分是"看"的手段，也就是技术，这对于

---

① 周良平：《从汉字的发展过程看造字法》，《安徽大学学报（哲学社会科学版）》1999 年第 3 期。

② 郑慧子：《生态文明与社会发展》，《南京林业大学学报（人文社会科学版）》2008 年第 3 期。

③ Diehm C："Ethics and Natural History"，*Environmental Philosophy*，2006，3（2），p. 36.

④ Gan E："Unintended Race：Miracle Rice and the Green Revolution"，*Environmental Philosophy*，2017，14(1)，p. 73.

⑤ Tanasescu M："Responsibility and the Ethics of Ecological Restoration"，*Environmental Philosophy*，2017，14(2)：p. 264.

"看"的活动来讲具有方法论的意义。技术可以看作是人的延伸,人与动物之所以有区别是因为人能够生产制造工具,并能有意识、有目的地进行生产劳动,而动物则依靠生理的本能,这也是人和动物的本质区别。因此在自然界中,虽然人类单纯的视觉能力比不上某些动物,但是人可以通过技术手段制造工具来强化自己"看"的能力,使人成为自然界之中在"看"的方面走得最远的物种。借助技术,人们一方面强化了自己"看"的能力,同时也使技术成为作为"看"的主体的人与自然客体之间的桥梁。通过不同的"看"的技术,人们"看"的对象可以以不同的方式再现出来,或是展现成风格各异的建筑,或是纸面上的充满意境的绘画,或是屏幕上栩栩如生的画面,这些能被我们看到的对象体现着人作为主体对周围客观环境的理解,也是客观环境对人的一种反馈。

第二节 "看"在技术依托下的生态展现

"看"在技术的依托下有着不同的生态展现,最基本的展现就是借助工具延伸,扩大了人类这个生命有机体的肉眼的功能。显微镜和望远镜的发明无疑就是最好的例证,它们分别从微观和宏观两个方面拓展了人类的视野。

"看"的技术发展拓展了实在论理论可证明的范围,显微镜的发明就使之前一些理论实在变成可以经验到的实在。显微镜将一个人类肉眼看不见的微观生态系统展现在人的眼前,扩大了人的肉眼功能,放大了"看"的空间。在它被发明出来之前,人对自身生态位的了解因为人自身的器官功能受到了限制,人类关于世界的观念局限在用肉眼和依靠手持透镜帮助肉眼看到的东西,对于生物的研究停留在动物和植物的形态、结构和生活方式等方面。然而人类对于自然世界的渴望迫切地想要突破这种限制,所以人们求助于技术,最终显微镜的发明解决了这个问题。显微镜把一个全新的世界展现在了人类眼前,人们第一次看到了数以百计"新"的微小动物和植物,以及从人体组织到植物纤维等各种致密物体的内部构造。显微镜的发明大大拓展了人类的视野,也使生物学进入了细胞时代。① 总之显微镜的发明解决了肉眼的限制问题,也扩展了关于微观世界的生态系统的知识,微观世界的生态系统借助技术展现在人的

---

① 张闯:《从显微镜到望远镜:我国大型科学设施巡礼(一)》,《科学》2013年第5期。

眼前，人们可以通过它去了解微观世界的生生不息，将人类的生态位向更微观的层次延伸。

如果说显微镜拓展了人们对于微观世界的认识，那么望远镜则是让人类在宏观上对世界有一个更清晰的观察，它延伸了人肉眼的功能，扩展了"看"的空间。同样是因为受到肉眼视力的限制，人们无法清晰地观察距离自己很远的物体。同样也是借助技术，望远镜使得我们得以突破这个限制，去观察离我们几千米、几万米的物体，今天的人们借助天文望远镜观测的距离甚至已经在用光年做计量单位。望远镜的技术带给我们的不只是视野上的拓展，它也在宏观上增加了我们生态位的广度。今天人们观测的距离越来越远，我们的认识能力已经超越了我们的行动力，以至于我们有远距离看的技术却没有实际到达目标地点的能力。今天借助中国的"天眼"（500米口径球面射电望远镜，FAST），我们能够看到137亿光年的距离，而人类至今去过最远的星球也只是地球的卫星月球而已。总之，通过种种技术的帮助人们得以摆脱肉眼的限制，借助各种工具作为视觉的延伸让我们能够更全面清晰地去观察整个世界。

"看"的技术展现空间生态。"看"的技术作为人的延伸并不仅仅是扩大了我们肉眼的功能，在突破生命个体的功能局限的同时，"看"的技术还突破了"看"在生态位上的空间限制。摄影摄像技术的发明带给人们一种不同的视觉体验，摄影摄像技术帮助人打破了以往"看"的活动必须在空间上"在场"的局限，将人与人之间的生态位相互连接。借助摄影摄像，人们可以在不在场时去观察那些自己观察不到但是镜头能捕捉的部分，或者是以不同的角度不同的速度去观察镜头对面的对象。通过将"看"的对象复制到纸张或是影像之中，人们不需要走出家门就可以在任何地方去欣赏我们想要去看，但是却受自身空间限制而不能看的地方，人们在家中就可以用不同的角度去欣赏《蒙娜丽莎》《断臂的维纳斯》和《胜利女神像》，可以不实际行动就能观看到高空跳伞才能看见的辽阔的景色或是潜水员在深海中与鱼群嬉戏的景象。摄影与摄像将拍摄人所在的生态位展现在镜头或照片里，人们可以通过"看"保存、欣赏和分享他人的生态位，这实际上是对人类生态位的进一步发展，在"看"的人受到限制的时候，借助这样的技术将远处的空间生态保存在镜头里，帮助人们间接地去认识目标环境。

"看"的技术构筑了时间生态，以摄影摄像为代表的复制技术的存在在突破了空间限制的同时也突破了时间的限制。借助镜头，人们的时间被保留和定格在了摄影的那一瞬或者是摄像的一段时间之内。构筑时间生态于照片和影像之中，可以反复观看，不受次数限制。借助技术，人们将时间保存在影像之中，在这个被构筑起来的时间生态里，"时间"是可以被人们掌握的，人们可以对"时间"进行压缩或者分解。延时摄影（time-lapse photography）就是一个很好的例子，延时摄影又称缩时摄影，是一种将时间压缩的拍摄技术，它可以把几分钟、几天、几个月甚至几年的过程压缩在一个较短的时间内以视频的形式进行播放，在这里平时我们肉眼无法观察到的缓慢变化过程被加速地展现在我们眼前。借助延时摄影，人们可以在几分钟之内观察到需要一年甚至几年才能长大的植物，也可以记录下天空中群星的运动轨迹。高速摄影（high-speed photography）则是完全相反的，利用高速摄影机将动作慢放，人们可以观察到许多肉眼看不见的瞬时动作，如子弹出膛的瞬间、水滴下落的状态、足球的运动轨迹等。除了将时间压缩与分解之外，"看"的技术构筑的时间生态对人自身而言也十分重要，它使人们可以在今天欣赏某一时刻的光景，同样也可以在10年后或者20～30年后拿出来细细品味。这种关于"看"的技术在某一刻替代了记忆的存在，人们可以通过影像将历史上的重要时刻加以保存，用"看"的方式记录下历史的瞬息万变的同时也能在未来唤起人们对当下的回忆。

　　"看"的技术制造出拟真的生态展现，今天借助电脑技术就可以构建起许多拟真生态环境。早在1977年乔治·卢卡斯通过数字技术拍摄了科幻影片《星球大战》开始，数字技术就越来越多地被应用到了影视作品之中，现代的数字电影通过CG（Computer Graphics，计算机图形学）技术为我们带来了新的视觉体验。借助数字技术人们可以在屏幕面前创造出现实世界没有的东西，一个虚构的人物、一个虚构的场景或者是一个虚构的生态环境，并借此激发人们的想象力与创作力。在电影《阿凡达》中，人们通过CG技术对各种现实素材的加工为我们展现了一个如梦似真的潘多拉星球，潘多拉星球展现给观众们的是如伊甸园般的梦幻、静谧而又壮观的原始生态环境，星罗棋布的悬浮在空中的山峰，热带雨林中动植物的五彩斑斓，灵魂圣树的种子如海里的水母一般在空中轻轻游弋，淳朴的蓝色纳美人对自然的尊崇。这样的画面与我们千疮百孔的地球形成了巨大的反差，给观众以强烈的视觉和心灵冲击。[①]《阿凡达》中美丽的异星文化是那样的真实，以至于当你置身电影院之中的时候根本无法

---

　　①　陈竞宇、王全权：《〈阿凡达〉生态美学思想探析》，《南京林业大学学报（人文社会科学版）》2017年第2期。

想象这个美丽的星球只是人们利用 CG 技术营造出来的虚构的世界。

"看"的拟真生态的展现否定着、模糊着现实的生态本真。借助数字技术，人们脑海中的各种大胆的设想得以实现，但这也不全然是好事，因为它在激发人们想象力与创造力的同时也在某种程度上模糊了真实与虚拟、想象与现实的界限。在 2007 年加拿大多伦多国际电影节上，一部虚构"刺杀"美国时任总统布什的故事类纪录片《总统之死》因为获得了电影节"国际评论家奖"而备受关注和争议，纪录片和故事片的界限越来越模糊了。① 2009 年上映的灾难电影《2012》也是这样一种例子，影片通过数字技术逼真地展现了玛雅人预言中的世界末日的景象，整个"世界"在人类眼前崩塌，满足了人类对世界末日想象的同时也让很多人真的以为2012 年世界的末日会来临。产生这个效果的原因除了拍摄手法之外，最重要的就是影片中通过数字技术将景像展现得十分真实。正是这种对真实素材的艺术加工模糊了现实的生态本真，因为现实与想象的界限在加工的那一刻起就借助技术被刻意地模糊了起来。

第三节 "看"的技术对人的生态主体性的消解

"看"的技术在不断拓展我们"看"的能力的同时也面临着一些隐患，那就是技术把作为认识主体的人客体化从而消解人的生态主体性。今天的我们被由"看"的技术所构筑起来的各种影像所包围，就如同阿莱斯·艾尔雅维茨在《图像时代》一书中说的那样："无论我们喜欢与否，我们自身都已处于视觉成为社会现实主导形式的社会。"②但恰恰正是在这样一个高度视觉化的社会里，人类由于越来越依赖技术而导致了"看"的技术对人的主体性的消解。

对"看"的技术的依赖使人逐渐放弃思考，进而消解了人作为认识主体的思维能力。随着科技的不断进步，人类从来没有像今天这样生活在一个视觉化、具象化的世界当中。这样的视觉化趋势固然是好事，因为影像本身在传递信息上有自身的独特优势，但是过于依赖影像则会产生问题，最明显的一点就是主动思维能力的丧失。"看"的技术产品充满了人的生活，随着生活节奏的加快人们越来越习惯通过影像快速地获取信息，越来越习惯不经思考借助他人的方式获得自己想要的知识，越来越

---

① 唐蓉：《虚构与真实——论数字技术语境中纪录片的真实性》，《新闻界》2013 年第 6 期。
② 〔斯洛文尼亚〕阿莱斯·艾尔雅维茨：《图像时代》，胡菊蓝、张云鹏译，长春，吉林人民出版社，2003，第 5 页。

不习惯亲自花费力气去进行阅读与思考。正是这种渴望便利的想法使得人逐渐失去了主动的思维能力，逐渐脱离原本的生态生活。在影视作品当中，越来越多的人倾向于通过著作改编的电影、电视剧去了解其中的内容，而不是通过阅读原著体会其内容与思想，但是这些电影、电视剧受制于时间或者艺术表现形式，其实并不能准确地表达原作者的思想，使得人们在观看电影、电视剧的时候其实并没有体会到作者要表达的深意，只是简单地接受拍摄者想要传达给观众的信息，并没有去发挥自己作为认识主体的思维能力。

人作为"看"的主体被技术创造的拟像所包围，并远离生态本真，使得人这一主体被异化。人作为"看"的主体在"看"的活动之中要通过与客观环境进行互动才能得到反馈，但是随着技术的不断发展，各种影像所展现的景观充斥着我们的环境，分隔了我们与我们所在的真实的周围环境。就像居伊·德波在《景观社会》中所说的那样："现代生产条件无所不在的社会，生活本身展现为景观的庞大堆积。直接存在的一切全都转化为一个表象。"①这种无处不在的景观社会对人造成的最大问题就是让人以为他们通过屏幕所接触到的环境就是现实本身，这种对媒介进行的认识在头脑中形成的反映被李普曼称为"拟态环境"。拟态环境并不是现实环境的"镜子"式的再现，而是传播媒介通过对象征性事件或信息进行选择和加工，重新加以结构化后向人们展示的环境。由于这种加工、选择和结构化活动是在一般人看不见的地方（媒体内部）进行的，通常人们意识不到这一点，而往往把"拟态环境"视为客观环境本身。②这种存在于人与客观环境之间的拟态环境，随着视觉文化的发展，不论人们是否愿意，都在不断地左右着人对于现实环境的感知。

长时间沉浸于"看"的技术产品会使人渐渐失去作为主体的主动性，逐渐失去生态生存能力。长时间沉浸在"看"的技术之中，为了"看"，为了"观察"，其他属于生态主体的能动活动就受到抑制，影响、干扰"看"的能动活动都要停止，人作为主体的主动性下降，作为生态主体生生不息的活动停滞，这样也会使人远离生态本真进而失去生态生存能力。"网络肥胖症"就是随着视觉技术不断发展而出现的病症，随着科技的进步，电脑网络走进了千家万户，但同时也隔离了人与客观环境，人不断地在电脑中通过网络去接触他们所认为的"现实世界"，没有亲自通过活动去

---

① 〔法〕居伊·德波：《景观社会》，王昭凤译，南京，南京大学出版社，2006，第3页。
② 张佰明：《微博——构筑个性化拟态环境的自媒体》，《中国工人》2012年第3期。

接触真实的世界，就像摄入人体的能量几乎全部堆积在体内，转变为脂肪，日积月累，便会使原本苗条的人变成了大腹便便的肥胖者。

当人过度地投入拟像里面，甚至将自身从生态位中"撕离开来"，就会走向毁灭甚至死亡。俄通社-塔斯社报道过一名 44 岁的莫斯科男子被发现因失血过多死在自己的公寓里，警方调查后怀疑他在戴着 VR 眼镜进行游戏时不小心摔倒并撞破了家里的玻璃桌，然后被锋利的碎片割伤，并且因为线路的缠绕而动弹不得，最后不幸身亡。这说明，不论人愿意不愿意，人和他周围的环境都不是孤立地存在于这个世界上的，人与他周围的环境具有千丝万缕的联系。一旦忽视了这种联系，那么周围的环境就会对人的存在造成阻碍，会使人走向毁灭甚至死亡。死者正是由于沉迷于虚拟世界忽视了他与周围环境之间的联系，将自身从生态位上"撕离开来"才最终导致了悲剧的发生。

"看"的技术作为器官的延伸是一种工具，一旦这种工具不去延伸人的器官功能而是作用于人的感官，就会将人作为客体，消解人的主体性。人在"看"的活动之中是具有主动权的，但是也许有一天技术的发展会改变这种情况，《黑客帝国》为我们展现出来的就是技术在"看"的活动中掌握了主动权的情况。《黑客帝国》的设定里面，整个世界被一个叫作母体的机器掌握着，人从出生时起大脑就被接入计算机并生活在虚拟的世界，所有的感觉都是在程序的输入下产生的。电影中的人物的对话可以更好地说明这一点，影片中的背叛者说过这样一句话："我知道这块牛排并不存在，但当我把牛排放进嘴里的时候，母体就会告诉我的大脑，这块牛排多汁而且美味。"也就是说，人的感觉不是在客观环境之下通过主观的行动获得的，是客观环境或者说无生命的程序输入给你的，呈现在人眼前的世界并不是它本来的样子，这是一种改变人类器官感觉的技术，否定了人的主体性，是客观世界对主体的"欺骗"。这种"欺骗"背后指向的是一个超真实的世界。在这里"看"的技术直接作用于人的感官，就像著名的"缸中之脑"的实验一样，你所获得的"感觉经验"（计算机传输到你的神经末梢的电子脉冲）与你之前所获得的感觉经验完全相同，因此你不可能认识到你就是一个"缸中之脑"。① "看"的技术本身是为"看"的人服务的，是人的器官的延伸，是一种工具，而在这里，"看"的技术掌握了主动权，本该是器官延伸的技术直接作用于人的器官，作为观察世界的工具的技术在这里绕过了客观世界，选择了本应是"看"的主体的人作为目

---

① 曹剑波、张立英：《我知道"我不是缸中之脑"吗？》，《自然辩证法研究》2008 年第 3 期。

标对象。人在"看"的活动里不再具有选择权、支配权，这使得人失去了作为"看"的主体的能力，并作为技术支配下的"看"的客体而存在，"看"的技术异化为主体，从而消解了人的主体性。

第十八章 技术维度研究专题：
大数据的生态哲学解析

人类社会也是地球上的一个生态系统，人类的生产实践和生活实践关系着这个生态系统的运行。科学技术是第一生产力，它的蓬勃发展把我们人类的生产和生活带入现代社会。由于科学技术已经深入各个领域，对于技术的生态哲学解读是一项庞大的、开放性的工作。本章选取最有代表意义的信息技术之中的大数据来分析，同时也涉及运用大数据来分析和研究社会生态系统的运行。

计算机技术水平的提高，促生了大数据的爆发，大数据迅速涌入人们的视野，影响了人类的思维，改变了人类的行为，也逐渐消解了人类的生态位与主体性。大数据描述的是这个生态世界，从生态维度解析大数据首先需要了解大数据的生态背景，然后再分析大数据的生态展现，并对大数据进行生态反思。

第一节 大数据的生态根由

自古以来，人类都是用数据、文字记录着自然及生活。这是对自然生态的解读，是对人类生态的描述。随着科技的不断发展，多媒体和自媒体时代到来，数据正在爆炸式地产生，其种类也从结构化数据到半结构化数据再到现今的非结构化数据。可以说数据的种类、结构及应用更加繁多、复杂和开阔，这对信息处理技术带来了重大而有意义的挑战。

世界已经转移到以数据为中心的范式——"大数据时代"。① 目前大数据领域的权威人士，维克托·迈尔-舍恩伯格认为："大数据开启了一次重大的时代转型，就像望远镜让我们能够感受宇宙，显微镜让我们能够观测微生物一样，大数据正在改变我们的生活以及理解世界的方式，成为新发明和新服务的源泉，而更多的改变正蓄势待发……"②目前，对

---

① 〔法〕乔治·纳汉：《"大数据"时代的计算机信息处理技术》，赵春雷编译，《世界科学》2012年第2期。

② 〔英〕维克托·迈尔-舍恩伯格、肯尼思·库克耶：《大数据时代——生活、工作与思维的大变革》，盛杨燕、周涛译，杭州，浙江人民出版社，2013，第1页。

大数据并没有一个统一的标准定义，较为全面的定义是：Big data，或称巨量数据、海量数据、大资料，指的是所涉及的数据量规模巨大到无法通过人工在合理时间内做到截取、管理、处理并整理成人类所能解读的信息。在总数据量相同的情况下，与个别分析独立的小型数据集相比，将各个小型数据集合并后进行分析，可得出许多额外的信息与数据关系性，可用来察觉商业趋势、判定研究质量、避免疾病扩散、打击犯罪或测定实时交通路况等，这样的用途正是大型数据集盛行的原因。我们已身在大数据之中，大数据深刻地改变了我们的生活，带来了新的生产方式与生活方式。

大数据孕育于自然生态共同体，产生于生态个体构成的生态网中，"生态个体—数据洪流—计算机—生态个体"，成为一张新的关系网，也成为一种新的生态模式。以前人类用眼看世界，可以看到各种事物，但不能判断各种人、事、物之间的真实距离和联系。在大数据时代，各种数据爆发，并且从私人化到公开化，计算机获取人、事、物的相关数据后，通过网络即万物互联的技术手段把人、事、物最大程度地联系到了一起，并且实现了信息利用效率的最大化，这就是在大数据时代形成的新的生态圈。

大数据的本体论基础是我们对"世界是一个整体"的认知。计算机处理数据洪流的技术能力发生了翻天覆地的变化，进行抽样调查分析不再是随机采样，而是进行全部数据收集，也就是说，全数据时代样本＝总体，这种形式的改变也是从单一的认知模式到生态哲学中有机整体认知模式的转变。以前的认知模式存在着严重的局限性，因为世界本就是一个复合生态系统，它就是一个有机整体，在这样的世界里，没有单独的存在，也不会有孤立的部件，把这些样本即部件孤立出来，就变成了抽象且难以理解的事物；只有从各个样本即各个部件的相互关系和相互作用中，才能得到精确的认知和确切的理解。

大数据所蕴含的价值论肯定每一种可能的创造。大数据需要的不再是精确性，而是混杂性，这种混杂性蕴含着创造发生的可能。这种混杂并不是无序，我们可以用生态哲学中的混沌理论加以解释，混沌理论可以帮助我们深化理解"确定性"和"不确定性"、"有序"和"无序"中蕴含的哲学意义——关于过程的科学而不是关于状态的科学，它并不是指杂乱无章，而是介于有序与无序之间的一种非线性现象。这种状态充满了创造力，可以创造出无数的可能，即可以有无数的联系从而创造出无数的不同价值，然而这种由单一价值创造到多种价值创造的接受过程还需要一段时间。

　　大数据寻求的是关系，关注事物的相关关系，也就是说，不必询问现象背后的原因（"为什么"），只需要知道"是什么"就可以了。这种观念也是基于生态哲学的科学基础——量子力学所蕴含的思想而产生，量子力学揭示，我们这个世界，实在是关系的，实在的性质在特定的关系中显现。因此，在大数据时代，通过相关关系的应用，我们分析事物更容易了，不需要通过寻找内部运行机制；通过找到一个现象的良好的关联物，相关关系可以帮助我们捕捉现在和预测未来。①

第二节　大数据的生态依托：计算机技术

　　庞大的数据依托于计算机技术，是计算机技术赋予了数据生命力。数字化时代，计算机把模拟信号转化成数字信号，即数据的数字化。数字化是指把数据转化成 0 和 1 表示的二进制码即计算机语言，然后计算机就可以处理了。最早的计算机技术革命是从处理信息的速率开始的，如今智能化、数字化的计算机处理着从文本到音频、影像等复杂信息。大数据时代意味着数字化向数据化时代的转变。数字化只是将模拟数据转变为计算机可读语言，而数据化不但可以量化一切，而且可以使得世间万物数据化并发掘出更大的潜在联系与价值。

　　计算机技术的提高促成了大数据爆发的可能，同时大数据也相应地促进了计算机技术向更高一级发展。如今，数据代表着对某件事物的描述，数据可以将其记录、分析和重组，这是把现象转变为可制表分析的量化形式的过程。大数据的先驱者迈尔-舍恩伯格认为，大数据发展的核心动力来源于人类测量、记录和分析世界的渴望。② 为了得到可量化的信息，我们需要知道如何计量；为了数据化量化了的信息，我们要知道怎么记录计量的结果，这需要我们拥有正确的工具。③计算机的出现带来了数字测量和存储设备，这样就大大提高了数据化的效率。计算机也使

　　① 〔英〕维克托·迈尔-舍恩伯格、肯尼思·库克耶：《大数据时代——生活、工作与思维的大变革》，盛杨燕、周涛译，杭州，浙江人民出版社，2013，第72页。

　　② 〔英〕维克托·迈尔-舍恩伯格、肯尼思·库克耶：《大数据时代——生活、工作与思维的大变革》，盛杨燕、周涛译，杭州，浙江人民出版社，2013，第104页。

　　③ 〔英〕维克托·迈尔-舍恩伯格、肯尼思·库克耶：《大数据时代——生活、工作与思维的大变革》，盛杨燕、周涛译，杭州，浙江人民出版社，2013，第105页。

得通过数学分析挖掘出数据更大的价值变成了可能。[①]"适合大数据应用的计算机有两种模式，一种是数据中心计算机或称云计算机，另一类是高通量计算机。"[②]简而言之，大数据与计算机就好像是一个问题的两面：一个是问题，另一个是解决问题的方法或工具。

计算机技术的发展与革新使大数据走向了生态意义的真实本质。迈尔-舍恩伯格把大数据比喻成一个神奇的钻石矿，他认为数据创新是"取之不尽，用之不竭"的。它的首要价值被发掘后还有更多的价值被隐藏在表面之下，而这些价值的挖掘都要依托计算机技术的应用，从而释放数据的隐藏价值，如数据的再利用、数据整合及数据扩展。传统的计算机无法完成数据价值的释放，云计算技术对大数据进行整合、分析、预测，会使决策更为精确，最大限度地释放数据的隐藏价值。在追求这些现实意义的同时，数据体现的是整体性、循环性、创新性及相关性，而这些便是大数据要展现给我们的世界的生态本真。

第三节　大数据的生态展现

大数据对人的描述把作为生态个体的人展现出来。一切皆数据，作为生态个体的人类在一定程度上也是被分析与预测的数据，这是大数据时代给人类的启示。大数据由此将带来对人的重新认识。在小数据时代，每个个体的信息都是保密且私有化的，传统的计算机无法处理海量的非结构化的数据，因此无法形成"人也是计算机中的数据"的论断。而在大数据时代，一切成为可能。当个人信息公开化、网络化后，个人数据也变得唾手可得，智能化的计算机通过云计算，可以得到每个个体的海量数据，包括国籍信息、健康信息等。通过获取的个体数据，找出其内在关联性，通过计算机技术加以分析便可将其转变为每个个体未来的、具有潜在用途的数据库。

"人是社会关系的总和"，这是人的社会生态本质，大数据促进了这种生态本质的实现。庞大的巨量数据存在着内在的生态关联，利用计算机技术可以发现各种数据面纱后面的真实生态存在。当然，这些和人类思维的转变密不可分，因为在大数据时代，数据的价值已经远远超越了它最基本的用途，也不需要再花费更多的精力和时间去收集、整理和分

---

① 〔英〕维克托·迈尔-舍恩伯格、肯尼思·库克耶：《大数据时代——生活、工作与思维的大变革》，盛杨燕、周涛译，杭州，浙江人民出版社，2013，第 109 页。

② 李国杰：《大数据对计算机系统的挑战》，《中国计算机学会通讯》2013 年第 12 期。

析，人类更愿意将其公开化给一些有价值的数据平台，这就是现今社交平台出现并持续走俏的原因。每个个体的人脉关系、想法、喜好，甚至实时地理位置也被这些社交平台加入到了每个个体的信息库中。这有利于人与人之间的交往，促进人际关系的发展。

大数据时代，人类可以更加清晰地洞悉万事万物数据互联的本相。大数据可以说重塑了一个时代脉络，加速了一个时代的步伐，通过分析有用的相关性的大数据，根据人类复杂和多样性的行为总结出若干简单规律，从而预测人类未来的种种可能，帮助人类自身和社会排除潜在的危难，以实现更好的发展。例如，中国南方航空股份有限公司的后备数据库中，就有每个航班的旅客信息，以此信息来做到为每位旅客服务，使服务人性化。再比如日本通过计算机技术把海量数据汇总，传送到各个计算机中，通过分析海啸各个爆发点，来防范海啸、地震，如2013年4月17日日本的9级地震之前就有数据信息预警。然而，人类"公开数据"只能是一种工具，是一种促进企业、政府与消费者、公众协同发展的渠道，它更需要建立一种在政府、学校、企业等范围里的生态系统，营造良好的生态环境。所有这些不仅仅是大数据的核心，也是生态哲学的价值导向即一种可持续的发展模式。

大数据是生态展现，它不仅仅是对生态的本真说明，是人类思维对万物互联的认识，也以走向生态的行动体现在人类生活的方方面面。在"天气预报""基因工程"领域中，大数据其实早已经被应用，随着计算机技术的蓬勃发展和大数据的爆发，这种整合、分析、预测已无处不在，商业和管理模式正在向生态模式转变。生态模式讲求的是循环经济、低碳环保、资源的最大利用率及可持续发展模式。以前的淘宝卖家被称为网络销售人员，而未来的趋势是这类人员将被看作生活管家。例如，他们通过计算机搜集到每位顾客在淘宝的浏览数据、每件物品的购买数据，对各种数据相关性加以整合分析，然后为每位潜在顾客推荐所需物品或者适时提醒顾客购买同一物品的时间及数量，询问是否需要再次购买，之后可以通过计算机技术帮助顾客引入购买链接或者直接根据顾客所需为顾客罗列该物品的商家及售卖信息。此时的计算机技术可以被理解为综合商务服务，通过计算机技术处理并预测消费者的消费趋势，进而预订、预售商品，这本身就是一种生态的行为模式——整合资源、节约成本。再如，利用地理定位数据进行有效管理与提供最优路线的GPS定位系统，后台计算机通过卫星传送的各种数据，既方便了车辆运营公司监督管理，也给每位车主提供了行车方便，节省人力、物力与时间成本。

这样的例子在大数据时代不胜枚举，最终诉求是寻找到一条整体的良性互动、关联、和谐且可持续发展的生态之道。

人、数据洪流、计算机组成一个有机整体，具有"统一、和谐、相互联系、创造性、生命支持、辩证的冲突与互补、稳定性、丰富性、共同体、地球环境中的一切"①的有机论特点。在这个组成的复合生态系统中，它们动态过程的整体性是最为重要的生态关系。人类创造、发掘、搜集各种数据并反馈给计算机，计算机整理、分析、预测新的潜在价值数据，再重新被人类利用，这一切都发生在自然之中。在大数据组成的生态网中，这种对人机关系的认识是关于有机论的认识过程。正如罗尔斯顿所阐明的，我们对自然的反应（认识）是基于生态的。我们由一种抽象的、还原式的和分析性的知识，转向了一种参与式的、整体的和综合的对自然中的人的解释。我们的自我不再是与客观自然环境相对立的一极，不是处于二极对立关系中，而是被其环境所包围，从而评价（认识）环境的活动是在与环境的交流中进行的。约翰·杜威曾说，经验不但是在自然环境中进行的经验，也是对自然的经验。② 罗尔斯顿进一步强调，评价不但是对自然的评价，也是在自然中进行的评价。这看起来是一种辩证关系，实际上却是一种生态关系。罗尔斯顿在这里加了一个注，他说："辩证的关系指假定主客体成对立两极的关系；生态的关系则指假定主体置身于生态系统中，与生态系统这一总体系统的关系。"③大数据所揭示的生态关系就是"人—数据—计算机"大系统的整体生态展现。

第四节　大数据对人的生态位的消解

人与计算机技术本应各自占据自己的生态位，在生态环境中协同发展，这是一种客观定位。达尔文认为："某一物种的后代越变异，就越能成功地生存，因为它们在构造上越分异，就越能侵入其他生物所占据的位置。"④也就是说，人与计算机技术就是因其各自独特的存在方式而各自占据自己独特的生态环境。然而大数据时代下，人被计算机技术数据化后，不论在空间上还是行为上，人本身的固有性质与周围环境最大适

---

① 〔美〕科利考特：《罗尔斯顿论内在价值：一种解构》，雷毅译，《哲学译丛》1999 第 2 期。

② 〔美〕杜威：《经验与自然》，傅统先译，北京，商务印书馆，2014，第 4 页。

③ 〔美〕罗尔斯顿：《哲学走向荒野》，刘耳、叶平译，长春，吉林人民出版社，2000，第 170 页。

④ 〔英〕达尔文：《物种起源》，舒德干等译，西安，陕西人民出版社，2001，第 124 页。

应状态的表现形式已经发生了巨大的变化。

人类赖以生存的不再是绝对意义的物理空间，俨然已经进入了物理与数字交互的空间，随着大数据时代的来临，未来将会是"物理-数据"空间或者完全是数据空间。计算机技术的发展过程和人类的进化过程本应紧密融合，人类随着这种技术的人性化特征而转变原有思维方式和世界观，变得积极、主动、开放，想要通过这种技术与世界建立联系，而结果是人类慢慢变成了数据，变得受控于这种技术。

大数据使得人类逐渐失去其生态位上所应该具有的功能。小数据时代，因为信息的私有化及技术限制，生态个体只有在人机交互界面时才被计算机技术所操纵。随着计算机技术发展，很多数据唾手可得，人类的意识、思维、身体数据成为这种技术的一个功能部件，成为被计算机技术规则操纵的对象。大数据建立在人的接受能力和注意力的特性上，它引开、转移和集中公众的注意力，影响其想象力，并产生了操纵这个隐喻的现代意义，即为大众的意见、志趣、情绪甚至心理状态编制程序，其目的是为操纵者编造出所需的行为。[①] 那么，可否将现今的计算机技术理解为运用大数据潜在价值操纵人类思维、行为、身体的一种技术手段？人类不但变成了操纵的对象，慢慢从物理空间隐退，人类的本性、尊严、意识、独立性、创造性也正在失去。

被大数据消解的人类生态位逐渐被计算机占据，这威胁着生物意义上人的存在。人类已经在大数据的道路上行进，如果未来某一天计算机完全接管了这个世界，人类的意识、尊严，会在这条道路上异化甚至消失吗？这是值得反思的问题。智能计算机的高速发展使虚拟与现实世界的界限模糊，甚至有专家预言：纯粹生物学意义上的人类将在未来绝迹。那时，生物学意义上的人类将彻底失去了其存在的生态位。

数据化的人应该找到适应新的生态环境变迁的生态位，同时人的生态位被消解、被占据也必定会影响计算机技术生态位的跃迁。人本应该在自己的生态位上通过自己的行为向外部生态环境展示自己的特有属性及特征，以达到适应环境和生存的目的，但是被数据化的人或者说数据化人的特性却在放大，生态个体的自然属性和社会属性都在减弱甚至隐退。笔者要强调的是，计算机技术是人在自己生态位上创造的产物，因此需要形成一种能在新生态系统中适应各自生存的生态位，使人与环境

---

① 〔俄〕谢·卡拉-穆尔扎：《论意识操纵》，徐昌翰等译，北京，社会科学文献出版社，2004，第18页。

在新的生态位上协同发展。

第五节　大数据对人的主体性的消解

我们所研究的技术是人的技术，即技术的主体是人。技术是由人来控制，为人服务的。可是技术不仅机械地把自然界客体化，走向技术异化，也使人这一主体逐渐发生了客体化，这表现为人的丰富的主体性的不断消失。[①] 人、数据洪流、计算机技术相互作用的过程中创造适合生存发展的环境，这应该是技术的原本目的，而不该成为数据与技术创造的人的规则。

大数据消解了人作为主体所应该具有的主动性、自由性。计算机技术异化在大数据时代下，显得尤为突出。例如，电子商务平台通过大数据的搜集，为人类创造了生活舒适的标准，为个体提供私人定制服务，可人类也被束缚在电商体制之中：即时互动网络根据每个个体提供的方位数据、图片数据和社交关系数据可以方便地为人们发送"私人定制"的广告，控制人类的心理行为，人类完全习惯于这种技术带来的便利，逐步丧失追求精神自由和批判思维的主动意识，丧失了那种人之所以为人的"内在自由"。这种自由丧失的异化过程是被动的，也因为是被动的，人不再与世界发生积极的联系，而被迫屈从于技术的机械规则和需要。服从技术规则，把自己放到技术强制自然展现的逻辑过程中，是人唯一与世界发生联系的办法。[②] 这样，人类也就时刻处在计算机技术的危险链条之中，并承受着各种威胁和伤害，如隐私的泄露、无力挣脱规则的束缚及安全感的缺失。

人成为计算机的数据之后，本能受到计算机技术的限制，人的个性受到了损害，表现为创造力的消失。人类工作与生活的各个方面越来越趋向高智能化，这些数据洪流建立起人类行为的稳定规范，这些规范是对人思维与行为方式的框定，可怕的是只有遵循这些才能实现预定目标。当前，云计算的产生使大数据成为新的生产要素，数据大爆炸仍会持续。未来，将会有更多的联网设备，如移动健康监测设备、智能建筑、智能汽车、智能医疗卡甚至是智能城市，这些联网设备所获取的人的全部数

---

① 李世雁：《走向生态纪元——哲学生态观变革研究》，沈阳，辽宁人民出版社，2004，第212页。

② 李世雁：《走向生态纪元——哲学生态观变革研究》，沈阳，辽宁人民出版社，2004，第214页。

据将会存储到云计算机中，也就是说，未来人与社会必须依靠大数据和云计算技术才能发展下去。这是一种单一的发展路径，人的开放式的发展模式将不复存在：人的想象力、创造力在逐渐消解，转变为依赖于数据与计算机技术的相互协作。

大数据不仅使主体的人创造力消失，也使人这一主体在时间过程中走向非存在。大数据是已经发生过的历史，是对已经过去的历史的记忆。大数据所决定的行为，从属于过去的历史，失去创造力的主体，也失去未来的时间，停留在过去的历史中，成为没有未来、没有发展、走向消失的主体。鉴于此，人类应该时刻反省自己，审视技术带来的影响，使人类回归到符合人性的发展道路，使技术回归到促进人性发展的自由创造之中。

人这一主体，有思想，有承载思想的机体，大数据的未来发展使人面临失去有机体的风险。人类发明创造了计算机，但当计算机也可以具有人类的意识，人类通过智能计算机实现复制甚至重生时，人类与计算机的区别该如何界定？在大数据时代，当前的计算机技术可以说正在慢慢改变整个世界，所有的一切都可以数据化，包括人的思维与肉体。

第六节　走向生态

辩证地看，数据主宰一切成为未来的隐忧。雷·库兹韦尔在他的《灵魂机器的时代：当计算机超过人类智能时》一书中预测到：2099 年，人类与电脑不再有明显的区别。大多数有意识的实体并不具有永久的物质形态。从人类智能的扩展模型衍生出来的以机器为基础的智能生物自称为"人"，已经在脑中灌输软件的"人类"，在数量上更是远多于继续沿用神经网络的人们。[①] 他还认为，到这个时候，死亡将不存在。人类已经成为计算机技术的软件，定期把自己输入到更先进、更有用的"个人"计算机中，这些计算机不会互不相连，它们将深深植根于人类的身体、大脑和环境之中。人类的身份和生存将最终独立于硬件存在，人类的永生将取决于经常的备份。当人、事物都可以被数据化输入到计算机中，为计算机技术所用时，这将是怎样的一种未来发展，这种发展是否违背了自然规律、人类社会发展规律及生物学规律？显而易见，违背生态规律

---

① 〔美〕雷·库兹韦尔：《灵魂机器的时代：当计算机超过人类智能时》，沈志彦、祁阿红、王晓冬译，上海，上海译文出版社，2006，第 273 页。

会导致生态系统的破坏，甚至会导致更加深层的生态危机。这就是计算机技术伦理背后的秘密，一个隐秘而又公开的秘密，它让人类对和谐的未来世界多了一分担忧，也让人类对计算机技术的认知多了一分沉思。

技术可持续发展的核心内容是技术生态化。在大数据时代，人类有理由相信自己可以找到一条与计算机技术形成良好互动、协同进化的可持续发展的道路。但在这条道路上，应该是责任与自由并举的。

人的精神、人的思维、人类的认知空间，终要以物质为载体，以人的大脑、人的机体为载体。在大数据时代，世界不应该只是充斥着数据和计算机的冰冷世界，人类的作用依然无法被完全替代。生态个体、数据洪流、计算机技术将在自己的生态位上与周遭环境发生联系，维护着这个生态系统的动态平衡、协同发展。正如雷·库兹韦尔所说，最终，人类的思想正与由他所创造的机器智能融会在一起。[1] 这是人类与计算机技术组成的生态系统的建立，这也是未来发展的最终方向——生态纪。这个系统就是处在相互促进、相互增强、相互提升的关系之中的。[2]

科技的发展，是导致社会的毁灭还是更美好未来，本质上取决于人类自身的发展观念，取决于是否拥有向"善"的伦理观念。新时代的我们不仅需要这样的哲学态度和视野，更需要一种生态哲学的思想规约并引领行动的方向。

---

① 〔美〕雷·库兹韦尔：《灵魂机器的时代：当计算机超过人类智能时》，沈志彦、祁阿红、王晓冬译，上海，上海译文出版社，2006，第273页。

② 李世雁：《走向生态纪元——哲学生态观变革研究》，沈阳，辽宁人民出版社，2004，第316页。

第十九章　生活维度的研究专题：
休闲的生态哲学解析

休闲的生态哲学解析就是关于人类生活实践的生态哲学研究，直接指向人类如何生存。现代的人们生活在一个物质丰盈的时代，貌似拥有了一切，但却丢掉了幸福。匆匆的脚步、忙碌的身影让我们对于自己要走向何方非常困惑。我们是否应该放慢脚步甚至停下来去静静地思考：我们为什么活着和应该怎样活着？休闲就是让我们去反思自我，找回本真，走向生态文明。生态文明是人类文明发展的新阶段，它倡导的是人与人、人与社会、人与自然的和谐共生与全面发展。休闲也是要构建一种高品质的生存状态和发展状态，通过人类特有的生态意识和行为方式，达到人类物质家园和精神家园的协同发展，实现天人合一的最高境界。休闲的生态本质使人走向生态文明，使社会走向生态文明，也使人与自然共同体一起走向生态文明。

第一节　生态文明语义下的休闲

"几千年前的中国圣贤们，对'休闲'二字有极其精辟的阐释，'休'，倚木而休，强调人与自然的和谐；'闲'，娴静，思想的纯洁与安宁，从词义的组合上表明了休闲所特有的文化内涵与价值意义。"①亚里士多德对休闲近乎顶礼膜拜，说"幸福包含闲暇，忙碌是为了获得闲暇……沉思需要自足、闲暇及享福祉"②。到底何为休闲？

休闲在不同时期有着不同的含义，但这些含义都反映了休闲所具有的生态本质。在人类社会发展的初期，解决生存问题便是头等大事，但并不是没有生存以外的事情，如祭拜、占卜、音乐、文字等就是主要的休闲方式，休闲内容丰富，形式多样。休闲有助于放松心情、缓解压力，在维护人体生理机能上发挥了重要作用。随着人类社会的进步，一部分

---

①　〔美〕托马斯·古德尔、杰弗瑞·戈比：《人类思想史中的休闲》，成素梅等译，昆明，云南人民出版社，2000，第 14 页。

②　〔古希腊〕亚里士多德：《尼各马可伦理学》，廖申白译，北京，商务印书馆，2003，第306～307 页。

人从劳动中分离出来，成为有闲阶级，腾出了时间。个人在艺术、哲学等方面得到发展，休闲开始有了文化内涵。这时的休闲不仅维护了人体机能的生态性，同时也构建了人的精神家园，促进了人体和精神的生态平衡，推动了社会生态文明的进程。但大多数人还是处于无闲的状态。时至今日，休闲如同其他的社会活动一样具有普遍性，并受到具体环境的影响和制约，不存在一个对于所有人都适用的休闲模式。总而言之，我们可以从两方面去理解休闲的内涵：一是用于恢复体力和缓解压力的活动，维护身体机能的生态平衡；二是追求精神慰藉和发挥主体创造力的过程，促进社会历史文化的发展，推动社会生态文明的进程。漫长而无所为的赋闲就跟失业或坐牢差不多，只有在工作之后，休闲才有意义，"休"是为了更好地工作，不是为了"闲"。①

休闲虽然受多种因素的影响，但都是生态语义下的休闲，并由活动的愉悦性质所决定。休闲绝不等同于"空闲""消闲"。休闲不是不活动，也绝不是闲置在那。被动的"闲"，如退休员工和下岗职工的闲，会让人不愉快。因此，"闲"只为休闲提供了一种时间上的可能性。休闲是人这个生物有机体动态的发展过程，并与周围发生着有机的联系，如看电影、听音乐，再如一些直接参与的活动——健身、卡拉OK等。这些活动都可以促进人的身体机能和精神世界的协调发展，有助于个体人的生态性的维护。和自然的亲密接触，如徒步旅行或旅游，可以感受大自然的真善美，带来心灵的净化和洗涤。这些人与自然互动的休闲方式可以促进人与自然的协调共生，是生态文明重要的方面。人还可以参与社会活动，如与值得信赖、彼此投缘的亲朋好友一同并肩散步、随意聊天，这可以丰富社会的有机联系，促进人与人、人与社会的共同进步。由此可见，休闲是由愉快的活动来填充的，这样的活动能够促进个体人的平衡发展，促进人与人、人与自然、人与社会的有机互动和联系，促进人与自然、人与社会共同走向生态文明。

由此可见，休闲的本质是生态的，本身就是在反思人为什么而活，是对生命价值和意义的思考，通过对生命意义和快乐的探索，来实现人的全面发展、生态发展，使人走向真正的自由。人们有了充裕的闲暇时间，就等于享有了充分发挥自己一切爱好、兴趣、才能、力量的广阔空间，有了为"思想"提供自由驰骋的天地。这成为积累一个人、一个民族、

---

① 〔英〕查尔斯·汉迪：《非理性的时代》，方海萍等译，杭州，浙江人民出版社，2012，第132页。

一个国家文化资本的重要途径①，这正是生态文明的展现。因此，我们应该重视休闲，珍惜休闲，为创造生态文明的社会而努力。

生态文明需要休闲。休闲是人的休闲，人不仅作为一个有机的生物个体存在，也是一个社会关系的存在。人在社会之中又在地球之上，人类的社会就像小池塘生态系统、森林生态系统、海洋生态系统一样，存在于地球之上，作为有机的社会生态系统，与自然生态系统发生着密切关联。休闲就普遍存在于这些生态系统之中，并在维护这些生态系统的平衡上发挥着重要的作用，而生态文明就旨在使各个系统协同有效地运行，休闲在这里便有了不可替代的作用。休闲调节人的生物机体，实现个体的生态文明；休闲改变着社会，使社会走向生态文明；休闲实现了人与自然的互动，使人与自然共同走向生态文明。生态文明就是以人、自然、社会组成的生态系统协调共生为特征的新的文明。

生态文明语义下的休闲意味着休闲本身就是生态的。休闲不仅关系到个体人的生态生存与生态发展，也关系到人类社会生态文明的建设，对于人与自然共同体走向共同的生态文明更是具有重要的意义。休闲需要我们从生态哲学上来解析，这是其生态本质使然。休闲是一个极其复杂的动态过程。在生态自然观的指导下，通过人类群体特有的生态行为方式、生态思想观念、天人合一的情感，可以促进个体、社会、自然各个生态系统的平衡发展和有机联系，最终引导人与自然、人与社会共同走向生态文明。

第二节 休闲使人走向生态文明

休闲的生态本质决定了它可以帮助人走向生态文明。休闲就是一种成为"生态的人"的过程。生态文明下的"人"不仅是指身体机能的平衡发展，还要在社会交往中实现自我的外在价值并能构建自己的精神家园，实现天人合一的境界。休闲首先就被理解为这种"成为状态"，是一个动态发展过程。同时，"休闲是一种为了使自己沉浸在'整个创造过程中'的机会和能力"②，"它对于人'成为人'有着十分重要的价值，并在人类进步的历史中始终扮演着重要角色"③。我们从人性的三个方面即自然属性、社会属性、意识属性去解读休闲的生态内涵。

---

① 马惠娣：《瞭望休闲学研究之前沿》，《洛阳师范学院学报》2010 年第 1 期。

② 马惠娣、刘耳：《西方休闲学研究述评》，《自然辩证法研究》2001 年第 5 期。

③ 马惠娣：《休闲问题的理论探究》，《清华大学学报（哲学社会科学版）》2001 年第 6 期。

首先，休闲有助于维护人体生态系统的平衡。人的自然属性也称生物性，它是人类最基本和本能的需求，包括生命安全需求、食物需求、休息和睡眠需求等。休闲作为缓解疲劳、调节人体机能的活动，贯穿整个人类社会并陪伴着人的每一天，如唱几首歌、跳几下、参加体育活动，这些都是放松心情、解除身体上的疲劳的休闲方式，而且是必要的休闲方式。有人说，中国的社会还不是那么富裕，讲究休闲貌似是一种"奢侈的享受"，因此忽视休闲甚至批判休闲。然而，人不是机器，不能一直劳作，人体的生态系统的平衡需要劳逸结合。况且休闲也是一种生产力，休闲得好，既让人身体健康，又让人身心愉悦，这样就能提高人的效率，总之会调动人的工作积极性，这是常识。

其次，休闲有助于促进人在社会生态系统中的全面发展。人是社会关系的总和，人的社会属性是指在劳动和生活中与周围的人发生各种各样的关系，如生产关系、亲属关系、朋友关系等。人是一种社会动物，那么就需要通过与别人的交往而不断地"成为"社会中的人。这就决定了人不仅具有内在价值，而且在这个过程中，人的外在价值也不断得以证明，得以体现。这是人对自我的重新认识，同时也是一个挖掘、创造自我的过程。因此，通过休闲活动，我们不仅仅知道自己是干什么的，同时也知道了我们是谁。

最后，休闲有助于满足人的精神系统的需要。人的意识属性一般又叫作精神属性，它是建立在人体生态系统基础之上的精神系统。它作为人性的一个重要子系统，具有更复杂的结构。人的需求不仅仅局限于物质生产层面，价值意识系统对人的生存状态和发展状态尤为重要。休闲就是在人的追求由物质转向精神的过程中形成的，是伴随人类历史的进步形成的一种普遍的生活方式和生命状态。

然而，大工业革命的到来却挑战了休闲的地位，使休闲失去了生态本质，人的生态性也遭到了破坏，人的丰富的主体性消失，变成了"单向度的人"。机械化水平的不断提升，使人不得不成为机器上的部件。当一切变成功利化的工具，只为效率服务的时候，人变得压抑而匆忙。正如有的学者所说：越来越物质化的社会，"致使片面的物质享受和可怕的精神贫困正撕裂着当代人。面对人类这样的场景，尼采曾哀叹'人死了'；马克思尖锐地指出'人被异化'；贝尔悲楚地呐喊'我是谁？'；海德格尔则追问'存在的意义'；弗洛姆直陈人类正在'逃避自由'。人类的精神源泉遭到了严重的污染"①。

综上所述，休闲的生态本质能促使人走向生态文明。休闲的功能和意义不仅仅是释放工作和生活压力，解除体力上的疲劳，恢复身体机能的平衡，同时也是获得精神上的慰藉，从根本上讲就是人走向生态文明的过程。正如杰克·道格拉斯所说："必须重新发现一个完整的自我概念——精神和肉体、理智与情感——才能创造一个真实的自我和全新的世界。"②它所强调的应该是满足基本生理需求之上的身体健康、身心协调、人与自身精神和社会文化的有机统一。

第三节　休闲使社会走向生态文明

休闲可以通过丰富人与人、人与社会的有机联系，促进社会全面平衡发展，最终使其走向生态文明。随着工业化、城市化、大众传媒、大众交通的发展，个体因子在社会交往中消失。我们通过网络社交、数字卡片或是职业识别与他人和社会发生关系，人变得符号化并片面性地相互联系着，有机的社会生态系统处于分裂和疏离的状态。然而，"人类是需要亲密关系的动物，我们不仅仅需要一起做什么，我们更需要具有多种意义的'在一起'"③。休闲就不断地为丰富和发展社会关系创造条件，如参加志愿者服务机构等就体现了这一点。休闲试图通过多样化的生活方式让人与人、人与社会多层次地联系在一起，如同自然生态系统内，组成的成分越多样，食物链网的组成越错综，生态系统自动调节恢复稳定状态的能力就越强。这样，当人融入这样一个稳定的共同体时，就找到了自己的"生态位"，就不再孤独。所以休闲"就是一种'成为人'的过程，是一个人完成个人与社会发展的主要存在空间"④。

然而，在当今社会，随着技术异化的产生，休闲也发生了"异化"，某种程度上阻碍了社会走向生态文明的进程。原本技术的发展应该为休闲提供时空的可能性。一方面，可以通过提高人们的工作效率，将人从繁重的劳动中解放出来，使人有更多的闲暇时间去发展自己；另一方面，可以通过交通、媒体、信息技术的发展提供更多的休闲资源和新的休闲

---

① 马惠娣：《瞭望休闲学研究之前沿》，《洛阳师范学院学报》2010 年第 1 期。
② 转引自〔美〕约翰·凯利：《走向自由——休闲社会学新论》，赵冉译，昆明，云南人民出版社，2000，第 94 页。
③ 〔美〕约翰·凯利：《走向自由——休闲社会学新论》，赵冉译，昆明，云南人民出版社，2000，第 153 页。
④ 马惠娣、刘耳：《西方休闲学研究述评》，《自然辩证法研究》2001 年第 5 期。

方式，让人更充分地利用闲暇。事实上，人们并没有因此感到轻松。一方面，更多的休闲方式的选择让人不知所措，人们为了休闲而休闲，导致"时间"变成了一种稀缺资源，不能满足人的所有休闲需求；另一方面，即便人们可以拥有时间去休闲，但由于20世纪以来，人们沉迷于技术化大生产带来的巨大的经济效益，追求物质利益也变成社会衡量一个人外在价值的标准。所以人们宁可放弃休闲，甚至批判休闲。当然这种价值导向也影响了休闲业本身的发展。例如，旅游业最初的动机也在于休闲，但如今在一些企业中却变成了一种赚钱的手段，忽略了活动主体的内心感受和休闲效果，扭曲了原本的休闲功能和性质。人不再是休闲的主体，休闲也沦落为经济的附属物。

产生休闲的"异化"现象有以下两个原因。一方面，人类社会的发展缺少一种和谐共生的生态观念，从而导致价值观过于单一化，错误引导了人的休闲行为，背离了休闲的本质。通过最小成本地追求经济利益最大化来满足人们的物质欲望，这不仅仅让人被贪婪和无尽的欲望控制着，且离休闲越来越远。传统休闲价值在社会的嬗变中被肢解得愈来愈凌乱；休闲价值的精髓也越来越多地被物质主义所浸染。[1] 不可否认的是，科技和经济的发展确实丰富了人的休闲内容，但却不能就此取代休闲。例如，我们更享受与家人在一起共进晚餐的时间；同样都是劳动，家务却不会让我们觉得无聊。从社会关系层面来讲，目前，在美国流行一种"咖啡机文化"，其实就是为员工提供一个减压放松的场所，不同部门的人在此不仅能交流经验，激发灵感，最重要的是培养了员工的归属感。

另外，人类社会的物质和精神发展出现断裂，需要一种全面发展、有机平衡的生态观念，才能促进社会走向生态文明。同样，休闲的愉悦不能仅仅停留在感官的愉悦和满足上。消费主义让我们被贪婪和无尽的欲望所控制，在自由时间里无度地消费，似乎在消费中感到实现了自我，这实际上是对人性的亵渎。这种休闲的物质化使休闲失去了生态本性，发生了异化。应该将休闲上升到文化的范畴，使休闲不仅是一种感官享受，同时更是一种精神体验，它使我们在精神的自由中历经审美的、道德的、创造的、超越的生活方式，它是有意义的、非功利性的，它给我们一种文化的底蕴，支撑我们的精神。[2] 所以，休闲的价值绝不在于实用，而是一种文化构建。休闲以特有的精神理想赋予人的经济技术行为

---

① 马惠娣：《瞭望休闲学研究之前沿》，《洛阳师范学院学报》2010年第1期。
② 马惠娣：《人类文化思想史中的休闲——历史·文化·哲学的视角》，《自然辩证法研究》2003年第1期。

以真实的意义，使它与社会中占主导地位的政治、经济或科技力量保持一定的距离或相对的独立性，形成一种对社会发展进程有矫正、平衡、弥补等功能的人文精神力量。[①] 休闲最终促使社会走向生态文明。

第四节　休闲使人与自然共同走向生态文明

休闲史在某种程度上也可以被看作是人与自然的关系史。远古人在自然面前的脆弱地位使人对自然既惧怕又崇拜，人们在劳动之余，蹦蹦跳跳来放松自己，或在岩石、陶器上雕刻和绘画来表达对自然的尊重。这是人类最早的休闲方式，也反映出人与自然是一个生命共同体，这是一种和谐共生的生态观。随着人类实践的发展，人的主体性开始萌动，在人与自然的关系上，东西方走上了不同的发展道路。

东方的有机观念以中国的思想为代表，大自然的厚爱使得中国人懂得顺应天时，懂得人生活在天、地之间。这种"天人合一"的自然观念表达了人与自然的和谐关系。在这种和谐共生的生态观念的影响下，中国人的休闲讲究心灵的平静和身心的调和，在这样的状态下去感受自然和生命的真善美的统一。道家主张，人要活得自然、自由自在，心性尤其要悠然散淡。陶渊明的诗句"采菊东篱下，悠然见南山"非常有代表性地表达了休闲之境界——自我心境与天地自然的交流与融合，体悟到了精神世界与客观世界的和谐统一。

在古希腊，星罗棋布的岛屿和沿海的地理形成了众多的城邦，气候和地质不能满足人的自给自足，人们从一开始就没有对自然抱有好的期望，认为人以外的自然事物是没有价值的。因此，西方的休闲关注的都是人的发展，追求人的感官刺激和极限挑战，强调为人们提供激发基本才能的变化条件，从而实现其意志、知识、责任感和创造能力的自由发展。

自然在休闲体验和审美情趣中消失，在某种程度上反映了人与自然和谐共生的生态关系遭到破坏，这必然阻碍生态文明的实现。很多西方人已经不再把旅游作为一种休闲方式，随着技术的发展和应用，他们开始拒绝欣赏自然。至此，人与自然的关系不再"困扰"人类。相反，人类开始利用科技的力量，相信在人工的环境中也可以创造这种休闲体验，如极限运动、迪士尼游乐场等。当然我们不否认科技的手段能为人的休

---

① 马惠娣：《人类文化思想史中的休闲——历史·文化·哲学的视角》，《自然辩证法研究》2003 年第 1 期。

闲创造愉悦的感官体验，但科技还是不能与自然力量相媲美的，就算我们能利用电子地图或是其他的移动设备用手指走遍整个地球，也难有亲临自然的情感回应。所谓"读万卷书，行万里路"正是讲这个道理。在大自然中行走，眼随景移，心随景动，胸襟和眼界自会不同。我们都会有这样的体验，人站在矮处，视野会很狭小，站得越高，就会看得越辽阔。都市空间狭窄，唯有在山水之间，才能得到一种心灵的成全；唯有在山水之间，才能养出博大的胸怀。

休闲体验能真正实现人与自然的互动，它可以维护人类自身发展，可以为自然生态平衡提供可能。只有真正实现人与自然的和谐共生，才能使人与自然共同走向生态文明。一方面，这种休闲体验有助于自我认知的发展。在无边无际、巍峨、硕大的自然壮观中我们产生了情感回应，包括紧张的、兴奋的、交织着被征服的和忧虑的复杂的精神体验。这个时候我们就被一种超越人类的力量推向想象的极限，就像在空旷的沙漠产生关于死亡的感觉和思考一样。在这种体验中感受自我，感受到我们仅仅是风景的一部分，渺小而谦卑，值得一提的是，这不是一种主观体验，而是一种我们每个人都可以想象到也能够亲身感受到的在自然环境中渺小的处境。这样一种新的体验丰富了我们的经验，尤其是在人与自然界之间的内在有机联系上我们有了更清楚的认识。我们意识到在超越人类能力和控制的范围内，还有"新的价值形式"。因此自然教会我们谦卑，换句话说，就是尊重非人类自然界中事物的内在价值，这是一种生态观念。在自我和环境的互动关系中，我们能重新审视自己在其中所处的位置，这一新的感悟便是我们的非凡之处。另一方面，积极的休闲体验是独特的也是令人难忘的，它能激发我们对自然的兴趣，进而形成保护自然的欲望，产生一种生态意识，促进我们对自然环境的伦理关怀。在我们学会谦卑之后再去审视人类现今遇到的环境问题，便会发挥积极的教育功能，就是这种态度的转变，让我们承认人不是在自然之上，或是自然之外，而是在自然之中。这种生态意识和生态观念可以真正促进人与自然的互动。基于敬畏自然的意识才能超越以往人与自然之间的鸿沟，建立起有意义的联系。敬畏自然虽然使人感到某种程度的焦虑和恐惧，但正因为这种距离感才为人与自然关系的协同发展提供了路径，最终完成了从敬畏自然到欣赏自然的态度转变。这种休闲体验虽然没有提供舒适的愉悦，但是惊诧与兴奋交织、紧张与激动交融，帮我们实现了人与自然的和谐共生，并促使人与自然一起走向生态文明。

结　语

　　哲学是时代精神的精华，生态哲学就是当今时代精神的精华。生态哲学基础理论的阐述已经从生态本体论、思维整体中的生态哲学思想、生态（环境）伦理学这三个篇章展开。然后，又选取了实践维度的五个现实专题并运用生态哲学基础理论进行解读研究。生态哲学的三大基本原则，即关系原则、过程原则、有机原则贯穿在每一篇章的研究体系之中。

　　生态本体论是生态哲学基础理论研究的开篇。宇宙论、地质学、地史学、生态学、物理学中的相对论和量子力学、系统论、控制论、信息论及耗散结构理论、突变论、协同论等诸多自然科学理论为生态哲学的生态本体论提供了坚实的科学基础，也使生态本体论生成了丰富的理论内涵。在自然科学基础上，从生态本体论意义上解读关系原则、过程原则、有机原则。关系原则意味着关系普遍存在，过程原则认为过程是根本的、永恒的，有机原则强调世界是一个有机整体。关系原则认为每一个个体都是非独立的存在，是关系的实在，关系的实在肯定世界是事件的，注重个体的经验，认为关系是构成性的、生成性的；关系肯定了创造力，关系对创造力的肯定也是对协同的支撑，关系的诸多样态表现为宇宙万物及生命的丰富多彩。过程原则认为过程是根本的、永恒的，过程涉及转变过程与共生过程，转变是历时的过程，共生是现实的、不具时间的过程，是关系的能动；过程是外在客观机遇和内在主观享受的统一，享受又涉及领悟和感受。有机原则肯定世界的整体，而且是有机整体，亦即有机体，由此肯定共同体、创造力、协同作用；有机原则认为，作为有机体的整体，以守恒、平衡、公平而存在，内含公正原则。生态本体论这一篇概括了生态哲学的关系原则、过程原则、有机原则，同时研究了整体、转变、共生、机遇、享受、领悟、感受、恒平（守恒、平衡、公平）、专门化、生态位、创造力，以及事件、构成性、生成性等一系列概念，这些都是生态哲学在哲学发展历程中为哲学本身的成就所做的贡献。

　　思维整体中的生态哲学思想是继生态本体论之后生态认识论维度的研究。生态哲学是在哲学本身的历史发展过程中逐渐产生和显现的。生态哲学的关系原则、过程原则、有机原则并不是一开始就出现在哲学里的，而是随着人类思维在时间历程整体中的创造而生成和展现的。哲学是时代精神的精华，每一时代都有哲学所关注的主题，这是哲学的外在展现，哲学的发展还有内在的逻辑。从古希腊哲学对世界的认识中可以肯定，世界是真实存在的，这是哲学的本体论，是哲学对世界的关注。这个世界是可以认识的，在认识论意义上，理性可以把握真实的过程，能透过现象认识到实在事物的变化是过程性的。从本体论和认识论意义上的考察，可以看出关系是普遍存在的，世界是过程的。关系原则、过程原则一开始就内在于哲学的逻辑之中。理性为什么能够存在，为什么能透过现象把握本质？为了回答这个问题，哲学开始关注人的思维。哲学对理性的研究之路从苏格拉底、柏拉图、亚里士多德开始，中间经历了中世纪的经院哲学，然后是文艺复兴、科学革命之后的笛卡儿、康德、黑格尔等。笛卡儿在解决这一问题时提出了二元论。在对二元论的克服中，有机原则在哲学逻辑进程中逐渐呈现。斯宾诺莎和莱布尼茨的有机哲学使哲学转向整体、能动，哲学开始关注行动。达尔文进化论揭示了这个整体世界中生物的发展进化和关系，创造进化论、突现进化论关注世界整体发展进化的动因，马克思以实践的哲学系统研究社会的发展，技术哲学更是标志着哲学转向行动。进入 20 世纪，怀特海的过程哲学沿着有机原则的提出、发展与完善的历史进程，实现了关系原则、过程原则、有机原则的历史与逻辑的统一。

关注世界、关注思维、关注人的行动是哲学的进程。转向行动的关注就是关注伦理道德。环境伦理、生态道德就是人的行为规范，因此，环境哲学才会在生态(环境)伦理学领域里率先发展起来。道德是伦理学的研究主题，生态伦理学亦是提高人生境界之学，教人如何生存之学。由此，道德优越者生存的研究具有重要意义。从有关道德的生态研究、自然价值和自然权力及生态伦理流派的研究中可以看出，道德是自然演化的继续，也使得道德优越者生存展现于社会生态系统中。关系原则、过程原则、有机原则的共同作用孕育于其中，作为生态哲学的三大原则从方法论维度展开了其内涵。

生态本体论、思维整体中的生态哲学思想、生态(环境)伦理学是从本体论、认识论、价值论维度对生态哲学基础理论的展开。如何运用生态哲学基础理论进行实践维度的研究却是一项艰巨而繁重的现实任务。由于实践的广泛性，这部分研究属于开放性的研究，纷繁复杂、多种多样的现实问题都会进入生态哲学的研究领域，研究人类如何生存的现实与未来。我们只选取了人类文明的生态历程、生态学的现实批判、有关

有机体个体人的能力的"看"的生态哲学解读、有关技术和生产领域的大
数据的生态哲学解析、有关人生活的休闲的生态哲学解析这五个主题。
随着哲学的发展和历史的进步，不同主题的生态哲学研究一定会在未来
不断呈现。

参考文献

一、中文著作

（一）中文图书

1. 阿尔奇·巴姆．有机哲学与世界哲学［M］．江苏省社会科学院哲学研究所巴姆比较哲学研究室，编译．成都：四川人民出版社，1998．

2. 阿尔温·托夫勒．第三次浪潮［M］．朱志焱，潘琪，张焱，译．北京：生活·读书·新知三联书店，1984．

3. 奥德姆，巴雷特．生态学基础：第5版［M］．陆健健，等，译．北京：高等教育出版社，2009．

4. 北京大学哲学系外国哲学史教研室．西方哲学原著选读：上卷［M］．北京：商务印书馆，1981．

5. 彼得·温茨．现代环境伦理［M］．宋玉波，朱丹琼，译．上海：上海人民出版社，2007．

6. 达尔文．人类的由来［M］．潘光旦，胡寿文，等，译，北京：商务印书馆，2008．

7. 大卫·格里芬．超越解构：建设性后现代哲学的奠基者［M］．鲍世斌，等，译．北京：中央编译出版社，2002．

8. 大卫·格里芬．后现代精神［M］．王成兵，译．北京：中央编译出版社，1998．

9. 大卫·格里芬．后现代科学：科学魅力的再现［M］．马季方，译．北京：中央编译出版社，1995．

10. 戴斯·贾丁斯．环境伦理学［M］．林官明，杨爱民，译．北京：北京大学出版社，2002．

11. 丹尼尔·贝尔．后工业社会的来临［M］．高铦，王宏周，魏章玲，译．北京：商务印书馆，1984．

12. 丹尼斯·米都斯．增长的极限：罗马俱乐部关于人类困境的报告［M］．李宝恒，译．长春：吉林人民出版社，1997．

13. 丹皮尔．科学史及其与哲学和宗教的关系：上册［M］．李珩，译．北京：商务印书馆，2009．

14. 恩格斯．自然辩证法［M］．中共中央马克思恩格斯列宁斯大林著作编译局，编译．北京：人民出版社，1971．

15. 菲利普·克莱顿，贾斯廷·海因泽克．有机马克思主义：生态灾难与资本主义的替代选择［M］．孟献丽，于桂凤，张丽霞，译．北京：人民出版社，2015．

16. 冯友兰．中国哲学简史［M］．涂又光，译．北京：北京大学出版社，1985．

17. 弗·卡普拉．转折点：科学·社会·兴起中的文化［M］．冯禹，向世陵，黎云，编译．北京：中国人民大学出版社，1989.

18. 弗兰克·梯利．伦理学导论[M]．何意，译．桂林：广西师范大学出版社，2001.

19. 戈峰．现代生态学[M]．北京：科学出版社，2002.

20. 海德格尔．海德格尔选集[M]．孙周兴，选编．上海：上海三联书店，1996.

21. 海克尔．宇宙之谜[M]．苑建华，译．西安：陕西人民出版社，2005.

22. 汉斯·萨克塞．生态哲学[M]．文韬，佩云，译．北京：东方出版社，1991.

23. 何怀宏．伦理学是什么[M]．北京：北京大学出版社，2002.

24. 赫尔曼·哈肯．协同学：大自然构成的奥秘[M]．凌复华，译．上海：上海译文出版社，2013.

25. 怀特海．过程与实在[M]．杨福斌，译．北京：中国城市出版社，2003.

26. 怀特海．科学与近代世界[M]．何钦，译．北京：商务印书馆，1959.

27. 霍尔姆斯·罗尔斯顿．环境伦理学[M]．杨通进，译．北京：中国社会科学出版社，2000.

28. 霍尔姆斯·罗尔斯顿Ⅲ．哲学走向荒野[M]．刘耳，叶平，译．长春：吉林人民出版社，2000.

29. 杰里米·里夫金，特德·霍华德．熵：一种新的世界观[M]．吕明，袁舟，译．上海，上海译文出版社，1987.

30. 康芒纳．封闭的循环：自然、人和技术[M]．侯文蕙，译．长春：吉林人民出版社，1997.

31. 柯林伍德．自然的观念[M]．吴国盛，译．北京：北京大学出版社，2006.

32. 库拉．环境经济学思想史[M]．谢阳举，译．上海：上海人民出版社，2007.

33. 蕾切尔·卡逊．寂静的春天[M]．吕瑞兰，李长生，译．长春：吉林人民出版社，1997.

34. 李道增．环境行为学概论[M]．北京：清华大学出版社，1999.

35. 李培超．自然的伦理尊严[M]．南昌：江西人民出版社，2001.

36. 理查德·道金斯．自私的基因[M]．卢允中，张岱云，王兵，译．长春：吉林人民出版社，1998.

37. 林红梅．生态伦理学概论[M]．北京：中央编译出版社，2008.

38. 卢风，肖巍．应用伦理学导论[M]．北京：当代中国出版社，2002.

39. 罗素．西方哲学史：上卷[M]．何兆武，李约瑟，译．北京：商务印书馆，1963.

40. 马尔科夫．社会生态学[M]．雒启珂，刘志明，张耀平，译．北京：中国环境科学出版社，1989.

41. 马尔萨斯．人口原理[M]．朱泱，胡企林，朱和中，译．北京：商务印书馆，1992.

42. 马克思恩格斯全集：第1卷[M]．北京：人民出版社，1956.

43. 马克思恩格斯文集：第1卷[M]．北京：人民出版社，2009.

44. 马文·塞特龙，欧文·戴维斯，大有希望的明天：未来20年科技将怎样改变我们的生活[M]. 郭武文，项飞，姚珺，等，译. 北京：中信出版社，2000.

45. 麦金德. 历史的地理枢纽[M]. 林尔蔚，陈江，译. 北京：商务印书馆，2010.

46. 纳什. 大自然的权利：环境伦理学史[M]. 杨通进，译. 青岛：青岛出版社，1999.

47. 钱俊生，余谋昌. 生态哲学[M]. 北京：中共中央党校出版社，2004.

48. 乔根·兰德斯. 2052：未来四十年的中国与世界[M]. 秦雪征，谭静，叶硕，译. 南京：译林出版社，2013.

40. 全增嘏. 西方哲学史：上册[M]. 上海：上海人民出版社，1983.

50. 全增嘏. 西方哲学史：下册[M]. 上海：上海人民出版社，1983.

51. 塞缪尔·亨廷顿. 文明的冲突与世界秩序的重建[M]. 周琪，译. 北京：新华出版社，2010.

52. 史蒂芬·霍金. 时间简史[M]. 许明贤，吴忠超，译. 长沙：湖南科学技术出版社，2001.

53. 斯宾诺莎. 伦理学[M]. 贺麟，译. 北京：商务印书馆，2017.

54. 孙正聿. 哲学导论[M]. 北京：中国人民大学出版社，2000.

55. 泰勒. 尊重自然：一种环境伦理学理论[M]. 雷毅，李小重，高山，译. 北京：首都师范大学出版社，2010.

56. 唐纳德·沃斯特. 自然的经济体系：生态思想史[M]. 侯文蕙，译. 北京：商务印书馆，1999.

57. 梯利. 西方哲学史[M]. 葛力，译. 北京：商务印书馆，1995.

58. 田中裕. 怀特海：有机哲学[M]. 包国光，译. 石家庄：河北教育出版社，2001.

59. 托马斯·贝里. 伟大的事业：人类未来之路[M]. 曹静，译. 北京：生活·读书·新知三联书店，2005.

60. 王鸿生. 世界科学技术史：修订版[M]. 北京：中国人民大学出版社，2001.

61. 薇尔·普鲁姆德. 女性主义与对自然的主宰[M]. 马天杰，李丽丽，译. 重庆：重庆出版社，2007.

62. 魏宏森，宋永华，等. 开创复杂性研究的新学科：系统科学纵览[M]. 成都：四川教育出版社，1991.

63. 文德尔班. 哲学史教程[M]. 罗达仁，译. 北京：商务印书馆，1987.

64. 小约翰·科布，大卫·格里芬. 过程神学[M]. 曲跃厚，译. 北京：中央编译出版社，1999.

65. 谢爱华. 突现论中的哲学问题[M]. 北京：中央民族大学出版社，2006.

66. 许欧泳. 环境伦理学[M]. 北京：中国环境科学出版社，2002.

67. 亚当·斯密. 国民财富的性质和原因的研究：上卷[M]. 郭大力，王亚南，译. 北京：商务印书馆，1972.

68. 亚特伍德. 人类简史：我们人类这些年[M]. 北京：九州出版社，2016.

69. 杨通进，高予远．现代文明的生态转向[M]．重庆：重庆出版社，2007.

70. 杨通进．走向深层的环保[M]．成都：四川人民出版社，2000.

71. 叶平．环境的哲学与伦理[M]．北京：中国社会科学出版社，2006.

72. 尤金·哈格洛夫．环境伦理学基础[M]．杨通进，江娅，郭辉，译．重庆：重庆出版社，2007.

73. 余谋昌．生态文明论[M]．北京：中央编译出版社，2010.

74. 余谋昌．生态哲学[M]．西安：陕西人民教育出版社，2000.

75. 余谋昌，王耀先．环境伦理学[M]．北京：高等教育出版社，2004.

76. 约阿希姆·拉德卡．自然与权力：世界环境史[M]．王国豫，付天海，译．保定：河北大学出版社，2004.

77. 詹姆斯·奥康纳．自然的理由：生态学马克思主义研究[M]．唐正东，臧佩洪，译．南京：南京大学出版社，2003.

78. 张正春，王勋陵，安黎哲．中国生态学[M]．兰州：兰州大学出版社，2003.

79. 郑慧子．走向自然的伦理[M]．北京：人民出版社，2006.

80. 中共中央宣传部．习近平新时代中国特色社会主义思想学习纲要[M]．北京：学习出版社，人民出版社，2019.

（二）中文论文

1. Richard E. Dickerson．化学进化与生命起源[J]．柴建章，译．科学，1979(11)：27-44.

2. 曹孟勤，黄翠新．从征服自然的自由走向生态自由[J]．自然辩证法研究，2012，28(10)：82-87.

3. 曹孟勤，冷开振．人在自然面前的正当性身份研究[J]．自然辩证法研究，2015(12)：87-92.

4. 曹孟勤．生态认识论探究[J]．自然辩证法研究，2018(10)：117-123.

5. 陈多闻，曾华锋，张慧．生态社会主义的技术指向[J]．自然辩证法通讯，2018(9)：20-26.

6. 陈先达．哲学中的问题与问题中的哲学[J]．中国社会科学，2006(2)：4-10.

7. 陈忠．城市社会：文明多样性与命运共同体[J]．中国社会科学，2017(1)：46-62.

8. 迟学芳，郑舒哲，叶平．环境哲学视阈中环境科学的性质及发展特征[J]．自然辩证法研究，2017(7)：123-128.

9. 丛杭青，陈夕朦，文芬荣，等．哲学学科研究组织模式的科学化倾向：从科学计量的视角看[J]．科学学研究，2016(3)：330-337.

10. 段超红，高中华．生态中心论的整体主义思想探究[J]．中国矿业大学学报(社会科学版)，2004(4)：6-10.

11. 付广华．民族生态学视野下的现代科学技术[J]．自然辩证法通讯，2018(9)：

14-19.

12. 高国荣. 什么是环境史[J]. 郑州大学学报（哲学社会科学版），2005（1）：120-125.

13. 高中华. 生态美学：理论背景与哲学观照[J]. 江苏社会科学，2004（2）：214-216.

14. 葛永林. 生态系统能量本体论[J]. 系统科学学报，2007（1）：44-47.

15. 关锋. 生态学：两种自然观的冲突与融合[J]. 华南农业大学学报（社会科学版），2010（2）：81-87.

16. 郭兰英.“适者生存”：翻译的生态学视角研究[D]. 上海：上海外国语大学，2011.

17. 韩立新. 论辛格理论的优生主义危险：从“辛格事件”所想到的[J]. 求索，2003（5）：156-160.

18. 韩永学. 人地关系协调系统的建立：对生态伦理学的一个重要补充[J]. 自然辩证法研究，2004（5）：5-9.

19. 郝栋. 美国生态哲学的体系构建与实践转向研究[J]. 自然辩证法研究，2016（3）：51-56.

20. 郝利琼，赵玲. 萨克塞的生态哲学思想探析[J]. 吉林师范大学学报（人文社会科学版），2005（2）：35-38.

21. 何艳波. 生态女性主义对机械论自然观的伦理反思与批判[J]. 南京林业大学学报（人文社会科学版），2008（1）：20-24.

22. 贺来.“关系理性”与真实的“共同体”[J]. 中国社会科学，2015（6）：22-44.

23. 赫尔曼·格林. 超越帝国主义和恐怖主义的新文明：生态纪研究和过程思想的作用[J]. 求是学刊，2004（5）：10-17.

24. 衡孝庆. 论生态融合[J]. 自然辩证法通讯，2020（2）：17-22.

25. 黄少安，张苏. 人类的合作及其演进研究[J]. 中国社会科学，2013（7）：77-89.

26. 李蓓. 十三—十七世纪的宗教与科学[J]. 科学技术与辩证法，2005（4）：42-48.

27. 李洪军，陈晓思，贺稚非，等. 仿制肉的生产技术及其发展趋势[J]. 食品与发酵工业，2019（22）：262-267.

28. 李丽. 从生物本能到人类道德的超越：达尔文论人类道德进化机制的复杂性[J]. 南京林业大学学报（人文社会科学版），2009（4）：39-43.

29. 李晓岑，周绍强. 气候与“心脏地带”[J]. 自然辩证法研究，2019（8）：93-98.

30. 梁吉义. 生态农业发展的基本认知[J]. 科学种养，2018（10）：59-61.

31. 林红梅. 关于辛格动物解放主义的分析与批判[J]. 自然辩证法研究，2008（2）：76-80.

32. 刘长欣. 论道德的利己价值[J]. 东岳论丛，2003（2）：83-87.

33. 刘利. 柏格森生命哲学的直生论解读[J]. 自然辩证法通讯，2018（6）：115-120.

34. 刘庆柱. 中华文明五千年不断裂特点的考古学阐释[J]. 中国社会科学，2019

(12)：4-27.

35. 卢风，曹小竹．论伊林·费切尔的生态文明观念：纪念提出"生态文明"观念40周年[J]．自然辩证法通讯，2020(2)：1-9.

36. 卢风．经济主义批判[J]．伦理学研究，2004(4)：61-66.

37. 卢风，廖志军．论生态文明建设的科学依据[J]．科学技术哲学研究，2018(2)，103-108.

38. 卢风．论生态文明的哲学基础：兼评阿伦·盖尔的《生态文明的哲学基础》[J]．自然辩证法通讯，2018(9)：1-13.

39. 卢风．整体主义环境哲学对现代性的挑战[J]．中国社会科学，2012(9)：43-62.

40. 卢愿清．反地球工程立场与反思[J]．自然辩证法研究，2019(11)：46-51.

41. 罗剑锋．基于演化博弈理论的企业间合作违约惩罚机制[J]．系统工程，2012(1)：27-31.

42. 马鸿奎．建构以人为本的环境哲学：对"人类中心立场"的辩护和修正[J]．自然辩证法研究，2018(3)：114-118.

43. 田海平．"实践智慧"与智慧的实践[J]．中国社会科学，2018(3)：4-25.

44. 田松．"发展"的反向解读：生态文明的三种理解方案[J]．自然辩证法通讯，2018(7)：134-140.

45. 王宽，秦书生．西方生态伦理学"生命共同体"的逻辑与超越[J]．自然辩证法通讯，2020(1)：94-100.

46. 王树恩，陈士俊，贾敏．近代生态破坏与环境污染的发生、类型、状况与危害：马克思恩格斯对环境哲学思想的系统研究[J]．社会科学战线，2000(2)：84-92.

47. 王天恩．量子纠缠现象的历史性哲学启示：兼及因果描述的理论模型性质[J]．自然辩证法研究，2019(5)：96-101.

48. 王小锡．论道德的经济价值[J]．中国社会科学，2011(4)：55-66.

49. 王正平．深生态学：一种新的环境价值理念[J]．上海师范大学学报(哲学社会科学版)，2000(4)：1-14.

50. 吴国林．超验与量子诠释[J]．中国社会科学，2019(2)：38-48.

51. 吴乌云格日乐，包庆德．生态史观：梅棹忠夫文明史演进的生态维度[J]．自然辩证法研究，2019(12)：104-109.

52. 吴育林．马克思实践主体哲学与人类中心主义[J]．思想战线，2007(1)：41-46.

53. 肖显静，林祥磊．生态学实验的"自然性"特征分析[J]．自然辩证法通讯，2018(3)：10-17.

54. 许金时，李传锋，张永生，等．量子关联[J]．物理，2010(11)：729-736.

55. 薛勇民，张建辉．环境正义的局限与生态正义的超越及其实现[J]．自然辩证法研究，2015(12)：98-103.

56. 杨福斌．怀特海过程哲学思想述评[J]．国外社会科学，2003(4)：75-82.

57. 杨国利．达尔文功利主义自然选择学说新解[J]．自然辩证法研究，2009(6)：

25-32.

58. 杨仕健. 关于"生物共生"的概念分析[J]. 自然辩证法通讯，2019(6)：16-23.

59. 杨通进. 人类中心论与环境伦理学[J]. 中国人民大学学报，1998(6)：54-59.

60. 叶立国. 生态学的后现代意蕴[J]. 学术论坛，2009(4)：28-31.

61. 余谋昌. 环境伦理学从分立走向整合[J]. 北京化工大学学报（社会科学版），2000(2)：5-9.

62. 余章宝，唐文佩. 中世纪经院哲学对科学传承的贡献[J]. 学术研究，2006(2)：35-40.

63. 张华夏. 层次实现进化论及其在现代自然哲学中的地位[J]. 自然辩证法研究，1994(8)：11-12.

64. 张璐. 论莱布尼茨的关系实在论[J]. 科学技术哲学研究，2018(5)：34-39.

65. 张之沧，间国年. 灾变、绝灭与生物进化关系解析[J]. 自然辩证法研究，2017(7)：103-106.

66. 赵玲，郑敏希. 过程哲学对传统实体概念的批判[J]. 山东社会科学，2011(9)：35-38.

67. 郑慧子. 从认知到行动：生态学与生态哲学面临的问题与挑战[J]. 自然辩证法通讯，2018(3)：2-9.

68. 郑慧子. 环境哲学是一门标准的哲学吗？[J]. 自然辩证法研究，2019(8)，50-55.

69. 周光迅，王敬雅. 资本主义制度才是生态危机的真正根源[J]. 马克思主义研究，2015(8)：135-143.

70. 周国文. 从生态文化的视域回顾环境哲学的历史脉络[J]. 自然辩证法通讯，2018(9)：27-34.

71. 庄寿强. 谈地质时间的相对性[J]. 自然辩证法研究，2002(3)：56-58.

二、外文著作

1. Bateson P. New Thinking about Biological Evolution[J]. Biological Journal of the Linnean Society, 2014, 112(2): 268-275.

2. Berry T. Conditions for Entering the Ecozoic Era[J]. The Ecozoic Reader, 2002, 2(2): 10-11.

3. Berry T. The Dream of the Earth[M]. San Francisco: Sierra Club Books, 1990.

4. Berry T. The Great Work[M]. New York: Bell Tower, 1999.

5. Birch C. Process Thought: Its Value and Meaning to Me[J]. Process Studies, 1990, 19(4): 219-229.

6. Blute M. Is It Time for an Updated "Eco-Evo-Devo" Definition of Evolution by Natural Selection? [J]. Spontaneous Generations: A Journal for the History and Philosophy of Science, 2008, 2(1): 1-4.

7. Chiu L, Gilbert S F. The Birth of the Holobiont: Multi-species Birthing Through

Mutual Scaffolding and Niche Construction［J］. Biosemiotics，2015，8（2）：191-210.

8. Clayton P，Heinzekehr J. Organic Marxism：An Alteranative to Capitalism and Ecological Catastrophe［M］. Claremont：Precess Century Press，2014.

9. DeWalt B R. The Cultural Ecology of Development：Ten Precepts for Survival［J］. Agriculture and Human Values，1988，5(1/2)：112-123.

10. DiCagLio J. Ironic Ecology［J］. Interdisciplinary Studies in Literature and Environment，2015，22(3)：447-465.

11. Dufourcq A. Who/What Is Bête? From an Uncanny Word to an Interanimal Ethics［J］. Environmental Philosophy，2019，16(1)：57-88.

12. Ehrlich P. The Population Bomb［M］. New York：Ballantine，1968.

13. Gare A E. Postmodernism and the Environmental Crisis［M］. London and New York：Routledge，2006.

14. Gelder L V. The Philosophy of Place—The Power of Story［J］. Call To Earth，2003，4(1)：12-18.

15. Gschwandtner C M. Can We Learn to Hear Ethical Calls? In Honor of Scott Cameron［J］. Environmental Philosophy，2018，15(1)：21-42.

16. Hardisty B E. Wilson Revisits Group Selection［J］. Journal of Bioeconomics，2015，17(3)：299-302.

17. Jacob M. Sustainable Development and Deep Ecology：An Analysis of Competing Traditions［J］. Environmental Management，1994，18(4)：477-488.

18. Jacquette D. Review：The Meaning of Animal Rights［J］. Human Studies，1985，8(4)：389-392.

19. James S P. Natural Meanings and Cultural Values［J］. Environmental Ethics，2019，41(1)：3-16.

20. John B，Cobb J R. God and the World［M］. Eugene：Wipf and Stock Publishers，2000.

21. Johnston C. The Wealth or Health of Nations［M］. Cleveland：The Pilgrim Press，1998.

22. Konopka A. A Renewal of Husserl's Critique of Naturalism：Towards the Via Media of Ecological Phenomenology［J］. Environmental Philosophy，2008，5(1)：37-60.

23. Lahikainen L，Toivanen T. Working the Biosphere：Towards an Environmental Philosophy of Work Lauri［J］. Environmental Philosophy，2019，16（2）：359-378.

24. Maskit J. Urban Mobility—Urban Discovery：A Phenomenological Aesthetics for Urban Environments［J］. Environmental Philosophy，2018，15(1)：43-58.

25. McGrath S J. In Defense of the Human Difference [J]. Environmental Philosophy, 2018, 15(1): 101-115.

26. Michael M A. The Problem with Methodological Pragmatism[J]. Environmental Ethics, 2012, 34(2): 135-157.

27. Mickey S. Cosmological Postmodernism in Whitehead, Deleuze, and Derrida[J]. Process Studies, 2008, 37(2): 24-44.

28. Minteer B A, Manning R E. Pragmatism in Environmental Ethics Democracy, Pluralism, and the Management of Nature[J]. Environmental Ethics, 1999, 21(2): 191-207.

29. Myhr A I, Terje T. The Precautionary Principle: Scientific Uncertainty and Omitted Research in the Context of GMO Use and Release[J]. Journal of Agricultural and Environmental Ethics, 2002, 15(1): 73-86.

30. Oliver K. On Sharing a World with Other Animals[J]. Environmental Philosophy, 2019, 16(1): 35-56.

31. Ott P. Ecological Freedom: Aldo Leopold and the Human Ecological Relation[J]. Environmental Philosophy, 2019, 16(2): 245-273.

32. Parrington J. Redesigning life—How Genome Editing Will Transform the World [M]. Oxford: Oxford University Press, 2016.

33. PozzoR, VirgiliV. Social and Cultural Innovation: Research Infrastructures Tackling Migration[J]. Diogenes, 2017, 64(6): 1-11.

34. Rigby K. Dancing with Disaster: Environmental Histories, Narratives, and Ethics for Perilous Times [M]. Charlottesville and London: University of Virginia Press, 2015.

35. Samuelsson L. Environmental Pragmatism and Environmental Philosophy a Bad Marriage[J]Environmental Ethics, 2010, 32(4): 405-415.

36. Sharp H. Not all Humans: Radical Criticism of the Anthropocene Narrative[J]. Environmental Philosophy, 2020, 17(1): 143-158.

37. Skene K R. Life's a Gas: A Thermodynamic Theory of Biological Evolution[J]. Entropy, 2015, 17(8): 5522-5548.

38. Smith A F. From Victims to Survivors? Struggling to Live Ecoconsciously in an Ecocidal Culture[J]. Environmental Philosophy, 2017, 14(2): 361-384.

39. Smith J. Nice Work-but Is It Science? [J]. Nature, 2000, 408(6810): 293.

40. Steen W J. Ethics, Animals and the Environment: A Review of Recent Books[J]. Act Biotheoretica, 1992, 40(4): 339-347.

41. Stephano O. Spinoza, Ecology, and Immanent Ethics: Beside Moral Considerability [J]. Environmental Philosophy, 2017, 14(2): 317-338.

42. Swime B, Berry T. The Universe Story[M]. New York: HarperCollins Publish-

ers，1992.

43. Taylor P W. Respect for Nature：A Theory of Environmental Ethics[M]. Princeton：Princeton University Press，1989.

44. Utsler D. Is Nature Natural? And Other Linguistic Conundrums：Scott Cameron's Hermeneutic Defense of the Concept of Nature[J]. Environmental Philosophy，2018，15(1)：77-89.

45. Vogel S. Doing without Nature：On Interpretation and Practice[J]. Environmental Philosophy，2018，15(1)：91-100.

46. Whitehead A N. Science and the Modern World[M]. New York：The Free Press，1967.

47. Woodford P. The Evolution of Altruism and Its Significance for Environmental Ethics[J]. Environmental Ethics，2017，39(4)：413-436.